物权数字化

与碳金时代

姚海涛 / 主编

线装书局

图书在版编目（CIP）数据

物权数字化与碳金时代 / 姚海涛主编. -- 北京 : 线装书局, 2022.10
ISBN 978-7-5120-5208-6

Ⅰ. ①物… Ⅱ. ①姚… Ⅲ. ①二氧化碳－排气－研究－中国 Ⅳ. ①X511

中国版本图书馆 CIP 数据核字(2022)第 185639 号

物权数字化与碳金时代

主　　编：姚海涛
责任编辑：崔　巍
出版发行：线装書局
　　地　址：北京市丰台区方庄日月天地大厦 B 座 17 层（100078）
　　电　话：010-58077126（发行部）010-58076938（总编室）
　　网　址：www.zgxzsj.com
经　　销：新华书店
印　　制：三河市中晟雅豪印务有限公司
开　　本：787mm×1092mm　1/16
印　　张：17.375
字　　数：270 千字
版　　次：2022 年 10 月第 1 版第 1 次印刷

线装书局官方微信

定　　价：98.00 元

《物权数字化与碳金时代》
编委会

前 言

《物权数字化与碳金时代》是物权数字化四部曲的第三部。第一部《物权数字化——中国经济第四极》于2021年4月第一次出版发行，因需求旺盛2021年7月进行了第二次印刷再版，在全国新华书店热销，当当网、京东、淘宝、天猫、拼多多等电商平台持续热卖；第二部《物权数字化与数证经济》于2022年10月第一次出版发行；目前第四部《物权数字化与大健康产业》已完成撰稿，预计2023年1月出版发行。

本书首次提出了三个时代的划分，即黄金时代、黑金时代、碳金时代。碳金时代的来临，敲响了美元与石油挂钩时代的丧钟，也预示着美元、美军、美债称霸全球的告别演出正徐徐开启。

从黄金到黑金，从黑金到碳金，每个时代的更迭都蕴含着巨大商机，都是经济业态的一场重大变革，正如人类“从传统思维转变为互联网思维，从互联网思维转变为物联网思维，从物联网思维转变为数字经济思维”一样，每一次转变都带来了经济格局颠覆式重组和巨大的造富浪潮。

2021年是中国“碳金”时代的元年，“碳金”一词将逐渐被国人所熟知，“碳金”一词也将循序渐进地与大众生活息息相关，就像今天的汽油、天然气一样。

中国“30—60”双碳战略规划：2030年“碳达峰”，2060年实现“碳中和”，“碳金”交易将成为趋势和未来。具有中国特色社会主义制度优势、具有新型举国体制优势、具有超大规模新型市场优势，中国一定会牢牢掌握碳金交易的主动权，在兑现“30—60”双碳承诺的同时，也势必促成碳金交易挂钩人民币，人民币也必将雄赳赳气昂昂地实现国际化。

本书从十个主题和方向阐述了碳金大时代，分别是碳金经济未来可期、碳金时代悄然相遇、碳金资产横空出世、碳金价值再塑风口、碳金交易建构蓝海、碳金市场布局谋篇、碳金催生“卖碳翁”、碳金漫漫行侠客、脱碳治理谱华章、国际合作“中国范儿”。鉴于主创团队视野、理论及知识的局限性，恳请读者朋友、专家学者批评指正为盼。

本书最后两章从物权数字化与碳金经济、《民法典》赋能物权数字化编维度考量，首次提出林业碳权投资物权化构想、林业碳权前置数字化构想、林业碳汇期权数证化构想、林业蓄积行动大众化构想，以期作为国家“双碳”目标的建言者、践行者；以期助力基本目标：2030 年我国森林蓄积累计要比 2005 年增加 60 亿立方米的实现；以期助力中小微企业“讲政治、懂政策、抓机遇、拓梦想”，分享碳金大时代的红利。

目 录

谨以此书献给物权数字化平台所有同仁！
致谢支持平台、关注平台的各界友人！

主编涂鸦：

栉风沐雨五十三，

村娃帝都叹流年；

虽负当年凌云志，

五更披衣着物权；

云卷云舒南湖边，

志士同仁数证缘；

躬逢碳金大时代，

赋民赋企赋家国。

CHAPTER

ONE

第一章

碳金经济未来可期

垂緌饮清露，流响出疏桐；居高声自远，非是藉秋风。

——唐·虞世南

所谓“碳时代”，在很大程度上是生物演进的路径再现，是一种自然选择的结果，在这个过程中，人们是道法自然、顺乎其中的。而本章所述的“碳金时代”，是先有“碳金”，后形而上为“碳金时代”。

“碳金”一说，我们不再陌生，比如伊利集团，因为在碳排放方面的杰出表现，先后获得了“碳金社会公民奖”和“国际碳金奖”。由此，相关专家也归纳出许多碳金概念，总体来看，碳金泛指碳排放交易形成的碳汇经济。本书姑且将碳金英文表述为 CO_2-GOLD，缩写 CO_2G。

由碳金而衍生的“碳金时代”一说，一是基于人类在“碳共识”之上的、对碳价值的一种再认识，再则是当今社会，在经历“黄金时代”“黑金时代”之后，跟随时代变迁时的一种理性分析。

因此，与其说“碳金时代”是一种概念，不如说是一种趋势洞察、一种行为预判、一种价值提炼。对它的形成及未来走向，不同的人会有不同的答案，但无论如何，不应偏离价值分析，否则无异于绝世而独立。

第一节 黄金时代

本书所讲的“黄金时代”，是指以美元和黄金为基础的金汇兑本位制，是“布雷顿森林体系”的另一种表述。其实质是一种以美元为中心建立的国际货币体系，基本内容包括美元与黄金挂钩、国际货币基金会员国的货币与美元保持固定汇率，即我们常说的实行固定汇率制度。

以“布雷顿森林体系”为坐标系所建立的黄金时代，建立了国际货币基金组织和世界银行两大国际金融机构。前者负责向成员国提供短期资金借贷，目的为保障国际货币体系的稳定；后者提供中长期信贷，以促进成员国经济复苏。

1. 一场会议促成一个时代

1944 年 7 月 1 日，44 个国家或政府的经济特使在美国新罕布什尔州的布雷顿森林召开了联合国货币金融会议（简称“布雷顿森林会议”），商讨战后国际货币体系问题。经过三周的讨论，会议通过了以“怀特计划”为基础制定的《联合国家货币金融会议最后决议书》以及两个附议《国际货币基金协定》和《国际复兴开发银行协定》，确立了以美元为中心的国际货币体系，即“布雷顿森林体系”（以下简称“体系”）。

1945年12月27日，参加布雷顿森林会议国家中的22国代表在《布雷顿森林协定》上签字，正式成立国际货币基金组织（International Monetary Fund，简称IMF）和世界银行（The World Bank，简称WB）。两个机构自1947年11月15日起成为联合国的常设专门机构。中国是这两个机构的创始国之一，1980年，中华人民共和国在这两个机构中的合法席位先后恢复。

第二次世界大战爆发，经过数年的战争后人们在“二战”即将结束的时候发现，美国成为这场战争的最大赢家，它不但最后打赢了战争，而且在经济上发了战争财。据统计数据显示：在第二次世界大战即将结束时，美国拥有的黄金占当时世界各国官方黄金储备总量的75%以上，全世界大部分的黄金都通过战争这个机会流到了美国。

1944年7月，美国邀请参加筹建联合国的44国政府的代表在美国布雷顿森林举行会议，经过激烈的争论后各方签订了“布雷顿森林协议”，建立了“金本位制”崩溃后一个新的国际货币体系。

布雷顿森林体系是以美元和黄金为基础的金汇兑本位制，又称“美元—黄金本位制”。

它使美元在战后国际货币体系中处于中心地位，美元成了黄金的“等价物”，美国承担以官价兑换黄金的义务，各国货币只有通过美元才能同黄金发生关系，美元处于中心地位，起世界货币的作用。从此，美元成了国际清算的支付手段和各国的主要储备货币。所以，我们将这一时期形象地称为“黄金时代”。

2. “美—金挂钩”为体系骨架

第一，美元与黄金挂钩。各国确认 1944 年 1 月美国规定的 35 美元 1 盎司（英制重量，质量单位。在金、药衡制中，1 盎司 = 1/12 磅 = 31.10 克）的黄金官价，每 1 美元的含金量为 0.888671 克黄金。各国政府或中央银行可按官价用美元向美国兑换黄金。为使黄金官价不受自由市场金价冲击，各国政府需协同美国政府在国际金融市场上维持这一黄金官价。

第二，其他国家货币与美元挂钩。其他国家政府规定各自货币的含金量，通过含金量的比例确定同美元的汇率。

第三，实行可调整的固定汇率。《国际货币基金协定》规定，各国货币对美元的汇率，只能在法定汇率上下各 1% 的幅度内波动。若市场汇率超过法定汇率 1% 的波动幅度，各国政府有义务在外汇市场上进行干预，以维持汇率的稳定。若会员国法定汇率的变动超过 1%，就必须得到国际货币基金组织的批准。1971 年 12 月，这种即期汇率变动的幅度扩大为上下 2.25% 的范围，决定“平价”的标准由黄金改为特别提款权。布雷顿森林体系的这种汇率制度被称为“可调节的钉住汇率制度”。

第四，各国货币兑换性与国际支付结算原则。《国际货币基金协定》规定了各国货币自由兑换的原则：任何会员国对其他会员国在经常项目往来中积存的本国货币，若对方为支付经常项货币换回本国货币。考虑到各国的实际情况，《国际货币基金协定》做了“过渡期”的规定，并规定了国际支付结算的原则：会员国未经基金组织同意，不得对国际收支经常项目的支付或清算加以限制。

第五，确定国际储备资产。《国际货币基金协定》中关于货币平价的规定，使美元处于等同黄金的地位，成为各国外汇储备中最主要的国际储备货币。

第六，国际收支的调节。国际货币基金组织会员国份额的 25% 以黄金或可兑换成黄金的货币缴纳，其余则以本国货币缴纳。会员国发生国际收支逆差时，可用本国货币向基金组织按规定程序购买（借贷）一定数额的外汇，并在规定时间内以购回本国货币的方式偿还借款。会员国所认缴的份额越大，得到的贷款也越多。贷款只限于会员国用于弥补国际收支赤字，即用于经常项目的支付。

3. 黄金为体系支柱

布雷顿森林体系以黄金为基础，以美元作为最主要的国际储备货币。美元直接与黄金挂钩，各国货币则与美元挂钩，并可按 35 美元 1 盎司的官价向美国兑换黄金。在布雷顿森林体系下，美元可以兑换黄金和各国实行可调节的钉住汇率制，是构成这一货币体系的两大支柱，国际货币基金组织则是维持这一体系正常运转的中心机构，它有监督国际汇率、提供国际信贷、协调国际货币关系等职能。

布雷顿森林体系有助于国际金融市场的稳定，对战后的经济复苏起到了一定的作用。但是，由于资本主义发展的不平衡性，主要资本主义国家经济实力对比一再发生变化，以美元为中心的国际货币制度本身固有的矛盾和缺陷日益暴露。

第一，金汇兑制本身的缺陷。美元与黄金挂钩，享有特殊地位，加强了美国对世界经济的影响。其一，美国通过发行纸币而不动用黄金进行对外支付和资本输出，有利于美国的对外扩张和掠夺。其二，美国承担了维持金汇兑平价的责任。当人们对美元充分信任，美元相对短缺时，这种金汇兑平价可以维持；当人们对美元产生信任危机，美元拥有太多，要求兑换黄金时，美元与黄金的固定平价就难以维持。

第二，储备制度不稳定。这种制度无法提供一种数量充足、币值坚挺、可以为各国接受的储备货币，以使国际储备的增长能够适应国际贸易与世界经济发展的需要。1960 年，美国耶鲁大学教授特里芬在其著作《黄金与美元危机》中指出：布雷顿森林体系以一国货币作为主要国际储备货币，在黄金生产停滞的情况下，国际储备的供应完全取决于美国的国际收支状况。美国的国际收支保持顺差，国际储备资产不敷国际贸易发展的需要；美国的国际收支保持逆差，国际储备资产过剩，美元发生危机，危及国际货币制度。这种难以解决的内在矛盾，国际经济学界称之为“特里芬难题”，它决定了布雷顿森林体系的不稳定性。

第三，国际收支调节机制的缺陷。该制度规定汇率浮动幅度需保持在1%以内，汇率缺乏弹性，限制了汇率对国际收支的调节作用。这种制度着重于国内政策的单方面调节。

第四，内外平衡难统一。在固定汇率制度下，各国不能利用汇率杠杆来调节国际收支，只能采取有损于国内经济目标实现的经济政策或采取管制措施，以牺牲内部平衡来换取外部平衡。当美国国际收支逆差、美元汇率下跌时，根据固定汇率原则，其他国家应干预外汇市场，这一行为导致和加剧了这些国家的通货膨胀；若这些国家不加干预，就会遭受美元储备资产贬值的损失。

4. 美元撑起的国际金本位

第一，第二次世界大战后的国际货币制度不是按各国的铸币平价来确定汇率，而是根据各国货币法定金平价的对比，普遍地与美元建立固定比例关系。

第二，战前，黄金输送点是汇率波动的界限自动地调节汇率。第二次世界大战后，人为地规定汇率波动的幅度，汇率的波动是在国际货币基金组织的监督下，由各国干预外汇市场来调节。

第三，国际金本位制度下，各国货币自由兑换，对国际支付一般不采取限制措施。在布雷顿森林体系下，许多国家不能实现货币的自由兑换，对外支付受到一定的限制。

第四，国际金本位制度下，国际储备资产主要是黄金。第二次世界大战后的国际储备资产则是黄金、可兑换货币和特别提款权，其中黄金与美元并重。在外汇储备上，战前包括英镑、美元与法郎，第二次世界大战后的国际货币制度几乎包括资本主义世界所有国家和地区的货币，美元是最主要的外汇储备。

第五，国际金本位制度下，各国实行自由的多边结算。战后的国际货币制度，有不少国家实行外汇管制，采用贸易和支付的双边安排。

第六，国际金本位制度下，黄金的流动是完全自由的；布雷顿森林体系下，黄金的流动受到一定的限制。第二次世界大战前，英、美、法三国都允许居民兑换黄金；实行金汇兑本位的国家也允许居民用外汇（英镑、美元或法郎）向英、美、法三国兑换黄金；第二次世界大战后，美国只同意外国政府在一定条件下用美元向美国兑换黄金，不允许外国居民用美元向美国兑换黄金。

5. 美元危机爆发 黄金时代结束

1949 年，美国的黄金储备为 246 亿美元，占当时整个资本主义世界黄金储备总额的 73.4%，这是战后的最高数字。

1950 年以后，除个别年度略有顺差外，其余各年度都是逆差。1971 年上半年，逆差达到 83 亿美元。随着国际收支逆差的逐步增加，美国的黄金储备日益减少。

20 世纪六七十年代，美国深陷越南战争的泥潭，财政赤字巨大，国际收入情况恶化，美元的信誉受到冲击，爆发了多次美元危机。大量资本出逃，各国纷纷抛售自己手中的美元，抢购黄金，使美国黄金储备急剧减少，伦敦金价上涨。

为了抑制金价上涨，保持美元汇率，减少黄金储备流失，美国联合英国、瑞士、法国、联邦德国、意大利、荷兰、比利时于 1961 年 10 月建立了黄金总库，八国央行共拿出 2.7 亿美元的黄金，由英格兰银行为黄金总库的代理机关，负责维持伦敦黄金价格，并采取各种手段阻止外国政府持美元外汇向美国兑换黄金。

20 世纪 60 年代后期，美国进一步扩大了侵越战争，国际收支进一步恶化，美元危机再度爆发。1968 年 3 月的半个月中，美国黄金储备流出了 14 亿多美元，仅 3 月 14 日一天，伦敦黄金市场的成交量达到了 350—400 吨的破纪录数字。美国没有了维持黄金官价的能力，经与黄金总库成员协商后，宣布不再按每盎司 35 美元官价向市场供应黄金，市场金价自由浮动。

黄金时代的崩溃，主要有以下标志性事件：

1971 年 7 月第七次美元危机爆发，尼克松政府于 8 月 15 日宣布实行“新经济政策”，停止履行外国政府或中央银行可用美元向美国兑换黄金的义务。

1971 年 12 月以《史密森协定》为标志，美元对黄金贬值，美联储拒绝向国外中央银行出售黄金。至此，美元与黄金挂钩的体制名存实亡。

1973年3月，西欧出现抛售美元，抢购黄金和马克的风潮。3月16日，欧洲共同市场九国在巴黎举行会议并达成协议，联邦德国、法国等国家对美元实行“联合浮动”，彼此之间实行固定汇率。英国、意大利、爱尔兰实行单独浮动，暂不参加共同浮动。其他主要西方货币实行了对美元的浮动汇率。至此，固定汇率制度完全垮台。

美元停止兑换黄金和固定汇率制的垮台，标志着战后以美元为中心的货币体系瓦解。黄金时代，至此结束。

当然，美元虽然失去霸主地位，但是迄今为止仍然是最重要的国际货币。

第二节　黑金时代

黄金时代的终结，是以美元为中心的国际货币制度的崩溃，是由这个制度本身的矛盾造成的，换句话说，黄金时代的结束，与黄金本身无甚关联。当时，黄金并不与各国货币直接挂钩，问题出在作为可以用于兑换黄金的货币上，即美元。当美元滥发无度、发行过剩，无法支撑“美—金”互换时，最终导致了体系的混乱和崩溃。

这一点，对我们接下来探讨“黑金时代”“碳金时代”等具有借鉴意义，至少它揭示了一个道理：无论哪一个时代，其进步的广度、深度，与制度本身所涵盖的人群和地域基本呈正向变动。

1971年美国政府停止美元与黄金兑换后，时任美国总统尼克松同意向沙特提供军火和保护，条件是沙特所有的石油交易都必须要用美元来结算。美元与石油交易的这一挂钩，使得各国主权货币也不得不与美元挂钩，并对标石油。因为黑色的石油与黄色的黄金正好形成颜色反差，史称“黑金时代”。

1.“黑金时代”的主角——石油

黄金时代结束后，几次世界性能源危机使世界的国际收支结构发生很大变化，主要表现在：因石油输出收入大增，石油输出国家的国际收支出现巨额顺差；而石油消费国家的国际收支因石油输入支出剧增，出现了巨额赤字。

原来的国际收支的格局，因受石油提价冲击而变化巨大，尤其是发达国家遭受的打击更为严重，因此基于贸易顺差所需的“石油美元”在以美国为首的发达国家呼之欲出。

石油美元，无论是对石油输入国还是对石油输出国，甚至对整个世界经济，都有很大的影响。

对于西方工业发达国家来说，由于进口石油对外支出大幅度增加，国际收支大多呈巨额逆差，倘若采取紧缩性措施，或限制进口石油等来谋求国际收支状况的改善，则可能导致经济衰退，并影响世界贸易的发展。因此，工业国家大多希望石油美元回流——由石油输出国家回流到石油输入国家，这就出现了石油美元的回流。

石油美元的回流，在最初期间，主要是流向欧洲货币市场、纽约金融市场、各国金融机构和国际金融机构等，其流入地区主要是西欧国家、美国等。

对石油输出国家来说，由于石油美元收入庞大，而其国内投资市场狭小，不能完全吸纳这么多美元，必须以资本输出的方式在国外运用。发展中国家也多希望能利用石油美元资金来发展经济。

但是，这种庞大的石油美元又给国际金融市场带来了动荡。西方经济专家非常关注巨额石油美元将如何在世界经济中进行周转。

专家表示，石油美元要么消费掉，要么存起来。如果石油出口国使用石油美元，那他们就会扩大从其他国家的进口，从而维持全球的需求。但是，看来他们不会花费很多钱，而是倾向于保持比石油进口国更高的储蓄率。阿联酋和科威特储蓄率高达 GDP（Gross Domestic Product，国内生产总值）的 40%。因此，石油消费国收入向产油国的转移，将导致全球总需求的趋缓，对世界经济产生不利影响。

2. 石油美元“双刃剑”

经验表明，大量石油美元对石油生产国的经济既可能是好事，也可能是坏事，问题在于如何使用和储蓄这些美元。

第一，为产油国提供了丰富的资金，促进了这些国家经济的发展，改变了他们长期存在的单一经济结构，逐步建立起独立自主的、完整的国民经济体系。

第二，使不同类型国家的国际收支发生了新的不平衡，国际储备力量的对比发生了结构性变化。比如石油大国俄罗斯由于油价上涨，赚到了更多的石油美元。2022 年 2 月 24 日，随着俄乌争端的爆发，严重依赖石油资源的俄罗斯经济，将会在西方国家联合围堵下，面临严峻的挑战。

第三，加剧了国际金融市场的动荡。石油美元投放到国际市场之后，一方面充实了国际信贷力量，满足了许多国家对长、短信贷资金的需要；另一方面造成大量游资在各国之间流动，时而投资于股票，时而投资于黄金和各国货币，导致股票、黄金和外汇市场更加动荡不定。

对中国而言，随着中国市场经济的发展，中国经济和世界经济越来越紧密地联系在了一起。石油美元作为一笔巨额资金，对世界造成任何影响都将或多或少地影响中国。而且，由于中国经济的增长，中国已经从石油出口国转变成了进口国，世界石油价格的上涨中，中国经济也为石油美元支付了巨大的金额。此外，由于石油美元的存在，很多海湾流动资金参与到中国经济的投资项目，这给中国经济带来了巨大的泡沫，这同样是个值得关注的方面。

所以说，如何降低石油美元中的中国份额，将是一个长期的课题。

综上所述，黑金时代里，石油美元以及由此引发的环流，是一种早已引起关注的独特的国际政治经济现象。

一般认为，第二次世界大战后美国凭借政治经济霸主地位，使美元成为最重要的国际储备和结算货币。因此，美国能够开动印钞机生产出大量美元，并在世界范围内采购商品与服务。而其他国家需要通过出口换得美元以进行对外支付，因许多国家对进口石油的依赖，他们必须从外汇储备中拿出相当一部分支付给海湾国家等石油输出国。

而石油输出国剩余的石油美元，需要寻找投资渠道，又因美国拥有强大的经济实力和发达的资本市场，石油美元以回流方式变成美国的银行存款以及股票、国债等证券资产，填补美国的贸易与财政赤字，从而支撑着美国的经济发展。

美国以其特殊的经济金融地位，维持着石油美元环流，使美国长期呈现消费膨胀外贸逆差和大量吸收外资并存的局面，美国经济亦得以在这种特殊的格局中增长。

黑金时代里，石油美元特有的不对称性，导致其权利和义务分离，美国制造权利（美元），维护美元信用和威慑力（美元武力），石油生产国提供义务（石油），只要美国的武力仍然可以征服世界，持有美元就可以兑换任何人的石油资源。

通过锁定石油，美国人享受欠债填写美元支票的权利，负有维护美元信用和美元武力的义务。

只要世界的原油还在用美元交易，石油本位的美元就不会垮。

一旦美元换石油的权利受到侵害，美国有义务维护威慑力（美元武力）。所以尽管科威特、伊拉克战争让美国耗费巨大人力、物力，但是凡事挑战石油本位的活动，无一不受美国的重拳打击。

从目前的国际政治和经济形势中可以看出，只要有石油本位，美国就有可能集合全球的力量，定点打击任何挑战石油本位的一切活动。

至于有朝一日，美元可能因长期“风化”而走弱，即便如此，专家认为，将来几无可能再出现一种统治世界的信用支票。在这个过程中，有人提出将来会不会出现一种“世元”，从目前看来，“世元”只是人们普遍的一种构想而已，下一步如何实践，我们拭目以待。

【延伸阅读】

畅想“后黑金时代”

作为一种世界货币，美元的升值与贬值在一定程度上受制于市场经济，即由货币的供应和需求所决定；而原油作为一种不可再生的能源，是世界经济发展的动力和基础，没有其他有效能源可以替代。那么，美元和石油之间到底有没有关系？如果有的话，又是何种因素在潜意识地作出主导呢？

不可忽视的是，作为一种不可再生的资源，原油总有一天会消耗殆尽，而与之相生相克的美元，是否会随着“对手”的消失而长居跷跷板的底座或是高峰？

同样，如果美元持续贬值，使得原油生产商们不再受制于与美国的协议，采取以欧元等货币来对原油进行计价的话，那么美元的世界货币地位将很可能被其他货币取代。

为此，美元要想继续被万人所倚重，就必须采取有效措施，一方面让低迷的美国经济重振雄风，再展辉煌；另一方面美国必须明白“先知先觉”的道理，在原油并未真正消耗殆尽之时，寻觅一种新的资源来取而代之，就像1971年原油代替黄金那样。

实际上，以上两点，从长期发展来看美国都难以实现。尽管，在黑金时代尚存的今天，天然气有时被比喻为石油的迟暮担当，但总体而言，天然气和石油一样，总是有数量限制的。于此一想，当黑金时代渐行渐远时，接下来将迎来什么时代？

第三节　碳金时代

“碳金时代”的提法尚不多见，因为碳金时代尚未到来。但是，随着生态经济专家对“碳金”问题的提出，2021年在某种程度上被称为是中国“碳金”经济的元年，“碳金”一词也必将被国人逐渐熟知，碳金时代也或将渗入大众生活点滴之间，就像过去的石油、今天的天然气一样，越来越多地影响着人们生活的方方面面。

1.“碳经济”演绎时代主题

根据联合国政府间气候变化专门委员会（Intergovernmental Panel on Climate Change，简称IPCC）的定义，碳中和（Carbon Neutrality）、气候中性（Climate

Neutrality）与二氧化碳净零排放（Net Zero CO_2 Emissions）的含义一致，表示在特定时期内，全球人为二氧化碳排放量与二氧化碳移除量相平衡的状态。2015年，《巴黎协定》提出了“2100年将全球平均气温升幅与前工业化时期相比控制在2℃以内，并将努力把温度升幅限定在1.5℃以内”的目标和“全球温室气体排放尽快达峰，到本世纪下半叶实现全球净零排放”的目标。2018年，IPCC发布的《全球升温1.5℃特别报告》指出，目前各国的减排承诺仍不足以实现《巴黎协定》将全球平均气温升幅控制在2℃以内的目标，全球应在土地、能源、工业、建筑、交通、城市等方面进行快速而深远的转型，到2030年全球二氧化碳排放量应比2010年下降约45%，到2050年达到“净零”排放。

2020年以来，尽管全球各地都受到了新冠肺炎疫情的巨大冲击，但各国仍然没有忽视应对气候变化这一长期重要任务，多国陆续提出了“碳中和”目标。9月22日，我国国家主席习近平在第七十五届联合国大会一般性辩论讲话中宣布：中国将提高国家自主贡献力度，采取更加有力的政策和措施，二氧化碳排放力争于2030年前达到峰值，努力争取到2060年前实现碳中和。我国作为当前全球碳排放量最大的国家，此次明确提出碳中和目标对于全球应对气候变化进程具有重要意义。

在我国提出碳中和目标后，日本和韩国也紧随其后，陆续明确提出碳中和目标时间表。2020年10月26日，日本时任首相菅义伟在众议院正式会议上发表了就职后的首次演说，宣布日本将在2050年实现碳中和，首次明确提出实现碳中和的时间表，提高了日本的气候目标。此前在2019年，日本的承诺为“到2050年将排放量减少80%，并争取在本世纪后半叶尽早实现净零排放”，日本政府还表示将尽快讨论实现2050年碳中和目标的路线图，在年底前制订具体实施计划。2020年10月28日，韩国总统文在寅在国会发表施政演讲时称：“将与国际社会一道积极应对气候变化，朝着2050年实现碳中和的目标进发。”

中国在控制温室气体排放方面承担着巨大的压力，责任在于企业，出路也在于企业。同时，国家在用行政手段减排的时候，更应为企业节能减排提供好的政策刺激和市场环境。对企业而言，不应只是被动地服从国家的节能减排要求，而应该与政府展开更多的互动，积极参与，甚至主动游说政府改变其不合理的政策。

2. 碳金时代迎面走来

“低碳经济不应该被神秘化，减少碳排放应成当务之急。”亚太环境与发展论坛中国委员、国家环保总局原副局长王玉庆在一场专题论坛上表示。

据中金研究院发布：2019 年中国人均碳排放 7.1 吨，美国人均碳排放 16.1 吨。中国 2030 年碳达峰，2060 年碳中和，美国、欧盟早已过了碳达峰，承诺在 2050 年实现碳中和。美国碳排放指标现在交易价格每吨 100 美元，欧盟碳排放指标期货价格每吨 50 欧元，2021 年 7 月 16 日，中国首次碳排放交易 14 万吨成交额 709 万元人民币。

从以上数据和态势分析及全球顶级专家预估，全球性节能减排，清洁能源的规模性入市，石油需求将逐步下降，2030 年中国碳达峰时，全球碳排放指标交易将超过石油交易，成为全球最大的交易商品，世界范围内黑金时代将走向没落，碳金时代正大步走来。

【延伸阅读】

“双碳”经济带来的新经济持续增长

2022 年 3 月 31 日，国海富兰克林基金发布旗下基金产品 2021 年年报。

国海富兰克林基金权益投资总监赵晓东表示，环览全球经济，预计在 2022 年依然会保持较好的增速，虽然美国开始进行货币收紧，但在经过疫情后经济增长逐渐常态化，使得经济增长更具持续性。但从中长期投资的角度看，中国的资本市场依然具有很强的吸引力，“双碳”经济带来的新经济的持续增长会成为市场的重要方向。（资料来源：《中国证券报》）

3. 碳金前行 绿色当道

2020 年初，新冠肺炎疫情的爆发为全球经济按下了“暂停键”，全球经济活动迅速减少，此次疫情对全球经济的冲击甚至超过了 2008 年的全球金融危机。

为了应对疫情带来的冲击，全球各个国家和地区的焦点都集中于经济复苏，而与此同时，令人欣喜的是，各国仍然没有忽视应对气候变化这一长期重要任务，多国陆续提出了碳中和目标，并且已有众多国家将“绿色”融入疫情后的经济复苏计划中，纷纷出台“绿色复苏”方案。附载于碳中和之上的碳金时代似成全球趋势，同时推动着全球绿色发展持续扩张。

当前，全球已有部分国家和地区率先实现了碳中和，部分国家和地区已将碳中和目标写入法律或在立法进程中，同时也有越来越多的国家开始陆续提出碳中和目标的时间表和路线图。据不完全统计，全球有 120 个国家和欧盟正在努力实现到 2050 年温室气体净排放为零的目标，随着气候变化问题日益严峻，碳中和已成为全球趋势。

根据能源和气候信息小组（Energy & Climate Intelligence Unit，简称 ECIU）发布的全球净零排放跟踪表，目前已实现碳中和的国家包括不丹和苏里南，并已实现负排放；已将碳中和目标写入法律的国家和地区包括瑞典、英国、法国、丹麦、新西兰和匈牙利，在立法进程中的包括韩国、西班牙、智利和斐济等，其中瑞典实现碳中和的目标时间为 2045 年，其他国家和地区为 2050 年；芬兰、奥地利等 14 个国家和地区已宣布碳中和目标。除此之外，乌拉圭、意大利等 100 个国家和地区的碳中和目标正在讨论中。

4. 各国发展 一声长“碳”

为应对新冠肺炎疫情带来的经济放缓，世界各国都开始引入经济刺激措施。为了避免世界从一场危机（新冠肺炎疫情）步入另一场危机（气候变化），国内外关于“绿色刺激”和“绿色复苏”的呼声越来越高，已有众多国家和地区提出了绿色刺激方案。

中国：2020 年 9 月 22 日，国家主席习近平在第七十五届联合国大会的讲话中除了宣布我国 2030 年前碳达峰和 2060 年前碳中和的目标外，同时也强调了疫情后的绿色复苏：“这场疫情启示我们，人类需要一场自我革命，加快形成绿色发展方式和生活方式……各国要树立创新、协调、绿色、开放、共享的新发展理念，抓住新一轮科技革命和产业变革的历史性机遇，推动疫情后世界经济‘绿色复苏’，汇聚起可持续发展的强大合力。”而此前我国提出的“新基建”七大投资领域也包含着大量的绿色元素，一是“新基建”中的城际高速铁路和城际轨道交通、充电桩以及特高压等，这些内容本身就属于发展改革委等七部委联合印发的《绿色产业指导目录（2019年版）》以及目前正在执行的相关绿色标准中的项目，属于绿色产业的范畴；二是5G、人工智能、工业互联网等技术可用于产业增质提效，是发展绿色产业不可或缺的要素。根据兴业研究宏观团队的估算，2020年“新基建”七大投资领域的投资规模预计在2.17万亿元左右，其中，可以明确归为绿色“新基建”的城际高速铁路和城际轨道交通、新能源汽车充电桩以及特高压三大投资领域的投资规模预计为1.42万亿元，在总投资规模中占比高达65%，若是考虑到5G、人工智能、工业互联网等技术对各产业的提质增效，以及对绿色产业发展的推动作用，“新基建”中绿色成分的占比应该更高。

欧盟：2020年11月10日，欧盟委员会就总额为7500亿欧元的“欧盟下一代”复苏计划和2021—2027年1.074万亿欧元的强化版中期预算（共约1.8万亿欧元）提案达成协议，以帮助整个欧盟地区在疫情后实现绿色化和数字化复苏。该提案首次提出是在2020年5月，当时欧盟官员表示这一揽子复苏计划中25%的资金将用于气候友好型领域，而在此次达成协议的最新版方案中，欧盟明确将用于应对气候变化资金的比例提高到了30%，这是有史以来欧盟预算中气候资金的最高比例，同时该复苏计划还特别关注生物多样性保护和性别平等。此外，在这1.8万亿欧元一揽子计划中，超过50%的资金将通过以下三个方面来支持欧盟的现代化：通过“欧洲地平线”计划支持科研与创新；通过公正过渡基金和数字欧洲计划支持公平的气候和数字转型；通过设施恢复与复原计划、欧盟民事保护机制和新的健康计划来提升欧盟的预防、恢复能力与韧性。

德国：2020年6月3日，德国政府通过了规模达1300亿欧元的一揽子经济复苏计划（2020—2021年），包括降税、5G建设、行业扶持、居民补贴等措施。其中，500亿欧元被命名为“未来方案”（Future Package），聚焦于“气候转型”和“数字化转型”，将用于推动电动汽车、量子计划和人工智能等技术发展中，其中涉及应对气候变化的多项举措包括电动交通、氢能、铁路交通和建筑等领域。如德国将把每辆电动汽车的补贴增加一倍至 6000 欧元，对插电式和混合动力车的补贴总计达 22 亿欧元，有效期到 2021 年 12 月；投资 25 亿欧元用于充电设施和电动交通、电动电池的研发；车辆税将更关注乘用车的二氧化碳排放，以扶持低排放和零排放车辆；同时还将为汽车行业注入 20 亿欧元，将工厂升级为电动汽车生产线。6 月 10 日，德国政府通过国家氢能源战略，旨在支持“绿色氢能”扩大市场，为支持这一战略，德国政府将在现有基础上再投入 70 亿欧元用于氢能源市场推广，另外 20 亿欧元用于相关国际合作。

法国：2020 年 9 月，法国宣布了一项 1000 亿欧元的经济刺激计划，以从新冠肺炎疫情造成的破坏中恢复经济，在该项经济复苏计划中，300 亿欧元将用于环境友好型能源。根据法国的经济刺激计划，在氢能源方面，政府将投资 20 亿欧元以扩大绿色氢能行业，从而在 2050 年之前实现碳中和，这笔资金将用于协助公司执行与氢能解决方案相关的项目，并推动氢能行业的发展；在节能建筑领域，政府将投资 60 亿欧元，其中 40 亿欧元用于资助公共建筑的能源系统升级，从而减少该国的整体温室气体排放量，20 亿欧元用于在未来两年法国私人建筑的能源系统升级；在工业节能方面，法国将为工业部门的脱碳拨款 12 亿欧元，工业排放占法国温室气体总排放量的近 20%，此项投资将用于支持工业行业对节能设备的使用和投资；在绿色基础设施方面，法国政府将为国内绿色基础设施和交通项目提供 12 亿欧元资金，用于开发可减少温室气体排放的交通项目和公共交通服务。

英国：英国政府于 2020 年 7 月发布了 300 亿英镑的经济复苏计划，其中 30 亿英镑专用于气候行动。该计划包括：将提供超过 20 亿英镑的资金支持房主和房东在 2020—2021 年提高房屋的能源效率，以满足英国应对气候变化的雄心，这笔资金可以提供超过 10 万个绿色工作机会；为了实现公共部门的脱碳计划——清洁增长战略目标，即到 2032 年将公共部门的温室气体排放量减少一半，英国将在 2021 年向公共部门投资 10 亿英镑，以资助能源效率和低碳热能升级；向绿色就业挑战基金投资 4000 万英镑，用于环境慈善机构和公共机构在英国创造和保护 5000

个工作岗位；将提供 1 亿英镑的新资金用于研究和开发直接空气捕集技术，这是一种新的清洁技术，可以从空气中捕集二氧化碳；支持汽车转型基金，基于上年宣布的高达 10 亿英镑的开发和嵌入下一代尖端汽车技术的额外资金，政府将立即拨款 1000 万英镑用于第一轮创新研发项目，以扩大电池、发动机、电子和燃料电池等最新技术的生产规模。

韩国：2020 年 7 月 14 日，韩国总统文在寅宣布了一项总额达 160 万亿韩元（约 1300 亿美元，包括私人和地方政府支出）的“新政”。其中包含一项金额达 42.7 万亿韩元（约 350 亿美元）的“绿色新政”，以促进可再生能源的部署和低碳基础设施，具体包括到 2025 年太阳能和风力发电装机量从 2019 年的 127 亿千瓦增加到 427 亿千瓦，并将在 22.5 万座公共建筑上安装太阳能电池板；到 2025 年，有 113 万辆电动汽车和 20 万辆氢能汽车上路，并将建设 1.5 万个快速充电站、3 万个标准充电站和约 450 个氢燃料补给装置等。

美国：美国尽管尚未明确提出绿色复苏计划，但拜登此前已阐述了其新冠肺炎疫情后的经济复苏计划，该计划主要包括四大支柱，其中第二大支柱关注提升经济在长期的韧性，强调通过发展清洁能源和可持续基础设施等措施为应对气候危机做好准备。同时，拜登还提出了“绿色新政”作为其应对气候挑战的关键框架，同时也称为“清洁能源革命与环境正义计划”，涉及能源转型与环境保护的各个方面，主要包括五个方面的具体计划与措施。一是确保美国在 2050 年之前实现 100% 的清洁能源经济和净零排放，其中包括对 2050 年实现净零排放目标进行立法，在未来十年对能源和气候领域的研究与创新提供 4000 亿美元投资，在整个经济中部署清洁技术等；二是建设一个更加强大和更具韧性的国家，拜登上任后将立即推动对智能基础设施的投资，以确保建筑、水、交通和能源基础设施能够抵御气候变化的影响；三是团结世界其他国家应对气候变化的威胁，拜登此前已承诺在上任第一天就会签署行政令宣布美国重返《巴黎协定》；四是坚决反对污染者滥用权力而使得低收入社区受到更大的环境危害，拜登政府将提出解决环境不公平问题的解决方案；五是履行帮助受能源转型影响的所有工人和社区的义务。

第四节　从碳金到碳金融

面对碳金时代，行业和企业都可以善假于碳金，企业节能减排、升级改造等结余的碳排放指标、企业植树造林等生成的碳排放指标，都可以通过“国家碳交易所”交易，由此，碳金融大行其道。

关于碳金融，从小的层面来说，相关企业在按照国家政府所设置或者所分配碳排放权在市场进行交易的一种金融活动。从大的层面来说，减少碳排放为起点的直接投资和融资、碳金融衍生品和附加品、碳排放权额度交易等所有服务于降低碳气体排放的金融活动就是碳金融。

早年的时候，就已经有全面限制碳排放及其他温室气体排放的国际公约。在此基础上，出台了一系列的为减少碳排放的合作机制，这相当于是碳金融交易市场的催化剂。目前，全世界的碳金融市场已经拥有较大较完善的规模了。

1. 与现货市场相辅相成

碳金融交易有非常强的金融属性，如果引入碳债券期货等金融产品交易，就可以更好地对现货市场的价格和风险进行分析和管理。若碳金融成品不断衍生加入现货市场，就可以提高市场的活跃性，有利于逐渐完善和形成行之有效的市场定价制度。

现货市场也将反馈碳金融交易市场。碳金融交易市场将作为现货市场的重要的不可或缺的一部分，现货市场可以集中整合市场并且提供高效、透明、权威的供求信息，解决参与者信息不对称的问题。同时还可以进一步推动碳金融交易市场高质量、有效的碳定价，完善市场机制。

现货市场将促进碳金融交易市场的碳排放权转化，不断地扩大碳市场的饱和度和范围。这样就可以促使碳金融交易市场中的投资主体，不仅持有现货还可以持有期货合约实现跨越投资。这样就可以做到一边满足社会各层面资本对碳金融资产的规划配置和交易需要，一边也可以满足不影响降低和限制碳排放企业在碳金融市场的交易。

碳金融交易市场还促进了现货市场的发展，它将吸引更多的社会资本投入和资金引导流入碳金融交易市场和拥有碳排放权、碳排放额的公司当中。

举个例子来说，碳金融衍生产品中最基础、最常见且发展较为成熟的就属碳排放权期货了。它不仅可以利用其他资产组合建立不同的收益构造，还可以为碳金融相关企业带来红利，并且刺激市场化的约束制度。这样高效诱人的吸引力，使得许多社会资本对碳金融产业进行投资，最终实现碳减排和经济低碳的转型升级。

2. 我国碳金融市场前景可观

有相关的机构统计报告中提到，我国的碳排放交易贷款量已经站在了全球首位，贷款余额已达到了 10 万亿元甚至更高。我国的碳排放债券市场自启动以来，发行规模一直保持在 2000 亿元左右，也位居世界前列。

因为碳金融市场不断持续保持扩大的趋势，碳金融产品持续衍生和不断完善，推动了我国碳市场的从无到有的转变和极大满足了市场交易的多样化需求。

作为全球碳排放前列大国之一的中国，碳金融交易市场的出现和不断扩大，将在一定程度上为我国经济结构调整和发展方式转变助力，还将持续推动社会可持续发展，并将促成我国建立统一的碳排放交易市场和具有国际地位及影响力的碳金融交易中心。

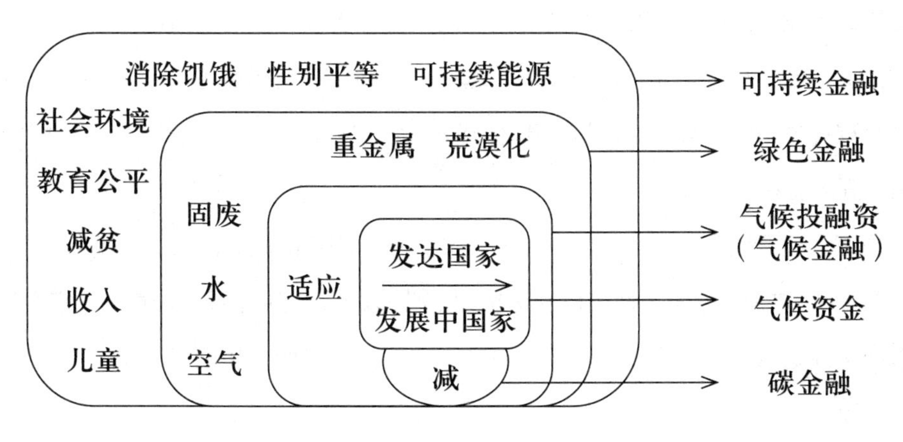

气候投融资与相关概念的关系

国家有关部门发布的相关通知就印证了上面所说，京、津、冀，上、广、深等地成为第一批碳金融交易的试点。推动碳债券、碳基金、碳排放配额等创新性的措施，而后建立福建省碳排放交易市场。

展望碳金融，当然不仅仅是助力碳市场，甚至整个金融交易市场都会受到影响。从地理来说，它可以从地域到全国、从国内对接到海外市场；从产品来说，可以从单一的碳排放权交易现货到期货、各种衍生品出现，它可以涉及多个行业，可以发展多元化市场主体。

我国在实现基本覆盖全国的碳排放交易试点的同时，实施了标准统一的碳排放交易制度。随着这一趋势，我国碳市场系统已基本建设完成，交易环境也基本完善，碳金融交易市场的前景非常可观。

第五节　碳金孕育时代商机

从黄金到黑金，从黑金到碳金，每个时代的更迭都蕴含着巨大商机，都是经济业态的一场重大变革，正如人类“从传统思维转变为互联网思维，从互联网思维转变为物联网思维，从物联网思维转变为数字经济思维”一样，每一次转变都带来了经济格局重组和巨大的造富浪潮。

如上文所言，面对碳金时代，行业和企业都可以善假于碳金，并基于物权数字化理论，企业节能减排、升级改造等结余的碳排放指标、企业植树造林等生成的碳排放指标，经物权数字化的理论实证，这些企业的自有指标都可以“典当”、置换为共有碳排放指标，都可以通过“国家碳交易所”交易、物权数字化（经纪）平台等渠道开展交易。

现在，随着碳金融试点地区的不断建立，不断完善的碳金融市场，不断推出的碳金融产品，这都非常有力地支持碳交易。在全国碳金融交易市场逐步建立稳定之后，能够在可控的风险条件之下，逐渐地将准入“门槛”降低，让银行、保险、经纪等机构积极参加碳交易。

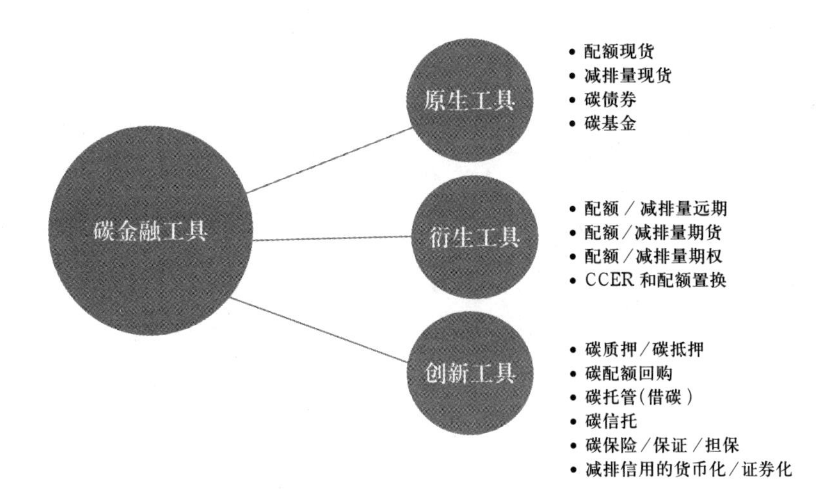

这样就可以为投资者提供专业的服务并且为碳金融发展提供专业的长期投资，逐渐扩大投资者数量，保护投资者权益。举个例子，银行可以将碳金融产品放进抵押担保范围，保险企业可以利用创新性思维推出关于碳交易的碳保险产品。

在这些碳金融不断发展衍生品的时候，衍生品的层出不穷会导致金融行业的复杂和混乱。如果碳金融交易市场出现过多的投资，就容易导致许多价格操控和私下内幕交易等违法行为。

因此，在碳金融交易市场，可以促进相关政府部门以及企业协会对整个金融行业的监管。可以推动建立金融行业信息公开、透明的管理制度，保证可以及时公布权威、高效、透明的供求信息，以及整个金融行业交易市场的公平、公正、公开，让每个金融企业都可以充分竞争。对此，本书将在后面的章节中专门论述。

总之，按份共有的物权，同时可以按份共有碳排放指标，总体碳指标交易，都可以对标物权，按物权数字化的技术路径实现“按份分享”，将民间投资渠道多元化、清晰化，降低大众投资“门槛”，寻常百姓可以从物权数字化中分享碳金时代的红利。

CHAPTER TWO

第二章

碳金时代悄然相遇

大梦谁先觉？平生我自知。草堂春睡足，窗外日迟迟。

——《三国演义》

以“碳”作为划定时代的依据，常见的莫过于“碳 -14”了。

碳 -14 测定法是利用宇宙射线产生的放射性同位素碳 -14，在与氧结合成二氧化碳形后，进入所有活组织，先为植物吸收，后为动物纳入。只要植物或动物生存着，它们就会持续不断地吸收碳 -14，在机体内保持一定的水平。而当有机体死亡后，即会停止呼吸碳 -14，其组织内的碳 -14 便以 5730 年的半衰期开始衰变并逐渐消失。对于任何含碳物质，只要测定剩下的放射性碳 -14 的含量，就可推断其年代，这就叫碳 -14 测年。据称，利用碳 -14 测算年限可达 6 万年。

当然，碳 -14 着眼于过去，而本书所谈的“碳时代”，着眼于未来。巧合的，不管是过去一万年还是未来八百年，毫无例外，都与碳相关。原因不难想象，因为整个地球文明就是一个碳基文明。

第一节　地球生命之基——碳

面对气候异常和环境恶化的危机，大家都在呼吁节能减碳。碳足迹、碳旅程、碳消费、碳交易、碳指标、碳税收……为什么谈到生态讲的都是碳?

《京都议定书》明确要求各国控制碳排放量，为什么是碳而非其他元素？碳并非地球制造的元素，碳是历经数十亿年宇宙恒星的生生灭灭，才终于诞生的化学元素。

从碳元素的形成到地球文明的诞生，这中间实在是经过了一段千古神秘的机缘。碳造就了地球的生命基础，也是人类文明大跃进的重要元素，从远古的普通燃料到新近的石墨烯技术，没有碳，就没有我们今日的文明。

但是，“碳基生命”真正意味着什么呢？我们真的是由营火后留下的黑色烧焦的东西，还是铅笔里的碳组成的?

碳基生物，顾名思义，就是以碳元素为基础的生命形式。

我们体内的基础化合物是蛋白质，蛋白质分子链就是靠碳原子连接的，也可以说碳链就是蛋白质的骨架。

地球生命最初产生和应用的能量是糖，糖又叫什么？碳水化合物。还是碳。

地球上所有已知生命都是主要由碳、氢、氧构成的，生命活动也主要围绕这几种元素展开，所以我们都是碳基生物。

不管植物、动物还是真菌，都是细胞的组织结构，是由诸多不同功能的细胞群体所构成起不同功能作用的细胞组织之生理现象，虽然生物在生存模式和生态类型上各有不同，但它们都属于同缘异型的生物，都是碳水化合物的化学成分。由此可见，地球上所有的生命体，都是碳基生命的体现。

地球上储量最丰富的物质是硅，为什么生命没有以硅为基础来构建呢?

硅与碳的性能类似，它也可以被用作大分子的连接键，构建“硅蛋白质”和“硅糖”。但是与碳相比，硅元素的化学反应特性、化合物稳定性、化合物亲水性等方面的短板非常明显。

还有就是海洋、湖泊、河流，甚至大气中和物体内部都有水。水会破坏硅基大分子的连接，让“硅糖和硅蛋白、硅基遗传物质”解体。所以硅基生命没法存在于地球这种环境中，对硅基生命而言，地球属于剧毒环境。

更重要的是，为了保存和递进重要的遗传信息，生物体必须构建能够禁受住时间考验的大型复杂分子。碳元素是唯一能做到这一点的元素。

由此说，对于包括人类在内的所有地球生命而言，地球绝对是一个天堂。

地球拥有适宜的温度、充沛的水资源以及磁场和大气的保护，生命在这样的条件下尽情地繁衍进化。地球是目前已知的唯一拥有这样得天独厚条件的星球，从概率的角度来说，地球绝对可以称得上是宇宙中的一个传奇，在地球之外，环境对于生命而言是极其恶劣的。

在太阳系之中，除去地球，环境最为宜居的行星就是火星了，然而生命要想在火星上生存几乎是不可能的。火星没有磁场的保护，大气异常稀薄，昼夜温差可以达到 200℃以上，这些都是生命所无法承受的。而地球的另一个邻居金星，环境就更加恶劣了。

不过，这些地外行星的恶劣环境只是针对碳基生命而言的。

再回到开头的问题，地球上所有的生命形式都是碳基的，这是为什么呢？因为

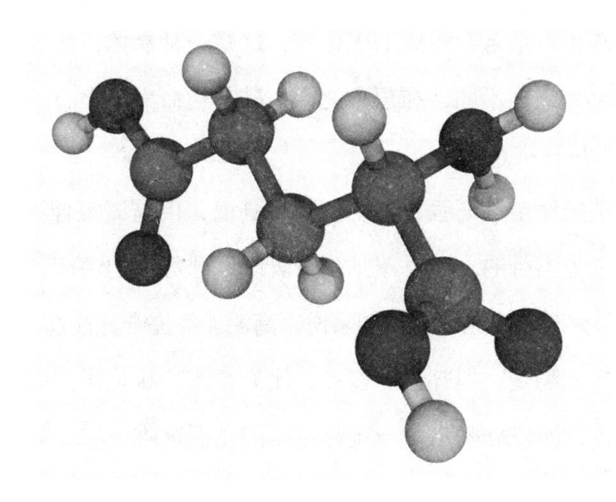

构成生物的基础是氨基酸，而氨基酸的形成需要氨基和羟基进行连接，而碳元素则在这个连接过程中起到了关键的作用。为什么一定要是碳元素来进行连接呢?

因为氨基酸是一种高分子有机物，是非常复杂的，而复杂的分子形成需要构成原子具有高度的还原性和氧化性，两者缺一不可。这样的条件是非常苛刻的。如果原子的核外电子太多，则会呈现单纯的氧化性，如果太少，则会呈现还原性，而只有碳原子的核外电子不多不少，正好四个，于是就同时具有了很强的氧化性和还原性。

当然，能够同时呈现很强氧化性和还原性的并不只有碳原子，之所以生命是碳基的，还有另外一个因素。那就是碳基分子的活性。生物的一切反应都是一种化学作用，包括瞳孔的放大、情感的产生等，而只有高活性的碳基分子才能够保证这些化学反应的迅速产生，简言之，这就是为什么地球生命都是碳基的。

那么,在地球之外,是否可能存在着以其他元素为基础的生命形式呢?这很难说,如果有，很可能是硅基生命了。之所以这样说，是因为硅和碳的化学性质极为相似，那么如果硅基生命真的存在，它会是什么样子呢?

硅和碳虽然相似，但也有区别，所以硅基生命必然呈现和碳基生命截然不同的外观和机能。

首先，碳与氧结合会生成二氧化碳，二氧化碳是一种气体，很容易在呼吸过程中排出体外。而硅和氧结合会生成二氧化硅，这是一种晶体，所以硅基生命的呼吸过程可能与碳基生命完全不同，在想象之中，硅基生命大多会有一个晶体的外观，类似于会移动的水晶石头。

其次，硅比碳的稳定性要强，如更加耐受高温，仅硅氧集合物就能承受 300℃以上的高温，而碳是不行的。所以碳基生命青睐地球舒适的温度，而硅基生命则更喜欢高温环境。因为对于耐热性好的硅来说，高温能够提升其活性。

硅虽然比碳更加稳定，但却也有弱点，比如怕水。从化学性质来说，硅链在水中无法保持稳定性，所以硅基生命一定是怕水的，而这唯一的劣势在宇宙中却又变成了一种优势。

试想一下，如果一种生命它怕水，喜欢高温，呼吸方式不需要氧气，那么宇宙中可供其生存的星球简直太多了，仅太阳系内的行星、卫星、小行星加起来就数不胜数，而地球这样对于碳基生命来说宜居的星球，对于硅基生命而言反倒成了地狱。

从这一点来看，我们倒是希望宇宙中充满了硅基生命，那样，我们就不孤独了，而且对于它们而言，地球只是一颗环境恶劣的地狱行星，并不会给我们带来危险。

所以碳基生物是最有可能生存和繁衍下来的生物。

然而，这造就我们文明的元素，却也威胁着我们的生存。地球经过 40 亿年才形成的碳循环方式和速度，被几百年来的人类工业化进程所破坏，如果不尽早悬崖勒马，等待我们的可能是一场毁灭性的灾难……

第二节　冷知识　热商业

关于碳基生命这种“冷知识”，看似深奥枯燥，但当我们和现代生活方式、现代产业发展路径进行对比后，就会发现，一些冒着热气的商业生态，正在徐徐升腾，蔚为壮观。

在生产力低下、物质匮乏的年代，人们的需求和相应的供给都是比较单一而缺乏想象力的。小到着装，大到汽车，几乎全国统一，体现不出差异性和个性，正如混沌状态——一锅各种小分子组成的“汤”，看不出什么多种未来的可能性。而在现在这个信息高度发达、物质供给多样的社会条件下，商业更注重个性化的情感和审美，各种越来越个性化、精细化的要求都在被满足。一个商业组织就是一个生命，市场和社会就是一个生态。

1. 碳时代的商业生态正在变化

在进化过程中各个商业组织都在寻求建立以自己为核心的生态圈：一个商业生态圈一般会由一家强大的公司或一个庞大的市场需求为主导，以此为核心，寻找上下游产业链的相关企业一起合作。同时通过各种形式的“联姻”迅速扩充产品线，共同构建一个强大的联盟，来对抗外界冲击，同时更好地适应市场环境的“空气”和“土壤”，同时发展出各种小分支以及更小的分支，来分头迎合市场中的各种个性化需求。

毫无疑问，这个进化过程带来了空前繁荣的商业体系和多种多样的商业生态系统。

如果从生物学和进化的角度去观察，就很容易理解未来时代发展的趋势，必然是从机械化向有机化和生命化方向发展。同时以碳为核心元素的生命科学时代，必然接棒以硅为核心元素的计算机和互联网时代。

在目前这样的过渡时期，商业的发展必将呈现两个方面的特点：原有优势行业（计算机和互联网行业）发展趋势呈现有机化、生命化；与生命科学相关的产业将迅速崛起，成为引领时代发展的领域。

在计算机、互联网行业，有机化和生命化的趋势体现在两个方面：一方面越来越多的碳基材料、有机物开始取代冷冰冰的金属和晶元出现在计算机中；另一方面使用计算机来模拟人的某些思维过程和智能行为的人工智能。

在从“硅”到“碳”的过渡时代，传统意义上的有机材料越来越多地出现在全新的应用领域。1965 年，英特尔联合创始人戈登·摩尔观察到，集成电路中的元件集成度每 12 个月就能翻番。此外，确保每晶体管价格最低的单位芯片晶体管数量每

12 个月增长一倍。这一现象被称作“摩尔定律”。

依据摩尔定律提出的预测，在未来二三十年内出现革命性成果的研究领域可能是生物计算机。

1994 年 11 月，生物计算机概念首次提出后立即大火。基于蛋白质的“晶体管”，计算效率远高于任何硅基计算机的细菌计算机；还有更为极致的 DNA（Deoxyribo Nucleic Acid 的缩写，脱氧核糖核酸）计算机，一支试管中可同时容纳 1 万亿个此类计算机，运算速度可以达到每秒 10 亿次，1 立方厘米空间可储存的资料量超过 1 兆片 CD，能耗仅相当于普通计算机的十亿分之一甚至更低。商业价值，立见高下。

2. 生物产业永不衰落

进入碳时代，人类正在创造性地运用生物技术的手段解决目前面临的各种问题，生物技术产业被称为“永不衰落的朝阳产业”。

人类基因组数据的完全公开，改变了生物医学研究中数据分享的惯例，随后迅猛发展的一代测序、二代测序和三代测序技术，实现了大量生物遗传信息的快速解读，也促使了稳定可靠且功能强大的数据分析处理技术的发展，使生命科学研究进入了大数据时代。

此外，蛋白组学和代谢组学技术、基因编辑技术、诱导干细胞技术、生物材料 3D 打印技术和器官克隆技术等生物医学技术也快速发展，预计将很快可以实现高效精准的诊断，准确地修改遗传信息，进行病变组织或器官的替换，使精准医疗逐步成为可能。

当然，生命科学的发展水平和社会需求之间还存在较大差距。生命科学相关产业如果不在应用基础研究上加大投入，取得重大突破，从根源上解决供给问题，仅仅从信息、物流、渠道上入手改进，还是无法满足市场的需求。在这种需求的驱动下，除了以往优势行业有机化、生命化的趋势，从一个相对较长的历史时期内预测，与生命科学相关的产业也必将迅速崛起，成为引领时代发展的领域。

因此，人类进入 21 世纪，环境恶化、人口老龄化，在这些因素给人类带来巨大挑战的同时，也给生命医药行业的发展带来巨大的历史机遇。

不经意间，碳元素开始代替硅元素主导整个时代，生命科学的遥远未来已经呼啸而至。

在碳时代，如何把握碳元素的刚柔并济，顺应生命和生命体系的灵动，提前洞见时代潮流的变化，是我们需要思考的重要问题。

第三节　世界进入双碳时代

站在当下来思考，往大的方面想或许就是人类的终极话题，这不外乎生存与发展两大关键点。

工业革命后，随着煤炭、石油和天然气等化石燃料的大规模开发使用，二氧化碳排放量显著增加。

有资料显示，从 1 万年前到工业革命发生，地球大气二氧化碳浓度基本保持在 280ppm（ppm 为百万分之一的计量单位），及至 2016 年每月可观察数据超过了 400ppm，2019 年 5 月由夏威夷莫纳罗亚天文台探测到的浓度突破 415ppm，这代表着人类在工业革命以后的二氧化碳排放量远远地超过了人类在工业革命发生前的 1 万年间总排放量，不得不说这是一个非常恐怖的数字。

另有数据表明，2019年全球碳排放量约超过了340亿吨，约为1965年的3.1倍，这些温室气体的排放是全球气温变化的重要推手。据相关数据，相对于19世纪末，目前全球平均气温升高超过1.2℃，从而引发了极端气候、冰川融化、海平面上升等一系列重大问题。

以南极冰川为例，每年会有2500亿吨—3000亿吨冰川消失，其正以每年25厘米的速度融化，如果地球气候变暖的趋势无法遏制，导致覆盖南极的冰川全部融化，科学家预测全球海平面至少将上升56米，这一可预见的结果或将直接给全球带来诸多失控性的甚至是灭顶的灾难。因此，二氧化碳的减排到了刻不容缓的时点。

目前，全球主要国家及地区已经规划出各自实现碳达峰、碳中和的关键时间点。其中，英国、法国、德国、西班牙、匈牙利、丹麦、新西兰等国家已以立法形式（法律规定）约束碳中和的实现。

随着2021年11月13日《联合国气候变化框架公约》第二十六次缔约方大会（26th UN Climate Change Conference of the Parties，COP26）在英国格拉斯哥闭幕，《巴黎协定》实施细则得以敲定，这意味着碳达峰、碳中和不再只是理念倡导，“双碳时代”正式到来。

而在此前2021年10月24日，中共中央、国务院印发《关于完整准确全面贯彻新发展理念做好碳达峰碳中和工作的意见》，提出“双碳”目标的“三步走”路线图：到2025年，非化石能源消费比重达到20%左右；到2030年，非化石能源消费比重达到25%左右；到2060年，非化石能源消费比重达到80%以上。同时也明确了构建绿色低碳循环发展经济体系、提升能源利用效率、提高非化石能源消费比重、降低二氧化碳排放水平、提升生态系统碳汇能力等五个方面主要目标。

再往前，即2020年9月22日，中国国家主席习近平在第七十五届联合国大会上宣布，中国将提高国家自主贡献力度，采取更加有力的政策和措施，二氧化碳排放力争于2030年前达到峰值，努力争取2060年前实现碳中和。

正如习近平主席指出：“实现碳达峰、碳中和是一场广泛而深刻的经济社会系统性变革。”进入双碳时代后，中国经济社会发展将以全面绿色转型为主导，能源绿色低碳发展成为关键，产业结构、生产方式、生活方式都会面临重大变革。

毫无疑问，中国与世界各国一道，正进入双碳时代，世界经济也从过去的资源依赖型进入未来的技术依赖型。

【延伸阅读】

兴业银行：当好双碳时代的“模范生”

绿色金融客户、绿色融资余额双双保持两位数增长，分别达3.80万户、1.39万亿元，较2021年年初增长27.52%、19.98%。其中，45家一级分行中，绿色融资规模超千亿3家、超百亿33家。

植绿十六载，站在历史的新起点上，兴业银行最新发布的2021年报，向资本市场交出了一份亮丽的绿色答卷。在这份报告中，兴业银行将持续打造“绿色银行、财富银行、投资银行”三张名片，明确作为其“商行+投行”战略下的重要支撑。其中绿色银行作为首张名片更加闪亮，整体的绿色融资规模在国内银行业名列前茅，支持“双碳”目标的绿色金融创新实践硕果累累，成功走出了一条银行业“寓义于利”的可持续发展之路。

碳中和与“绿色”可持续发展已成为全球共识，这一大的趋势、大的浪潮不可阻挡。而碳中和或将驱动人类社会进入工业革命以来的最大一次全新的制度和产业革命。

若放在人类命运共同体的角度，碳中和的实现路径也一定是人类群体或单独个体趋利避害的最终选择，这个选择远不止拥有必要性，而是具备了某种确定性、必然性。

而由国际可再生能源署（International Renewable Energy Agency，IRENA）在不久前发布的最新年度旗舰报告中，更强调了需要调整行动的规模及速度，才能限制全球平均气温升高的幅度小于1.5℃，从而符合2015年巴黎气候公约规定。为此，若想在2050年左右达到二氧化碳解决零排放而实现1.5℃的控制目标，按IRENA测算结果可得出，2021—2050年内全球的总投资规模至少须达131万亿美元。

第四节　未来目标锁定碳中和

国际能源署（International Energy Agency，IEA）对于全球碳中和目标的实现，分析了未来在全球太阳能、风能为主体的资源支撑得出的结论是：要实现碳中和目标，我们所具备的风、光资源为主体的非化石能源在资源量上是足够的。中国国家气候中心和其他多个研究团队的分析，都得出了类似的结论，中国要实现“30—60”双碳目标，特别是“60”碳中和目标，我们的风、光资源，从量上说是足够的，关键是实现路径、技术达成以及碳排放补偿机制的作用发挥。对此，中国工程院院士、清华大学碳中和研究院院长贺克斌在一个公开的主旨演讲中就认为：从资源依赖型经济走向技术依赖型经济，正好跟绿色高质量发展、跟我们努力要做的方向完全一致。

在过去的经济发展中，煤炭、石油、天然气这种化石能源是不可再生的，而非化石能源可再生，所以在某种意义上讲解除了未来经济在发展当中的资源约束，从资源依赖型走向技术依赖型。

为什么说是技术依赖型？现在风、光资源要大规模地利用，还有大量的技术问题没有解决，需要我们逐步掌握这些技术，才能把可能利用的资源尽可能用足。

资源依赖型走向技术依赖型经济的第二个含义是，如果按照我们现在的格局，以化石能源为主体，那么煤炭储藏前五位国家的储藏量加在一起可能占全球储藏量的 75%；而石油、天然气储量前五位的国家，分别占了全球储量的 62% 和 67%，也就是说 2/3 至 3/4 的量可能集中在前五位的储量国。对于风、光资源来讲，也不是绝对均匀分布，但是相对于化石能源储量拥有不均匀的国家，风、光资源在各个国家之间相对均匀得多，绝对找不出前五位的国家可以把世界上 2/3 甚至于 3/4 风、光资源全部占掉。从这个意义上来讲，未来在总的资源约束、总量足够的情况下，大家都有机会通过技术发展去争取风、光资源的应用。

中国要抓住这样的机会，面临的机遇和挑战并存。在过去化石能源为基础的经济发展当中，我们受制于包括能源安全、进口量等因素，但是如果走向以“双碳”推进非化石能源为主体的时候，我们现在拥有的比如风、光发电技术在全球范围内还有一定技术的先机和成本的相对优势。

跟全世界相比，特别是跟欧美国家相比，我们现在拥有的光伏发电的综合发电成本比美国和欧洲低，综合低百分之二三十，包括制绿氢的成本都比他们低一些。但是现在全球都看到了竞争态势，欧美国家，特别是美国已经提出来在2020—2030周期里要把光伏发电的综合成本在现有基础上降60%以上。那么，如果我们止步不前的话，这百分之二三十的优势有可能就会被反超。

在双碳时代看碳中和，表面上看我们是从气候履约作为切入点，是因为这件事情提出了这样一个目标，但是背后有非常强的产业竞争大背景，而这个产业竞争的大背景不是一般意义上的，而是更新换代意义上的。从资源依赖型走向技术依赖型经济的过程中，在技术创新和产业竞争的激烈程度，是未来非常重要的、不能输的竞争。

以现有的国情跟未来的目标相比，中国要实现“双碳”目标会经历一个非常艰苦的过程。

我们现有的国情面临着“三高一短”的基本局面。第一，在世界上主要能源消耗国里，中国现有的能源结构中化石能源在总能源的比例以及煤炭在三种化石能源的比例都是最高的，是一个明显的高碳的能源结构。第二，现有的世界产业分工和中国社会经济产业的发展阶段是典型的高碳产业结构，煤电、钢铁、水泥等产业是大家公认的高碳、难减碳的行业，在全球产业界里中国的占比最高，比例高就意味着未来的任务重。第三，中国是一个发展中国家，还处在进一步的城市化、工业化进程当中，我们在增量当中求减碳，也新增了更多的困难。第四，“一短”是指“30—60”，从碳达峰到碳中和我们只有30年时间，跟欧美五六十年甚至六七十年的周期相比，我们的时间更短。

【延伸阅读】

中国有望2027年前后实现碳达峰　峰值控制在122亿吨左右

中国工程院2022年3月31日在北京发布重大咨询项目成果《中国碳达峰碳中

和战略及路径》提出，通过积极主动作为，全社会共同努力，中国二氧化碳排放有望于2027年前后实现达峰，峰值控制在122亿吨左右。在此基础上推动发展模式实现根本转变，可在2060年前实现碳中和。

据了解，中国工程院碳达峰碳中和重大咨询项目组织40多位院士、300多位专家、数十家单位，重点围绕产业结构、能源、电力、工业、建筑、交通、碳移除等方面，系统开展中国实现碳达峰碳中和战略及路径研究，最新完成并发布《中国碳达峰碳中和战略及路径》。（资料来源：中新社）

即使有这么多的困难，为什么还要下决心去做？就是因为从资源依赖型经济走向技术依赖型经济，正好跟绿色高质量发展、跟我们努力要做的方向完全一致。我们必须要加强科技创新，不能掉队，实现未来的经济发展。

从全球范围来看，世界经济如果要从资源依赖型走向技术依赖型，在技术上也存在人类命运共同体的一些客观要求。我们做了全球风、光、电互补的区域性分析，未来如果风、光装机容量在1:1或者1:1.5，增加50%的容量，按照不储能、3小时储能、12小时储能的情景去分析，可以看到增加储能和增加风、光的余量都可以大大提升风、光互补和形成新电网的结果。

充分实现从资源依赖型走向技术依赖型的世界经济，不仅仅是完成应对气候挑战、减少灾害，也需要我们在区域风、光能源互补上形成国际的紧密合作，这也是我们在技术上面临的人类命运共同体的新挑战。

第五节　“双碳”目标下的“可持续发展”

面临着全球气候变暖等一系列环保问题的严峻形势，不夸张地说，一场关于碳减排的计划正在全球范围内徐徐展开，中国也概莫能外。这一点，即反映到资本市场，比如2021年7月16日，中国碳市场正式开市，碳排放交易也正式上线。与此同时，作为实现“双碳”目标的重要措施，一套围绕环境（Environmental）、社会（Social）和治理（Governance）的可持续发展理念，也逐渐被各行业经济实体及资本市场认可。ESG概念应运而生。

那么，ESG 概念的核心是什么？为何能成为可持续发展代名词？企业在实际经营过程又该如何通过践行 ESG，真正实现可持续发展呢？对此，本书在第八章将做专门论述，在此，只将 ESG 的体系与企业的长期可持续发展做个总体概述。

ESG，企业长期可持续发展的鉴定书。

通俗来看，ESG 主要是从环境、社会以及公司治理角度，来衡量企业发展的可持续性，也由此在一级和二级市场衍生出投资该领域企业的 ESG 投资，从资本角度助推企业更好地践行 ESG 理念，最终实现企业与环境、社会等多方面的可持续发展，形成良性循环。

其实 ESG 概念并非新兴名词，中国证监会中证金融研究院副院长马险峰曾对 ESG 做过解读：20 世纪六七十年代，随着社会各界对种族问题、工人权益、环保问题的关注越来越多，有投资者愿意牺牲部分收益或支付一定成本，支持企业采用绿色环保计划、加强劳工保护、社区建设等方面的支出。与此同时，市场投资实践发现，董事会结构、薪酬制度等因素尽管可能不会影响企业的短期财务状况，但会对长期经营稳定性产生重要影响。随后，环境、社会责任和公司治理逐渐被放到一起，成为衡量企业可持续发展的三个最重要维度。

这也就意味着对企业而言，ESG 从表面上看更侧重企业社会责任的履行，而且还需为此进行持续投入，但从长期来看，ESG 则是论证企业长期可持续发展能力的鉴定书。

在大部分企业的发展壮大过程中，在经过最艰难的初创阶段后，企业会进入一个全新的阶段，此时也需要找到新的发展方向。而且从某种程度而言，规模扩大意味着社会影响力增加，也需要承担更多社会责任，而 ESG 正是企业在社会责任履行方面的一把标尺。

也正是为了用好这把标尺，1992 年，联合国环境规划署金融倡议（UNEP FI）初步提出 ESG 投资的构想，让企业在参与 ESG，履行社会责任的同时，能够获得资本助力，提高 ESG 参与积极性。

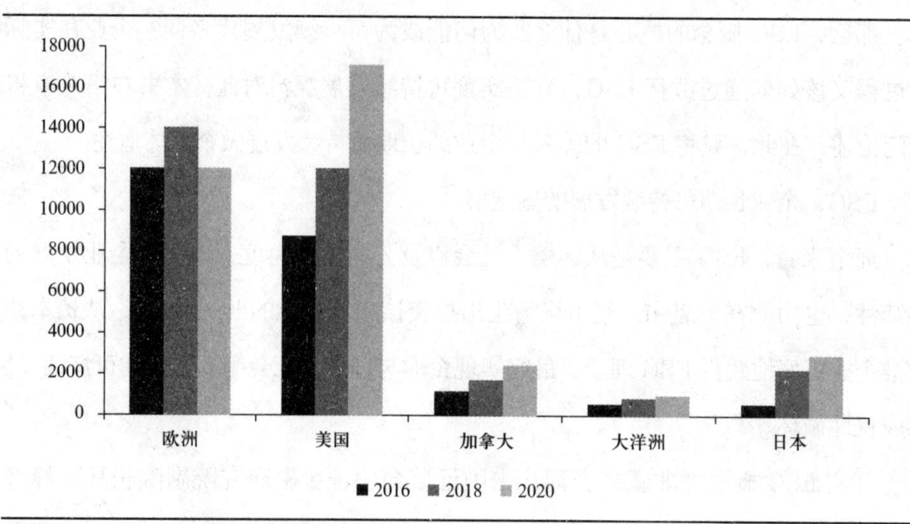

资料来源：GSIA，天风证券研究所。

主要地区 ESG 投资规模（10 亿美元）

【延伸阅读】

海外主流 ESG 投资发展迅速

近 5 年来，海外 ESG 投资发展迅速。据 GSIA（Global Security Industry Alliance，全球安防产业联盟或全球安防行业联盟）统计，2020 年年底“欧洲 + 美国 + 加拿大 + 日本 + 大洋洲”的 ESG 资产管理规模达到了 35.3 万亿美元，占以上地区总资产管理规模的 35.9%，过去四年复合增速 11.5%，也明显高于总规模增速的 4.7%。

需要说明的是，欧洲地区 ESG 资产管理规模回落的原因是 2020 年欧盟出台了《欧盟可持续金融分类法》，对绿色经济活动做出了更严格的定义，压缩了金融“漂绿”空间。（资料来源：《第一财经》）

不过，由于我国市场经济建设起步晚，发展速度快，在短时间内实现爆发式增长的同时，也难免在一定程度上忽视 ESG 等社会责任的履行，因此 ESG 投资尽管在国际上拥有数十年发展，但国内确是从近几年才逐渐兴起。

根据公开资料显示，我国第一支以 ESG 为主题的基金在 2013 年才出现，是由财通基金发行的“中证财通中国可持续发展 100 指数增强 A”，以投资国内具备 ESG 基础的公司。

但近年来，随着“双碳”目标的提出，我国ESG投资也迎来新机遇，参与ESG的企业也在不断增加。

根据中信证券统计数据，国内ESG公募基金产品数量及规模在2021年迎来爆发式增长，2021年ESG投资主题基金和ESG概念主题基金新发布42只产品，比2020年全年增长75%。

此外，A股市场上披露ESG报告的公司也在快速增长。统计数据显示，截至2020年年底，A股共有1021家上市公司披露ESG报告，相较2010年（471家）增长迅速，近10年复合年均增长率为8.04%。

尽管我国ESG尚处于发展初期，但不可否认，随着投资规模和参与实体的增加，ESG似乎正在作为一个新的风口，而能否抓住这个风口，也在某种程度上意味着能否抓住未来。

在目前众多行业企业中，金融科技作为近年来发展最为迅猛的行业之一，随着监管的逐步深入，行业在迎来规范化发展的同时，众多金融科技企业也正从金融普惠、助力小微企业、推动传统金融机构转型升级，提升金融机构社会责任履行效率等方面，成为中国ESG理念的深度践行者。

不过，尽管ESG从概念层面存在一定先进性，但目前我国ESG尚处于发展初期：一方面，市场对ESG的整体认知还处于初级阶段，如何正确理解ESG并用好ESG，并没有一个统一的标准，因此对于企业而言，存在客观的摸索成本；另一方面，企业对ESG概念的履行，除了依靠自身社会责任感的约束力，还在于ESG投资能否解决企业经营的实际问题，然而目前国内ESG投资尚未成熟，ESG参与实体也难以放开手脚。

当然，从ESG本质来看，其主要侧重企业社会责任的履行，但从根本来看，企业经营核心目标仍在于经济效益，因此企业也需要经济效益作支撑，以更好地履行社会责任。

未来，随着“双碳”目标的设立，基于该目标下的ESG理念也势必会得到更多的社会认可，并从商业价值、社会价值等方面成为企业可持续经营能力的标尺。

【延伸阅读】

21世纪，是一个关注碳的世纪

有人说21世纪会是一个生物的世纪，也有人说21世纪会是一个网络的世纪，然而，面对着伊利捧回的“国际碳金奖”，笔者想说的是，21世纪会是一个碳的世纪。

犹记得2010年上海世界博览会举行时，“低碳生活”概念的提出，一下子在全国引起了低碳生活热。也就是从那一年之后，联合国和专业性国际组织共同主办的世界环保大会每年开始设立“碳金奖”评选活动，如今已走过十多年，我们对“碳金奖”的热情还是如此高涨。特别是作为企业主体的伊利集团，在获得“碳金社会公民奖”之后，又接连荣膺大会最高奖项“国际碳金奖”，这让人觉得，对于新世纪的企业来说，不管在科技上有何突破，还是在生物工程上有所斩获，一切都会围绕着一个字——“碳”。

大家本来以为，随着上海世界博览会的结束，当时的口号也会渐渐地让人淡忘，走到今天才发现，“碳”依旧是原来的那个“碳”，对“低碳”的追求，我们中国人从未止步。

同样，当年伊利所获奖的“碳金奖”，不看“奖”字，单看“碳金”二字，就充满着无限的想象力。因为这是由世界环保大会颁发，以“碳转型的行动，碳发展的效率，碳社会的价值”三个纬度和“基础要素、创新优势、可持续力量”三个经度为标准，构建起了立体式的评估体系，旨在持续推动世界向绿色发展模式转变。由此，我们再看看组委会给伊利的颁奖词：伊利集团的绿色产业链，使产业链上各个环节实现绿色和共赢，这是一种可持续发展的模式，正是大会所提倡的推动经济与环境和谐、可持续发展的最佳表现者。

从伊利获首奖，到后人追热点，既然有人捧回了“碳金奖”，就意味着，无论是谁，只要符合“碳金生态实践奖、碳金创新价值奖、碳金社会公民奖”三项评审价值标准的参选者，未来都值得期待。

面对气候变暖的挑战、资源枯竭的压力，经济与环境的和谐发展正成为当今社会的主流意识。真心希望像伊利这样的企业、社团以及每个公民越来越多，让低碳生活不再是一种追求，而是一种常态的存在。

CHAPTER THREE

第三章

碳金资产横空出世

去来固无迹，动息如有情；日落山水静，为君起松声。

——唐·王勃

一说“资产”，人们脑海中立即弹跳出财产、金钱、资本、资金等与经济相关的概念。没错，资产的一般性解释就是指企业、自然人或其他市场主体拥有的或者控制的、能以货币来计量收支的经济资源。换言之，任何营商单位、企业或个人所拥有的、各种具商业或交换价值的东西。

在会计学中，“资产”是会计最基本的要素之一，与负债、所有者权益共同的构成会计恒等式：资产 = 负债 + 所有者权益。由此更可简单地表述为，资产就是能把钱放进你口袋里的东西，而负债是把口袋里钱的金额开个收据给别人，资产因此就有了“正资产”和“负资产”之别。除此之外，不同的分类标准，还有不同的资产说法，比如有形资产和无形资产，流动资产和固定资产，现有资产和递延资产，等等。

具体到碳金时代，无论是资产的预期收益还是资产的实际控制，无论是谈市场主体对资源的控制还是谈项目交易后的效益形成，“碳资产”都是一个绕不开的概念和价值要素。

第一节　碳排放“逼”出碳资产

人类在活动中，无时无刻不在产生碳，只不过是来源不同，有的来自传统化石能源的生产和使用，有的来自工业制造，有的来自人们的生活方式。

在前碳金时代，人们在不同领域所释放的二氧化碳释放了多少，人们不很在意，也没有多少人想到这些被释放的碳能变废为宝。现在不一样了，人们可以通过技术计量等手段，将其开发成为不同的碳产品，也就是说，人们将碳从“负担”转化为“资产”。再从社会发展的角度看，在环境合理容量的前提下，政治家们人为规定包括二氧化碳在内的温室气体的排放，这种行为必须受到限制，由此导致碳的排放权和减排量额度（信用）开始稀缺，并成为一种有价产品，我们就称之为碳资产。

比如一个人开什么档次的汽车，每百公里烧多少油、排多少碳，算出这些数字，减少一次开车就减少了一定量的碳排放。再比如最简单的开发票，过去用纸，现在用电子发票就可以省碳，就可以把省下来的碳转化为碳资产。

广义碳资产

碳资产类别	具体资产形态	持有目的
流动资产	煤炭、石油、天然气高碳资产，以及由此转化而来的电力、热力等二次能源资产	有形物质形态，参与生产经营
	光伏、风电、水电、核电等低碳资产	
固定资产	为节能减排、控制温室气体排放而购置的专用设备	实施长期减排战略的物质基础
无形资产	自主研发或购买的低碳技术，行业领先的低碳管理方法，绿色低碳领域积累的企业品牌、声誉和影响力	低碳时代价值链创造的核心竞争力
金融资产	基于碳排放权的碳配额和碳减排产品	控排企业履约、抵质押融资、碳市场交易获利
	碳期货、碳远期、碳期权等金融衍生品	碳产品价格风险规避，以投资为目的的交易获利
	碳信贷、碳债券、碳基金、碳托管等直接和间接投融资项目	推动环境治理，获得资本利息和项目收益

其他领域也是一样，可以开发出不同领域的碳产品并形成碳资产。作为政府来说，应该大力和加快推出相应鼓励政策和制度，把这些减下来的碳作为专项碳产品给这些个人和单位赋予碳价值。鼓励和推动全社会每一个人都成为减碳的行为主体，绿色低碳的生活方式就一定能够更快形成。

自愿减排领域的碳产品开发涉及城市、开发区、工业区，涉及各行各业、不同单位，企业、学校、医院、事业机关以及社区方方面面都有减碳的空间价值，都可以开发出不同的碳品种，形成碳资产。

在这里，我们必须明白一个道理：碳资产的形成背景是碳释放的增加，在一定意义上说，碳资产的多少与碳排放的多少，基本是呈正相关的。作为一种课题，我们一方面希望引导人们关注碳资产的利用和开发，另一方面作为一种全体性的“社会忧虑”，我们更多的是希望人类的碳减排活动纵深推进。

众所周知，近年来，一系列匪夷所思的极端天气事件在世界各地频频发生：2019年持续4个月的澳大利亚山火，历史性高温席卷北美，数百人丧生，大家记忆犹新的河南省历史罕见的极端强降雨，西欧突发强降雨引发洪灾致200多人遇难，等等。

《中国新闻周刊》此前报道：“极端”的特殊天气如今却已逐渐常态化，人类碳减排几乎到了刻不容缓的地步。

1. 世界各地陷入水与火的两重天

（1）澳大利亚持续了 4 个月的山火。

2019 年 9 月，澳大利亚的一场山火开始燃烧，一烧就是 4 个月。山火的覆盖面积超过 600 万公顷，相当于烧了半个江苏，三个北京，两个比利时，一个克罗地亚。大火燃烧的海岸线长度，则差不多是广东深圳到浙江嘉兴的距离。火势是 2018 年美国加州森林大火的 6 倍，也是 2019 年亚马孙森林大火的 5—6 倍。这场山火可以说是 21 世纪以来最大的火灾，其罕见的大火程度，几乎要吞噬掉整个澳大利亚。

（2）历史性高温席卷北美，数百人丧生。

2021 年 6 月，历史罕见的热浪席卷了太平洋北部大部分地区，华盛顿州、俄勒冈州和加拿大都出现了创纪录的高温，热浪致数百人丧生。其中美国西北部俄勒冈州最大城市波特兰连续三天刷新气温纪录，最高达 46.7℃；华盛顿州部分地区气温高达 47.8℃；加拿大西南部地区气温高达 47.5℃，创下加拿大历史最高气温纪录。

（3）河南千年一遇的水灾。

2021 年 7 月中旬，受台风“烟花”影响，一场灾难级的暴雨突如其来袭向郑州。从 7 月 18 日开始，河南的天空仿佛漏了一个大洞，暴雨倾盆。一个小时内，相当于 150 个西湖的降水量倒进了郑州。在随后的几天里，郑州、鹤壁、新乡等地降水量均达到 900 毫米以上，超过 10 个国家级气象观测站日雨量达到有气象观测记录以来的历史极值。

此次特大洪涝灾害共造成 302 人死亡，50 人失踪。超过 1481 万人遭受此次洪涝灾害，造成的直接经济损失逾 1337 亿元。

而在“烟花”之后，台风“查帕卡”又紧随而来，扰动沿海地区。

（4）西欧洪灾超 200 人死亡，德国灾情惨重。

2021 年 7 月中旬，欧洲多地持续暴雨引发大规模洪涝灾害。在受灾最严重的德国西部，洪灾已夺走至少 157 人的生命，死亡人数远超 2002 年的“世纪洪水”，德国民众称之为记忆中最严重的洪灾。此外，比利时也有至少 31 人死于洪灾，瑞士、卢森堡和荷兰也受到了影响。

滔天的洪水还造成房屋冲毁、铁路交通大面积中断，受灾地区的电力和通信网络也陷入瘫痪。

2. 1.5° C 的气候“临界点”

近年来频频发生的极端天气事件并不是孤立存在的，而是全球气候系统受到破坏、全球气候变暖的不同表现。

根据联合国世界气象组织的研究分析，与 19 世纪的工业革命刚开始时相比，如今的全球平均温度已经升高了 1.2℃。

仅仅是升高 1.2℃，就会带来这么大的影响吗？

答案是肯定的。

研究表明，温度每上升 1℃，空气中能吸收的水分会平均增加 7%。简单来说就是，随着气候变暖，大气层在饱和前，可容纳更多水汽。这样的结果就是，暴雨在短时期内就能带来极端降雨量。西欧发生严重洪涝灾害，我国河南出现的特大暴雨，都是极端强降水事件频发的具体表现。

除此之外，气候变化还将导致更剧烈的干旱、沿海地区持续的海平面上升、永久的冻土融化、海洋酸化等一系列不利于人类生存的变化。

2015 年国际一致达成的《巴黎协定》，呼吁将全球升温幅度控制在 2.0℃以内，并努力将气温上升限制在 1.5℃以内。

1.5℃的“门槛”是一个关键的全球目标，超过这个水平，就可能到达所谓的气候“临界点”。

20 年前，IPCC 提出了气候“临界点”的概念，即全球或区域气候从一种稳定状态到另外一种稳定状态的关键“门槛”，如果这一临界值被打破，地球生态系统将发生永久性转变：

地球升温 2℃，我们将面临热带珊瑚礁的死去和海平面上升几米。

地球升温 3℃，北极的森林和多数沿海城市将不复存在。

地球升温 4℃，欧洲将永远干旱，中国、印度大部分地区将变成沙漠，美国将不再适合人类居住。

地球升温5℃，一些科学家认为，这该是人类文明的终结了。

3. 拯救行动刻不容缓

我们知道，二氧化碳浓度急剧上升是全球变暖的原因。这是因为二氧化碳气体具有吸热和隔热的作用，当它在大气中占据更多的含量时，就会像一个隐形的保护罩一样，把地球的热量保护起来，长此以往最终促成全球变暖。

《科技日报》上的一项研究表明，地球大气中二氧化碳的浓度已经达到2300万年来的最高值。更严重的是，二氧化碳浓度似乎没有减缓，可能还会继续上升。这也必将导致全球温度的进一步升高。

联合国已经发出历年来最为严厉的一次报告，向全世界发出警告：如果不立即、迅速和大规模地减少温室气体排放，《巴黎协定》1.5℃的目标将无法实现。

应对全球气候变化问题已经不是遥远的长期计划，而是当务之急。

联合国呼吁，全球各国各个层面都应"迅速而广泛"地改变，大力发展可再生能源，并且立即开始迅速放弃化石燃料，到2050年左右停止向大气中排放二氧化碳。

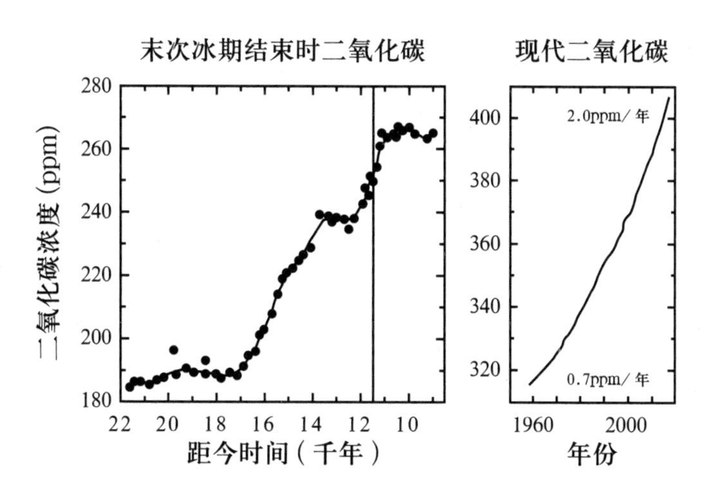

资料来源：《科技日报》消息：地球大气中二氧化碳的浓度已经达到2300万年来的最高值。更严重的是，二氧化碳浓度似乎没有减缓，可能还会继续上升。

目前，全球很多国家已经宣布彻底关闭煤电发电厂的时间表：

西班牙电力集团计划到 2020 年完全关闭燃煤电厂；

法国计划到 2021 年关闭所有燃煤电厂；

英国决定在 2025 年前关闭所有煤电设施；

荷兰将从 2030 年起禁止使用煤炭发电；

芬兰打算到 2030 年全面禁煤；

德国宣布将最迟于 2038 年彻底放弃煤电；

日本伊藤忠商事株式会社（ITOCHU Corporation）2019 年 2 月 14 日发表声明，承诺将不再参与任何新燃煤发电和煤矿项目的开发，同时对公司现有煤炭资产进行严格评估并逐渐退出。

随着煤电比重的降低，水力、太阳能及风力等可再生能源发电量占总发电量比重需要剧增。

在诸多可再生能源中，不会产生任何污染且成本相对较低、维护相对简单的太阳能越发受到了世界各国的关注。

IRENA 曾发布报告称，如果能够在 2050 年实现全球光伏装机 8.5 太瓦的目标，届时全球二氧化碳排放量将减少 4.9 吉吨，占整个能源行业减排量的 22%，抵御全球性气候变暖问题的机会将大大提高。

在光伏清洁能源的发展方面，我国的努力和成绩尤为亮眼，多年以来在光伏应用的规模、光伏技术的升级以及光伏产品的出货量方面均保持世界领先地位。

同时，我国还创新性地将光伏应用与农业、治沙、渔业、旅游等结合，在发展清洁能源的同时，为百姓实现增收，实现生态效益和经济效益的双重利好。

近年来，中国光伏产业的迅猛发展也引领了世界能源的变更，各国都出台了相应的产业支持政策，以支持本国光伏行业发展。

根据欧洲光伏产业协会（European PhotoVoltaic Industry Association，简称EPIA）的数据，从2000年至2017年，全球累计装机容量扩张320倍，光伏行业发展速度在各种可再生能源中位居第一。

全球能源版图正发生着巨变。太阳能的发展将为应对全球气候变化提供强有力的支撑。

人类减碳行动任重道远，但越来越频繁的灾害，已经向我们发出了严重警告，拯救行动迫在眉睫！

第二节　企业管理新项目

上一节我们说到，扩张性的人类活动导致了碳排放的激增，不但给人类家园造成巨大的威胁，同时也倒逼人类，在面对碳排放的现实困境中必须要有所作为，对此，除了上文所说的要积极“减排”外，同时还要积极“加戏”，化害为利，也就是要将碳负担转化为碳资产、碳价值。如果说碳控排、碳压缩做的是减法，那么碳中和、碳开发做的就是加法。因此，做好这道“加法题”，我们没有旁观者，尤其对企业，更是中流砥柱。

何以如此？

因为，随着全球碳交易市场机制的不断完善，二氧化碳排放权已经成为一种商品，与有形商品一样由供求关系形成价格，从此具有了价值。从而有可能为企业带来预期的经济利益或形成企业的现时义务。所以，碳交易市场的不断成熟和完善，给企业碳资产管理提供了实践的必要性。

而碳排放权交易，是一种以市场机制为主要手段的温室气体减排活动，企业可以选择通过自身节能减排完成任务，也可选择购买其他企业富余的排放配额，来完成主管部门对本企业的排放总量控制。这种制度安排将促使整个社会的减排成本最小化，最低程度地减少经济转型的成本。因此，碳排放权应该看作为一种稀缺资产，可以在碳市场上进行交易，它是企业的隐形资产。

因此，企业必须树立低碳意识，将低碳资产视为常规资产加以管理。

【延伸阅读】

大型企业亟待建立碳管理制度

《中共中央 国务院关于深入打好污染防治攻坚战的意见》中指出，支持有条件的地方和重点行业、重点企业率先达峰。国务院副总理韩正在碳达峰碳中和工作领导小组第一次全体会议上强调“要发挥好国有企业特别是中央企业的引领作用”。我国碳达峰目标实现面临时间紧、任务重、难度高的严峻形势，经济社会发展全面绿色转型是实现碳达峰、碳中和根本路径。循序渐进、有序推动经济社会发展全面绿色转型，应以企业为基本单元，以企业碳排放管理制度为突破口。（资料来源：《中国环境报》）

企业碳资产管理途径主要有三种：由控排企业自行管理、在集团层面成立专门的分公司或部门、交给第三方机构委管。目前，我国的五大电力（中国华能集团、中国电力投资集团、中国大唐集团、中国国电集团和中国华电集团）、“三桶油”等能源央企，以及浙江省能源集团有限公司、申能（集团）有限公司等地方国企，纷纷打造了自己的管理平台。

以华能集团为例，其早在2010年便成立了华能碳资产公司，从事火电企业温室气体排放统计与分析，市场研究、交易策略制定、碳金融创新等代理交易，以及减排项目开发等工作。在自愿减排项目开发领域，该公司开发备案数及减排量备案数，占全国总量的近10%；在碳金融方面，该公司发起设计了国内第一支商业化运作、第一支经证监会正式备案的碳交易基金——诺安资管－创赢1号碳减排专项资产管理计划。由此，碳资产真正“活”了起来。

不过，随着拥入者越来越多，良莠不齐的管理能力逐渐暴露。“近一年来，五花八门的碳交易员培训随处可见，数千家碳资产公司冒了出来，碳资产管理似乎没了‘门槛’。”上述人士坦言，过去相对冷门的“碳圈”，突然成为热门之地。理论上说，只要完成工商注册等手续，碳资产公司就能开展业务。但实际上，碳资产管理非常专业，又涉及控排企业的真金白银，必须具备相应资质与能力。

一般认为，在做碳资源、碳转化初期，企业的主要任务是搭建制度框架，进行方法学研究，摸清家底、开展企业内部碳盘查，建立内部能源碳排放管理系统等基础性工作，需要统一协调、步调一致，这就要求企业碳资产管理机构采取充分的主动权，能够调动下属企业的积极性，以取得他们的绝对配合。

湖北经济学院低碳经济学院的专家黄锦鹏、齐绍洲等在《对企业碳资产管理的建议》中认为，随着企业更加深入地参与碳市场，企业的管理策略应更多地关注减排技术的开发利用和交易等环节，而这需要专业团队来运营。

1. 碳资产管理并非简单的“一买一卖”

在碳市场的构成要素中，碳资产代表控排企业温室气体可排放量的碳配额，以及由温室气体减排项目产生，并经特定程序核证，可用于抵消企业实际排放量的减排证明。比如，电力企业参与全国碳市场，由主管部门统一下发初始配额，既是企业的排放权限，也是握在手上的资产。当实际排放量低于配额时，盈余部分即可交易，企业从中获益。碳配额作为一种稀缺资源，由此具备资产性质。

碳资产的用途不仅限于简单“一买一卖”。比如上述电厂获取的贷款，就是金融机构以主管部门核定的碳排放配额为质押，依托全国碳市场交易价格，评估企业碳资产价值，向符合条件的主体发放资金支持。除此之外，碳资产还可用于发债、碳基金、托管等。总之，通过有效的综合管理，可以盘活碳配额、实现保值增值，帮助企业开辟一条低成本、市场化的减排道路。

由于目前全国碳市场处在发展初期，碳资产还是新兴事物，企业若不具备专业管理能力，非但难以从中获益，反而有可能在碳市场中处于不利地位。例如，部分企业尚未合规开展燃煤碳元素实测，会采用惩罚性的高限值计算，排放量因此被高估 20% 以上。对于动辄百万吨级碳排放量的火电企业而言，碳配额管理不够精准，极有可能造成巨大损失。

有专家坦言，当前，多数企业仍停留在“被动”减排阶段，未能将碳资产真正管起来。管理不是单纯进行履约，而是结合自身碳资产现状，积极减排降低履约成本，充分利用金融工具，优化资源配置。

2. 企业碳管理应随时优化

在全国统一碳市场加快建设的背景下，企业应沉着冷静、积极应对、提前布局、做好规划。在制定碳资产管理策略时，应把握“四个原则”，即基础性、专业性、全面性和前瞻性。一是基础性，现阶段的首要任务是搭建平台，摸清家底，从最基本的数据统计报送开始；二是专业性，碳交易是一项专门性的工作，有其特定的标准和规范，需要配备专业的人才队伍，初期的关键环节都要体现专业性，为后期打下基础，也可以减少很多不必要的麻烦；三是全面性，指的是在构建企业碳管理体系时要尽量全面，从方法学到数据报送、从能力建设到交易都需要考虑，但是在具体操作时要分清主次和轻重缓急，不可全面铺开；四是前瞻性，要围绕企业整体的战略目标制定相应的碳资产管理策略，同时做好跟踪研究，及时掌握全国碳市场的政策趋势，提前预判，随时优化调整。

在把握上述原则的基础上，可参考以下应对策略：

一是公司内部要做到“五个统一”。公司最高层应该把碳资产管理作为公司战略加以高度重视，在制度和组织上提供保障，统一领导、统一策略、统一数据、统一交易、统一履约。

二是建立健全企业碳管理体系。在整个公司层面建立碳管理体系是当前应对全国碳交易的重要抓手，制度体系建设由上而下，数据统计报送由下至上，双管齐下共同建立起碳管理体系，有效应对碳交易政策和市场环境变化。

三是积极参与全国碳市场建设。一方面要跟踪掌握国内外碳市场政策走向，及时把握政策方向；另一方面要按照国家和地方主管部门的部署，配合相关部门认真开展 MRV〔指碳排放的量化与数据质量保证的过程，包括监测（Monitoring）、报告（Reporting）、核查（Verfication）〕等相关工作。

四是主动参与碳市场政策的研究、讨论和制定。结合企业自身碳排放实际，分析现行国家碳排放管理体系和方法学对企业的影响，及时向主管部门反馈诉求和建议，并利用自身优势、行业平台等途径，参与全国碳市场政策的讨论和制定。

五是加强碳资产管理能力建设培训。积极组织企业相关部门参与专业培训，推动企业内部专职的 MRV 队伍建设，培养碳资产管理专职人员，切实提高从业人员的业务素养和工作能力，为全面参与全国碳市场提供人才保障。

【延伸阅读】

企业如何盘活碳资产

国家电投江西新昌发电厂 2021 年年底获得 500 万元贷款，计划用于“上大压小”项目，减少污染排放，成为江西省电力行业首笔碳排放权质押贷款；浙江省属国企首笔碳排放权质押贷款落户浙江省能源集团乐清发电厂，3652 万元可保障电厂营运资金需求，成本低于其他信用贷款方式；“西电东送”第二批电源点黔西电厂，以 60 万吨碳配额指标作为抵押，申请到中国民生银行 2817 万元低利率贷款……

2021 年以来，多家火电企业以“碳资产”作为抵押申请贷款，解决了融资难、担保难等问题，授信“门槛”、融资成本较以往更低。真金白银的支持，让企业在履行降碳责任的同时尝到甜头。这样的碳资产由谁来管、如何管好，如何创造更多价值，成为企业集中面临的新课题。（资料来源：中国石油新闻）

3. 控排企业的新作为

企业的碳资产管理主要包括摸清家底、降低排放和资产增值三部分内容，涉及企业内部各个单位的合作管理，其目的就是最终实现碳资产的增值。其中摸清家底和降低排放的实施，主要由生产部门负责，财务和投资部门负责减碳项目的投资计划和资产增值等工作。

减碳项目投资主要解决两个问题：“为什么上减碳项目”和“怎么量化减碳项目的投资收益率”。

第一个问题其实就是解决到底是“上减碳项目”还是“去市场购买排放配额/CCER（Chinese Certified Emission Reduction的缩写，意为国家核证自愿减排量）”的问题。这个选择通过引入“减排边际成本”法来进行，当减碳项目的“减排边际成本”低于“市场碳价”时，应推荐减碳项目；当减碳项目的“减排边际成本”高于“市场碳价”时，如果不考虑其他因素，应推荐去市场购买所需排放配额或CCER。

第二个问题的本质就是计算减碳项目的内部收益率，这里我们只需要把项目年减排量乘以市场碳价就可以估算出每年的减碳收益。

另外，很多通过节能来减碳的项目同时还有节能收益，综合这两部分收益以后就能计算出减碳项目的内部收益率（Internal Rate of Return，简称IRR）。

第三节 “第四资产”横空出世

碳资产指碳交易机制下产生的，代表温室气体许可排放量的碳配额，以及由减排项目产生并经特定程序核证，可用以抵消控排企业实际排放量的减排证明。

随着全球气候治理与节能减排的不断深入，以及碳交易的全球影响力不断扩大，碳资产也受到了广泛的重视，甚至有评论将碳资产列为“继现金资产、实物资产、无形资产之后第四类新型资产”。

既然碳资产是碳交易而成，因碳配额或碳信用具有了市场定价，那么优化碳资产的管理、盘活碳资产、实现保值增值、降低履约成本、提高经营效率，成为控排企业以及所有拥有碳配额、碳信用的市场主体的普遍需求。

前文提及，碳资产管理的业务模式各有不同，但总体看都体现着碳资产托管、拆借以及涉碳融资类业务，如碳资产质押/抵押贷款、碳资产售出回购、碳债券和碳资产支持证券等。

由专业机构进行碳资产管理，可以使控排企业在保证履约的前提下，降低履约成本、实现碳资产保值增值，并拓宽融资渠道。专业机构则可以借此获得充裕的碳资产头寸，为碳交易或其他碳金融业务提供便利。碳资产管理业务的发展能够提升碳资产的市场接受度，增加碳市场在非履约期的交易活跃度与流动性。

随着我国减排形势日趋严峻、排放约束不断收紧，同时碳市场的覆盖范围和总体规模日益扩大，碳资产受到了越来越多的关注，而盘活碳资产、实现保值增值，对于控排企业及其拥有碳信用的其他主体而言，也不再是无足轻重的因素。

在确保履约的前提下，优化碳资产的管理和使用，不仅能够降低企业碳排放履约成本，更能够为企业拓宽融资渠道、提高盈利能力。其中，加快启动全国统一碳市场、推出碳远期和期货等对冲工具、放宽金融机构的二级市场碳交易准入、培育碳资产管理专业机构，以及完善配套管理政策和操作指引，是推进碳资产管理业务健康、有序发展的必要条件。

碳资产的推动者是《联合国气候框架公约》的 100 个成员国及《京都议定书》签署国。这种逐渐稀缺的资产在《京都议定书》规定的发达国家与发展中国家共同但有区别的责任前提下，出现了流动的可能。

一方面，由于发达国家有减排责任，而发展中国家没有，因此产生了碳资产在世界各国的分布不同。另一方面，减排的实质是能源问题，发达国家的能源利用效率高，能源结构优化，新的能源技术被大量采用，因此本国进一步减排的成本极高，难度较大。而发展中国家，能源效率低，减排空间大，成本也低。这导致了同一减排单位在不同国家之间存在着不同的成本，形成了高价差。

发达国家需求很大，发展中国家供应能力也很大，国际碳交易市场由此产生。

然而与其他金融资产一样，碳资产的管理也对应着一定的市场风险，尤其是在碳市场启动初期碳价波动较大，碳资产保值增值的难度也更高，实体企业往往不具备相应的专业能力，在无法保证风险可控的情况下，参与碳市场的动力也不足。而由金融机构、碳资产管理机构等专业机构进行专业化的管理，能够大幅地提高企业碳资产管理能力、降低碳资产管理的成本和风险。

对于碳市场整体而言，这也能够提高碳资产的市场吸引力，一方面强化实体企业减排积极性，另一方面也使更多的碳资产加入碳市场的交易和流转，扩大碳市场流动性，并使碳金融体系更加丰富、完整。

第四节　林碳的价值归属

森林是个好东西，但公众对森林价值的认识基本停留在提供木材资源等朴素的感性认识上，对森林具有什么样的生态效益、这种效益到底价值几何，它与个人、社会又有何关系等，尚无清晰、明确的认识。

实际上，森林是陆地生态系统中最重要的储碳库，是实现碳资产功能的重要支撑力。

1. 绿色财富 总价值超 25 万亿元

作为最公平的公共产品和最普惠的民生福祉，森林提供了涵养水源、保育土壤、固碳释氧等主要生态服务，在改善生态环境、防灾减灾、提升人居生活质量方面发挥了显著的正效益。

国家林业和草原局联合国家统计局启动的最近一期（第三期）中国森林资源核算研究成果显示，全国林地林木资源总价值 25.06 万亿元，其中林地资产 9.54 万亿元，林木资产 15.52 万亿元。全国森林生态系统提供生态服务总价值为 15.88 万亿元。全国森林提供森林文化价值约为 3.10 万亿元。

国际竹藤中心主任及首席科学家、中国森林资源核算研究项目总负责人江泽慧在中国森林资源核算研究成果新闻发布会上介绍，研究成果主要包括林地林木资源核算、森林生态服务价值核算、森林文化价值评估以及林业绿色经济评价指标体系等四部分内容，总体情况如下。

一是我国林地林木资源持续增长，森林财富持续增加，为绿色发展奠定了重要的物质基础。第九次全国森林资源清查期间（2014—2018 年），全国森林面积、森林蓄积量双增长，森林覆盖率从 21.63% 提高到 22.96%。清查期末林地林木资产

总价值 25.05 万亿元，较第八次清查期末 2013 年总价值净增加 3.76 万亿元，增长 17.66%。清查期末我国人均拥有森林财富 1.79 万元，较第八次清查期末 2013 年的人均森林财富增加了 0.22 万元，增长了 14.01%。天然林资源逐步恢复，人工林资产快速增长，“两山”转化的根基更加稳固。中东部地区林地林木资产价值快速增加，地方绿色发展的生态资本更加扎实。西部地区林地林木资产实物量、价值量比重最大，蕴藏着巨大的生态发展潜力。

二是“绿水青山”的保护和建设进一步扩大了“金山银山”体量，为推进新时代中国特色社会主义生态文明建设提供了良好生态条件。第九次全国森林资源清查期间的林业生态建设成效显著，进一步提升了全国森林生态系统服务水平。2018 年，我国森林生态系统提供生态服务价值达 15.88 万亿元，比 2013 年增长了 25.24%。

三是开展中国森林文化价值评估尚属首创。构建森林文化价值评估指标体系，创新性地提出了森林的文化物理量和价值量的价值评估法，并以此对全国森林的文化价值首次开展了计量评估。研究成果对传承与弘扬中华优秀传统生态文化，增强文化自信、文化自觉等具有重大意义。同时，可以应用于区域森林文化价值和政府生态文明建设成效评估、完善森林生态系统生产总值测算。

四是森林资源核算研究为编制林木资源资产负债表和探索生态产品价值实现机

制奠定了重要基础。森林资源核算研究借鉴了当前国际上最前沿的环境经济核算理论和方法体系，同时紧密结合我国森林资源清查和森林生态系统服务监测实际，采用我国首次提出的森林资源核算的理论和方法，构建了基于我国国情的森林资源核算框架体系，在国内外该领域都具有明显的先进性、适用性，为建立我国环境经济核算体系、编制林木资源资产负债表和构建森林生态产品价值实现机制提供了重要参考。

2. 森林碳汇 潜力不可估量

众所周知，森林具有多种功能、多种效益。在提供生态服务上，种类多样、核算复杂。该如何科学评价这些服务功能和效益，一直是世界各国学者研究的重要内容。但截至目前，在国内外都还没有形成一套完善、权威的方法体系。

中国森林资源核算研究，指标的选取其实是在借鉴美国、日本及联合国等较为先进的评价指标体系的基础上，主要考虑两个方面。

一是基于林业行业标准。通过十多年的研究探索，国家林业局（2018 年组建为国家林业和草原局）于 2008 年发布了行业标准《森林生态系统服务功能评估规范》，确定了 8 类 14 个主要服务指标的评估方法。

二是立足于目前研究与计量基础。综合了国内外最新研究成果，依据目前科学研究水平、技术手段和数据的可获得性选择的。

同时，还结合我国现行国民经济核算体系和国家森林资源清查现状，重点核算了森林资源存量中的林地林木资源和森林产出中的森林生态系统服务。

江泽慧介绍，在林地林木资源核算中，将森林资源资产分为培育资产和非培育资产。培育资产指人工培育为主的森林资产，包括人工林、苗圃、四旁树等。非培育资产指非人工培育为主的森林资产，即天然林。

在森林生态系统服务核算中，按照森林生态系统当期提供的服务流量进行核算，选择了森林涵养水源、保育土壤、净化大气环境、森林防护、森林游憩等 7 类 13 项服务指标。

这些指标反映的仅是森林生态系统所提供的主要服务，当然还有很多潜在的服务功能，比如森林的防护功能，不仅仅体现在农田防护和防风固沙方面，对房屋、道路、动物栖息地等，也有重要的保护作用；另外，还净化大气环境、降低噪音、滞雾霾等。这些功能都是真实存在的，并惠益人类，但由于监测、计量方法、基础数据、技术手段等限制，现在还无法进行准确评估。

随着人们认识水平的不断提高、评估技术的不断进步，评估的内容、指标也将不断充实和丰富，森林的碳汇价值也逐渐得以核实、提升。

【延伸阅读】

中国将不断增加森林碳汇

加快实施《全国造林绿化规划纲要（2016—2020 年）》和相关工程规划，积极推进天然林资源保护、退耕还林还草、防沙治沙、石漠化综合治理、三北及长江流域的防护林体系建设等林业重点工程建设，创新推动全民义务植树和部门绿化，开展大规模国土绿化行动。深入实施《全国森林经营规划（2016—2050 年）》，印发省级、县级森林经营规划编制指南，全面开展森林抚育和退化林分修复，深入推进森林可持续经营试点示范。2017 年 11 月，印发《“十三五”森林质量精准提升工程规划》，启动森林质量精准提升工程 18 个示范项目，稳步提升森林质量。全面保护天然林，加快制定《天然林保护条例》和《天然林保护修复制度方案》，继续实施全面取消天然林商业性采伐限额指标。2017 年，全国共完成造林面积 768.07 万公顷（1.15 亿亩），造林面积超过 1 亿亩，完成森林抚育面积 885.64 万公顷（1.33 亿亩），成为同期全球森林资源增长最多的国家；新增天然林管护面积 2 亿亩，每年减少森林资源消耗 3400 万立方米。

原国家林业局印发《关于开展 2017 年全国林业碳汇计量监测体系建设工作的通知》《第二次全国土地利用、土地利用变化与林业（LULUCF）碳汇计量监测方案》，强化林业碳汇统计工作。（资料来源：易碳网）

第五节　管理路径的探索

我国碳达峰目标实现面临时间紧、任务重、难度高的严峻形势，经济社会发展全面绿色转型是实现碳达峰、碳中和的根本路径。循序渐进、有序推动经济社会发展全面绿色转型，应以企业为基本单元，以企业碳排放管理制度为突破口。

增加森林碳汇，应该算作社会性工作，但是碳资产的价值实现，碳管理的路径探索，目前看来企业才是担当主体。尤其是大企业，既是责任主体，又是示范先锋。对此，《中共中央国务院关于深入打好污染防治攻坚战的意见》中指出，支持有条件的地方和重点行业、重点企业率先达峰。国务院副总理韩正在碳达峰碳中和工作领导小组第一次全体会议上强调：要发挥好国有企业特别是中央企业的引领作用。

1. 大型企业首当其冲

碳资产管理有效，碳达峰才能稳步推进。碳达峰是推动经济社会可持续发展的必然选择，企业尤其是大型企业的碳达峰，是行业达峰和国家达峰的基础条件。

长期以来，我国工业能源消费占全国一次能源消费总量比例超过 65%，因此能源消费总量控制和结构调整的关键领域在于工业。对于火电、钢铁、水泥等重点行业而言，头部企业由于产量高、产能大，能源消耗占比也较大。以钢铁行业为例，公开数据显示，2018 年某头部钢铁集团煤炭消费总量占当年黑色金属冶炼及压延加工业煤炭消费总量的 15.9%。

低碳发展模式是企业碳达峰的必然选择。要摆脱代工、贴牌生产等依托传统制造业的资源密集型发展模式，转而追求创新驱动的生态优先、高质量发展道路。以创新驱动、自主知识产权研发、自有品牌建设、民族品牌推动为出发点和落脚点，抢占中高端制造业转型和第三产业发展先机。

一是深入调查分析，准确判断趋势，厘清绿色低碳发展路径。对标国家行业政策管理要求，明确国家管理的重点、政策支持的方向和减碳降碳的具体要求。以中高端价值链转型为出发点，以绿色低碳发展为重点，以能源消费转型为切入点，以技术创新升级为核心，厘清企业绿色低碳发展路径。

二是建立碳排放一本账，把握政策导向，做好碳信息披露。建立企业碳排放监测、核算、报告、核查统计体系。关注用能权市场建设、碳市场建设进展，国家气候投融资、绿色信贷、绿色债券等政策导向，拓展应对气候变化领域、绿色经济和可持续发展等相关业务。定期发布碳排放信息，主动积极接受政府监督、回应公众关切、提振市场信心。

三是推动数字化管理，加大研发投入，加大零碳低碳负碳技术研发和应用力度。识别碳排放关键环节、重点业务和关键流程，开展绿色低碳、清洁生产和循环经济评价，引入数字化、智慧化、智能化管理。对接产业需求，加大低碳零碳动力技术研发力度，开展“卡脖子”关键技术攻坚，以及碳捕集、利用和封存技术研发（Carbon Capture，Utilization and Storage，简称 CCUS）。

四是主动承担社会责任，做好引领示范。发布企业行动路线和实施计划，及时总结碳减排有效经验，发布低碳零碳技术典型应用案例，发挥引领示范作用，带动行业绿色发展。

碳资产管理或成为环境、社会和公司治理（ESG）的重要部分。一方面，ESG 理念能够提高企业自身的经营能力和发展能力，通过创造价值共享的机会，为企业带来社会价值和商业价值的共赢。另一方面，基于良好的 ESG 表现，企业抵御外部风险的能力更强，获取机会更多，有利于提高绩效水平，推动企业可持续发展。

企业的低碳行动是品牌价值提升的重要手段。在产品上标注全生命周期的碳排放量，是提升产品竞争优势、树立良好品牌形象、扩大企业品牌影响力的最佳选择。

国际社会降碳呼声日益高涨，第四阶段的欧盟碳交易实施在即，欧盟碳边境调节机制也正在酝酿，这些都将对我国钢铁、铝等产品出口企业产生一定影响。具有低碳技术的企业在市场竞争力提升和品牌市场价值增值等方面都会具有一定优势。

2. 碳排管理是基本路径

企业碳达峰关键在于全生命周期和全产业链碳排放管理。全生命周期的碳减排指从原材料供给、能源供给的源头减排，到技术革新、生产工艺优化、提高能效和3R〔减少原料（Reduce）、重新利用（Reuse）和物品回收（Recycle）〕循环的过程减排，以及通过碳捕集、封存和利用技术实现的末端减排。全产业链碳减排，是指通过企业与企业之间的上下游合作行为，碳足迹管理和碳交易等活动，来实现整个产业链乃至整个社会最大化的碳减排。

近期路径重在做好全方位碳减排，建立循环产业链和碳管理体系。

一要开展全方位碳减排，即实施结构、管理和技术三大减排。结构减排即通过建设分布式光伏发电等新能源替代原有供电系统、优先选择使用绿电、提高清洁能源动力工程机械及车辆使用比例、采用低碳零碳工艺等替代原有工艺等举措优化用能结构，从源头降低碳排放总量。管理减排是指通过建筑和工艺节能改造、数字化智慧化管理平台应用、能效管理评价、标准化改造等举措，提升能源使用效率、节约能源消费从而降低碳排放总量。技术减排是指推动低碳、零碳动力技术，可再生能源——燃料电池储能技术、绿色技术、CCUS等技术突破，以碳排放强度更低的绿色技术实现降碳目标。

二要建立循环产业链，即建立资源循环利用体系。开展循环经济发展和绿色生产经营评价，识别资源循环利用薄弱环节、主要问题和改进方向，提高资源回收利用率，建立基于产业链的上下游低碳产品目录，优选绿色低碳产品为原料、优选绿色企业为合作方。

三要建立碳减排管理体系，从机构、体制、人才和资金等方面做好企业碳达峰实施保障。成立碳排放管理机构，负责企业碳排放管理、碳资产盘查等。建立企业碳排放监测、报告和核查机制，定期发布碳信息。培养一批低碳零碳负碳技术攻关研发和碳管理人才。加大低碳零碳负碳技术研发专项资金支持力度，开展绿色金融投融资和碳交易等。

零碳能源和可再生能源技术是企业碳达峰、碳中和目标实现的远期追求。现阶段零碳能源、可再生能源在储能、用能等方面还存在一些技术限制，但从长远来看，突破储能、用能技术“瓶颈”，实现能源消费总量强度双控和结构调整，人类经济社会才能实现真正意义上的绿色发展、可持续发展。

3. 外部资源好借力

“十四五”时期是实现碳达峰的攻坚期、窗口期，企业尤其是大型企业作为社会经济活动的基本单位，尽早实现达峰目标具有重要意义。大型企业要合理利用外部资源，助力碳达峰。

一要抓住技术创新发展契机提升竞争力。结合本身发展需求、申请绿色技术创新攻关行动和创新基地平台培育计划等国家支持，围绕节能环保、清洁生产、清洁能源等重点工作开展前瞻性、战略性、颠覆性科技攻关研究。

二要把握住碳交易机会盘活碳资产。自今年全国碳交易市场正式启动以来，目前碳价在 50 元 / 吨上下浮动，参考生态环境部环境规划院研究结果，我国碳减排社会成本在 26 美元左右，说明交易碳价尚未反映降碳真实成本，国家温室气体自愿减排交易机制也正在酝酿重启，中国石油化工集团有限公司、江苏蔚蓝锂芯公司等企业已通过配额交易获得利润。

三要紧跟碳债券、碳金融等政策步伐推动碳减排。2021 年 7 月，国务院常务会议提出，设立支持碳减排货币政策工具。邮政储蓄、兴业银行等已经开发了绿色贷款项目，国家电网、国家电投、中石化、华能和三峡集团等也已经发行了一些绿色债券，撬动社会资金，推进企业低碳转型。

CHAPTER FOUR

第四章

碳金价值再塑风口

上士闻道，勤而行之；
中士闻道，若存若亡；
下士闻道，大笑之。
不笑不足以为道。

——《老子》

当你呼吸的每一口空气都很新鲜，当你越冬时能真切感受到冬天的样子，当你不再为厄尔尼诺天气莫名恐惧，当大家不再担心海平面上升带来未来焦虑，当我们的一日三餐咽下的是安全与健康……诸如此类，不胜枚举的生活改变，都是我们对碳价值的直接感知。

碳价值的学术性解释为：森林或其他生物吸收和减少大气中的二氧化碳所产生的效益。此处的“效益”，当然包含社会人文效益、生态环境效益以及市场经营等多个层面。鉴于本书的基本立意，我们在此更多的是围绕经济效益探讨碳价值。

认识碳价值，首先要明确碳价值的载体是碳资产，还要明白，这种价值的存在领域是全方位，价值的实现方式（变现）是碳交易，价值的传递离不开产业链建设。相关内容，留待后面的章节。本章主要探讨碳价值的载体形式——碳资产及其主题价值。

第一节　碳价值的形成

随着政府对企业碳排放进行约束，由此导致企业的碳排放权开始稀缺，而企业拥有的碳排放配额，就成了一种有价值资产。这种有价值的资产，包括其所拥有的排放配额和 CCER，以及基于这两者的各种金融衍生品的总和。

碳资产作为价值生成物，尤其是排放配额的价值，可以分为经济价值和非经济价值两部分配额。

经济价值主要是指企业拥有的排放配额和 CCER 的市场价值。目前，各地的碳交易试点的配额价格没有统一标准，CCER 价格也没有公开信息，根据项目所在地域、技术类型、监测期等因素，其价格在几元至几十元。但 CCER 的市场价值很明晰，直接用减排量乘以市场单价即可得出。

如果某个企业某履约年年初拿到配额 100、年末排放量为 80，那么配额的市场价值包括所有配额在该履约年的使用权和上缴之后剩余的净配额的市值。

企业一般不会在意配额的使用权，经常默默持有直到履约期到上缴了事。这对碳价值而言，实际是一种浪费，因为多出的“指标”，可以拿到市场上进行操作，或者通过物权数字化系统（此问题后面专文再述）进行操作。通过价格波动收益，也可以托管给其他公司获取稳定收益，甚至还可以作为抵押获取贷款。

排放配额的非经济价值，主要来自为企业的未来业务扩展提供空间，这部分无形价值对于某些高碳行业企业的意义甚至比配额的有形价值还要重大。未来，当一个企业准备新上生产线、提高产能的时候，第一步可能就是去市场上采购这条生产线未来所需的配额，不然根本就无法进行生产。

【延伸阅读】

四家水泥企业认购碳排放权配额

国内知名水泥生产企业，塔牌集团、阳春海螺水泥有限责任公司、中材水泥有限公司、华润水泥有限公司等四家公司，在某个相同经营年份，以 60 元 / 吨的价格，花费 6799 万元认购了 130 万吨碳排放权配额。

据悉，这四家水泥企业认购的配额，就是为未来新增水泥产能购买的碳排放配额，其中政府免费提供 90% 的配额，企业自行购买 10% 的配额。

从上述四家公司的现身做法，我们更加知晓，碳资产其实是一种因环境容量的稀缺性而产生交换价值的资源，在控制和减少温室气体排放的约束性政策下，吸收碳或控制碳排出的活动就具有了价值，“碳资产”概念因此而生。

碳资产可以理解为特定主体拥有或控制的、不具有实物形态、能持续发挥作用并能够带来经济利益的资源，是碳交易市场的客体。比如碳排放权产品、碳减排量产品、碳汇产品、相关衍生产品等。

碳具有价值属性，是因为附载在碳资产对象身上，体现或潜藏的所有在低碳经济领域，都可能适用于储存、流通或财富转化的有形资产和无形资产。这个对象，可以是企业，也可以是城市、地区，甚至可以是一个国家、民族，更可以对应于全球。

碳价值总量，取决于全球碳资产的流通量，虽然在操作上很难量化，但在逻辑上是完全存在的。

碳资产是时代的产物，它的诞生实际上警示了环境的恶化，同时也表明人类社会对环境问题的日益重视。

作为发展中国家，我国虽然没有减排义务，但政府已经将应对气候变化作为加快转变经济发展方式的重要手段，曾承诺到 2020 年将单位 GDP 二氧化碳排放比 2005 年下降 40%—45%。为实现这一承诺，我国政府将单位 GDP 二氧化碳排放下降 17% 作为约束性目标之一纳入“十二五”规划。按照国家统一部署，七省市的碳排放权交易试点正在相继启动，步入实质推动的新阶段。通过试点，我国有望成为全球碳排放权交易第二大市场，覆盖 7 亿吨二氧化碳排放。除了强制性碳交易外，我国自愿碳交易市场的准备工作也在进行当中。随着国内碳市场的不断发展，碳金融有望日益活跃，碳交易有望大幅增加，相应的与碳资产配置、交易和管理相关的量化估值业务有望迅猛增长，碳资产的计量和评估将成为市场的内在需求。

第二节　碳资产的价值管理

附载碳价值的碳资产，从定义来看，它不仅包含今天的资产，也包括未来的资产；不仅包括 CDM（Clean Development Mechanism，清洁发展机制）资产，也包括一切由于实施低碳战略而同比、环比产生出来的增值。

举个例子：某大型发电厂通过技术改造减少了二氧化碳排放，并将该排放值成功申请了 CDM 项目，这笔碳交易产生的资产，毫无疑问属于它的碳资产；而同时，如果该发电厂将厂区内的照明用具全部改装为低耗能率的优质节能灯，在扣除成本后而节省出来的电，虽然没有最后进入 CDM 项目，也是碳资产的一部分。另外，该发电厂通过和某科研机构携手，研发出碳封存技术，则该技术及相关设备也是该企业碳资产的一部分；如果该发电厂实施低碳战略，通过一段时间的持续努力，并基于其各种社会影响和效益影响，股市增值或资产评估值明显上升，则该上升部分同样应作为碳资产来对待。

通过这个例子，我们来解读一下碳资产的财务特征。

碳资产的财务特征主要表现：一个企业（或自然人）为了获得的额外产品，不是贷款，是可以出售的资产，同时还具有可储备性；碳资产的价格是随行就市，每年呈上涨趋势；其支付方式是外汇现金交割，“货到付款”外汇现金结算。除此之外，它还有其他的独到含义，比如买方信用评级极高，它既对股东有利，同时对融资（贷方）有利。而且这将大大提升企业（或自然人）的公共形象，获得无形的社会附加值。

为了实现碳资产的保值增值，目前国内碳资产的增值各有其道。总结湖北经济学院黄锦鹏、齐绍洲团队的论述，主要可以通过以下模式来实现：第一种模式是由集团企业在集团层面成立碳资产管理部门，如英国石油、中国石油化工集团有限公司等企业；第二种模式是成立相对独立的碳资产管理公司，如法国电力集团、中国华能集团有限公司等企业；第三种模式是由总部的部门和专业的碳资产管理公司共同进行碳资产管理。

无论是成立碳资产管理部门还是成立专门的碳资产公司，就碳交易本身而言并没有本质上的区别，作为独立的市场主体，究竟采取哪种碳资产管理模式，要因时因势而定。

作为控排企业，如何管理好自己的碳资产就显得尤为重要。这里的管理主要分为以下几个方面：

（1）结合碳减排路径建立系统化的碳资产管理。

① 企业内盘查、核查，确定核算边界，识别碳排放源，收集平均数据，计算碳排放，从上至下做到内部能耗管理实时把控。

② 通过节能减排技术改造，加速完成能源转型，从生产生活、包装、仓储、运输等方面逐步进行，降低企业碳排放量，形成良性循环。

③ 建立碳交易管理机制，研究国内外碳市场政策、法规和交易模式，建议预测和对冲管理系统，为企业运营发展提供完整的实现路径和碳资产管理基础。

（2）优化碳资产配置。

由于目前技术水平的限制和成本问题，有部分企业继续排放。但是需要将排放量最少化，为此需要通过资源的配置和碳交易市场的对接形成碳资产的有效匹配。在碳交易模式下，企业必须重视碳资产管理，如果简单履约而忽视碳交易的金融属性，会增加巨额履约成本，将“资产”变为“负债”。因此，企业应结合自身资产现状，针对碳汇产品及各地对冲机制情况，合理规划碳资产配置，减少履约风险。

（3）投资自愿减排项目，丰富碳资产提升企业融资能力。

国家发展改革委《温室气体自愿减排交易管理暂行办法》为开发国内自愿减排项目、参与自愿减排交易提供明确指导，控排企业除了继续挖掘 CCER 项目开发潜力，还可探索新的方法学、拓展减排项目领域，丰富自身碳资产储备，一方面可作为履约冲抵，另一方面未来随着全国碳市场逐步成熟，机构和个人投资者也将逐步被纳入碳市场，而金融机构参与碳市场交易也将是大势所趋。金融机构参与碳市场，尤其是参与碳金融衍生品市场的交易，不仅可以为碳金融市场带来巨大的流动性，也将促进碳市场与碳金融体系的多元化发展。充分重视碳资产价值管理，加强碳交易碳资产管理意识，将是社会经济绿色发展的大趋势。

目前，我国纳入碳排放权交易市场的企业仅有 2200 多家电力企业，未来建材、有色、造纸、化工、钢铁、石化、航空等共八大行业也将纳入国家碳排放权交易市场。随着管控力度加大、碳交易市场的扩大，企业加强碳资产管理的意识尤为重要。资产无形，却影响着社会生产发展的方方面面，金融属性是碳市场发展最关键的一环，碳资产的地位无疑是无可撼动的，管理好碳资产将是企业必然的选择。

虽然很多企业拥有上千万甚至数亿的排放配额，可绝大多数企业并没有碳交易的相关专业经验和资源。因此，到目前为止，我们讲的碳价值，还停留在“理想很丰满，现实很骨感”的阶段。

第三节　碳价值驱动因子——碳中和

我国提出，到 2060 年实现碳中和。

“碳中和”是指通过新能源开发利用、节能减排以及植树造林等形式，抵消人类生产生活行为中产生的二氧化碳或温室气体排放量，实现正负抵消，达到相对“零排放”的过程。我国提出的 2060 年碳中和目标，让大家都有理由相信，在这个目标指引下，我国将会加快碳价值的开发及相关产业的发展。

全球已形成碳中和共识。截至 2020 年年底，全球共有 44 个国家和经济体正式宣布了碳中和目标，包括已经实现目标、已写入政策文件、提出或完成立法程序的国家和地区。其中，英国 2019 年 6 月 27 日新修订的《气候变化法案》生效，成为第一个通过立法形式明确 2050 年实现温室气体净零排放的发达国家。美国特朗普政府退出了《巴黎协定》，但新任总统拜登在上任第一天就签署行政令，让美国重返《巴黎协定》，并计划设定 2050 年之前实现碳中和的目标。

1. 碳中和技术发展

联合国气候变化专门委员会、国际能源署等专业机构的研究表明，若要实现《巴黎协定》中 1.5℃和 2℃的温升目标，CCUS 技术不可或缺。

CCUS 技术，指在生产过程中提纯二氧化碳，通过管道、公路、铁路等进行压缩运输，从而加以利用，或注入深层地质构造进行封存的相关系列技术。

根据国际能源署预测，相较于《巴黎协定》2℃的温升目标，为实现 2050 年全球碳净零排放的额外脱碳工作中，CCUS 将贡献 25% 的份额，而其余 35%来自电气化的增加，20%来自生物能源，5%来自氢气。而清华大学气候变化与可持续发展研究院在我国节能减排路径的研究中也指出，2060 年碳中和目标，只有在强化政策并叠加 CCUS 技术使用后才可实现。

直接空气碳捕集（Direct Air Capture，DAC）技术，是从空气中捕集二氧化碳并转化为产品封存起来。

目前收集到的二氧化碳可以转化为合成燃料注入水泥或岩石中，或用作化学和塑料生产的原料等。但是 DAC 成本比 CCUS 的成本还要高，目前 400—600 美元每吨，因此产品应用市场有限。

CCUS 和 DAC 技术作为负碳技术，是实现碳中和的重要技术路径，是其他领域很难完全实现零排放的时候需要的技术。对煤炭、煤化工、石化等行业，在碳中和目标下，这类负碳技术的大规模、低成本的商业化开展，是延续其生存的唯一希望，可以作为这些产业转型的重点探寻方向，是实现碳价值的重要手段。

2. 碳中和价值产业链

（1）电力与发电设备行业。

电气化是碳中和的核心，而电力的绿色转型是实现碳中和的基础。由于其“标准化”和“可控化”，极高的能源利用效率和节能、清洁的用能方式，电力是工业化进程的“助推器”，也是优质的能源。电气化也是目前实现碳中和成本最低、最为成熟的技术路径，通过交通、工业和建筑等终端能源使用部门电气化水平的提升，将替代煤炭、石油等化石能源的消耗。

发电设备的下游为电力生产以及电力消费的工业、农业、服务业、社会生活等。其中火电设备的上游行业为煤炭的开采与洗选，除火电设备之外还有风能、水能、太阳能等各类发电设备。

风电设备的产业链中，上游为钢材、玻纤、树脂、电子元器件等材料生产加工行业，中游为结构件、发电机等安装和建设行业，下游为风力发电项目。

核电设备产业链中，上游为钢铁、核电铸件等原材料，其中钢材为基础材料，核电铸锻件为主要部件；中游为核电整机设备，分为核岛设备、常规岛设备和辅助设备三部分；产业链下游为核电站运营，目前只有中国核工业集团有限公司、中国广核集团有限公司和中国电力投资集团公司以及中国华能集团有限公司具有核电站运营牌照。

太阳能光发电是指无须通过热过程直接将光能转变为电能的发电方式。它包括光伏发电、光化学发电、光感应发电和光生物发电。其中太阳能电池是太阳能发电的主要部分，而晶硅是太阳能电池的主要材料。

光伏产业链包括硅料、铸锭（拉棒）、切片、电池片、电池组件、应用系统等六个环节。上游为硅料、硅片环节；中游为电池片、电池组件环节；下游为应用系统环节。从全球范围来看，产业链六个环节所涉及企业数量依次大幅增加，光伏市场产业链呈金字塔形结构。

（2）环境与设施服务行业产业链。

环卫行业产业链的上游主要为生产环卫清洁装备、垃圾处理装备等的环卫装备商；中游即为环卫服务商，负责垃圾分类清运、清扫保洁等；下游为固废处理商，进行垃圾处理、再生资源环境回收利用等。

第四节　商业价值释放在即

随着全国碳市场启动临近，各项准备工作正紧锣密鼓地进行。在绿色可持续发展已成为全球共识的背景下，碳中和或将驱动人类社会进入工业革命以来最大且全新的制度和产业革命，这个时间节点上，全国性碳交易市场的建立将具有深远的意义。

从市场化的角度看，持续稳定的碳市场运行将赋予各类减碳行为直接经济激励，推动新的减碳技术和商业模式创新，其中蕴藏的巨大机会，甚至远超碳市场本身。

碳中和的巨大时代红利有望孕育出千亿甚至万亿美元市值的上市公司，那么站在投资者的角度，该如何抓住这个投资机遇？资本市场中，又是否有企业前瞻地聚焦在具有爆发性且持续收益于碳中和、碳交易的赛道？

综观整个市场，中国碳中和或是目前市场内聚焦负排放领域，唯一一家率先将产融两端相结合的碳资产开发与管理投资机构，其开创出的独特“三位一体”商业模式，以及顶尖的人才储备，中国碳中和有望长期受益于碳的商业价值，因为它具备市场稀缺性。更何况，目前许多市场主体正在积极布局中国碳资产市场。

1. 产、融、人结合 抢占商战先机

当前，有关中国的碳中和业务，主要覆盖产、融结合的两大领域。其中，产业端包括新型植树造林和碳汇开发、负碳技术投资和应用（包括碳捕集、利用和封存）；金融资产管理端包括碳资产运营和管理（包含碳交易和咨询），以及配合产融业务模式发展而从事的碳中和相关领域投资和碳中和数字资产开发业务。

根据不同公司的短中长期发展规划，在积极布局中国碳资产市场的中国碳中和将聚焦负碳排放领域等优势赛道，以拓展新型碳中和基础产业业务，并着重发展碳资产开发、运营和管理业务。

除了赛道和商业模式优势，公司独特的竞争力还体现在人才团队上。比如业内周知的一件事是，2021 年，中国碳中和发展集团有限公司迎来了行业领军人物姜冬梅博士，将其聘纳为首席科学家。三个月之内，国内生态建设领域著名专家、中国

林业生态发展促进会秘书长陈蕾，又获任该公司执行董事。强大的人力资源聚合，助推这家机构在短时间内取得了多项业务领域的重大突破。

从更为具体的业务落地来看，中国碳中和发展集团有限公司不久前已完成 300 余万吨国际核证减排量收购，公司董事会相信包括现货和期货的优质碳信用资产的购入，使得集团已迅速跻身成为亚太地区最大的碳信用资产持有者之一，充分体现了集团独特的碳资产开发与管理优势。

目前，以中国碳中和发展集团有限公司为代表的相关机构，在两个最大的国际独立碳信用机制平台黄金标准（Gold Standard，GS）和 VERRA（碳信用登记非营利组织）主管的核证碳标准（Verified Carbon Standard，VCS）开户，拥有涵盖生物质发电、太阳能发电、垃圾填埋发电、煤层气发电等不同类别项目所产生的核证减排量。

可以预言,随着中国碳交易市场的启动,后续碳价值必将成为市场上的新增盈利点。

【延伸阅读】

碳中和“探路者”

中国碳中和已与国务院批准、国家林业和草原局主管的国家一级社团中国林业生态发展促进会签署《关于碳中和发展的战略协议》，拓展植树造林、碳汇开发业务；与中国节能环保集团香港公司签订战略合作协议，拓展低碳技术业务；与中国林业生态发展促进会碳中和共享联盟合作，拓展减排企业和全民可以共同参与的“森林碳汇交易”数字平台业务。

中国碳中和发展集团有限公司在业内率先建立的包含森林碳汇，碳捕集、利用与封存技术，以及碳资产经营与管理在内的独特“三位一体”商业模式，这被看成“探路者”，在实现业务的闭环和内外循环后，不仅能帮助这家机构确立持久的竞争优势，还将对其他类似机构形成示范效应。

2. 价值投资四大亮点

分析碳投资的价值，角度不一样、选取的指标不一样，得出的结论也会不同。

需要明确的是，在碳排放交易市场上，碳交易的金融属性能够对应其产业属性，这就决定了最直接受益的一方会是负排放领域，碳交易将会帮助其释放庞大的商业价值。由此，有关碳的价值投资，可归结为四大亮点。

一是精准的赛道优势。公司依托独特模式的产融结合，可使用各种交易策略，实现跨市场投资和获利；独特定位和有效执行力，使公司已经持有大量碳信用资产，在确定的碳中和、碳交易赛道中获得先行者优势。

二是基础产业和碳资产管理相结合的模式使其形成了独特商业模式优势。该模式可与市值超500亿英镑的全球领先的大宗商品公司嘉能可进行比对，甚至是对标。

三是国际顶尖专业人才和专业优势已经构成领先竞争壁垒，推动碳汇开发、低碳技术和数字交易平台等进展迅速。

四是突出的资源网络优势。公司成功与大型央企、国企（如中化集团、中节能环保集团）及金融机构建立起牢靠的、可持续发展的长期战略合作伙伴关系。

针对未来的全国性碳交易市场，相关机构也已经制定了相应战略，将依托现有的人才与技术优势积极参与，逐步确立市场主体在境内碳资产开发与管理中的竞争优势，与相关机构在国际碳资产市场的先行优势形成协同效应。

3. 交易量价远景可期

随着全球范围内碳交易基础设施的不断改善，碳交易资产的量价齐升已经可以预见。在此背景下，中国相关机构的发展拐点已经渐行渐近，投资潜力一旦爆发，将超乎想象。

据媒体报道，国际货币基金组织（IMF）执董会2021年已经批准了若干提案，提议扩大全球碳定价机制，这意味着碳定价的全球化趋势将进一步加快。

事实上，当前碳定价机制正迅速被许多国家采纳，全球已经有超60个此类机制得以实施。借助国际货币基金组织的干预，碳定价机制的标准化、全球化程度会不断加深，带动全球范围内“双碳”赛道玩家的发展，中国碳中和也将受益于此。

此外，碳交易价格也将是公司估值提升的重要驱动因素。

回到国内来说，国内碳交易价格近年随着碳达峰、碳中和等关键节点的临近逐渐陡峭，归根到底是能够进入市场交易的碳排放配额有限，求大于供，而这种趋势将在中长期内延续。

若参照国际碳交易市场价格，今年以来欧盟碳市场价格最高升幅已经超过50%，每吨碳排放权价格突破50欧元（折合人民币约388元/吨），而根据国际货币基金组织的权威指引，各方应在全球层面进一步采取措施，预计到2030年推动碳价提升至每吨75美元或更高水平。国际货币基金组织的影响力，为中国碳价的上涨提供了充分的想象空间。

就国际通常情况而论，欧洲碳价已约为中国各地碳交易试点市场中间价10倍或以上。在快速转型情景（碳排放到2050年相比2018年下降70%）和净零情景（碳排放到2050年下降至少95%）下，中国碳排放权的价格远景或将更加巨大。

CHAPTER FIVE

第五章

碳金交易建构蓝海

力贵突，智贵卒。得之同则速为上，胜之同则湿为下。

——《吕氏春秋》

综合前面章节的内容介绍，我们能形成的两个最基本的共识是：一是碳资产广泛分布在不同的市场主体,二是碳资产是一种有价值的产品,人们有的称之为“第四资产”。

既然碳资产有价值，那么按照马克思的价值理论来分析，可将碳资产价值分为使用价值和交换价值。后者，就是给予商品提供者的价值，可交换其他商品的价值。这样一说，当碳资产与交换发生关联后，就有了本章要讲的“碳交易”。

碳交易的起因在于碳价值形成了不同的价格，碳交易的结果体现在价值的重新划分及归属,碳交易的最终目的是为了促进碳中和。跟其他商品交易的目的略有不同的是,碳交易除了交易主体要实现各自的利益诉求外,还涵盖着极强的公共利益需求,所以说,我们在研究碳交易的问题时，始终离不开碳市场、碳价值以及碳中和等概念。

“碳中和”的意思是，当一个组织在一年内的二氧化碳排放通过二氧化碳去除技术应用达到平衡，就是碳中和或净零排放。碳交易是实现碳中和的助推剂，碳交易和碳中和有一个共同的目标，那就是为了应对气候变化、减缓气候变暖。这就是上文所说的“公共性”。碳交易借助市场阀门进行量的控制，就是为了尽快实现碳中和，换言之，市场化的手段，是政府实现碳中和的一种直接而高效的手段。换句话说，这场“上管天，下管地，中间管空气”的“全球大买卖”，生意好做与否，跟政策的松紧度、双方的参与度以及市场的饱和度息息相关。

第一节　一场变革势不可当

近年来，随着二氧化碳排放和其他污染物的增加，各种新的金融市场应运而生，除了税收和其他惩罚性措施外，还为企业提供了关键的激励措施，以减缓总体排放增长，如果情况较为理想，就可以减缓全球变暖。这些市场的一个关键特征是排放交易，即“总量管制与排放交易”，允许企业买卖“碳汇”。由于所有参与交易的企业都被捆绑在一个总体排放限额上，因此，全球碳汇交易市场就成了一个持续增长的存在。

各国的排放限制和交易规则各不相同，因此每个排放交易市场的运作方式各不相同。

在基本的交易模式下，如果一家公司的碳排放量低于设定的限额，该公司可以将差额碳汇出售给其他超过限额的公司。

另一种模式是碳抵消。在全球市场上，有一组被称为抵消公司的中间商公司，他们对一家公司的排放量进行评估，然后充当中间商的角色，为世界各地的减碳项目提供投资机会。与碳交易不同，碳抵消在大多数国家尚未受到政府监管。理论上，每排放 1 吨二氧化碳，一家公司就可以购买碳汇，并证明通过植树等可再生能源项目从大气中消除了等量的温室气体。

不管是哪一种模式，碳汇交易都一样很重要。行业观察人士说，碳市场将继续快速增长，特别是美国。在美国，杜邦、福特和 IBM 等财富 500 强企业正在自愿对其排放量进行抵消。

不仅是政府要求减排达标，消费者也希望如此。企业为控制污染物排放而做出的承诺，正日益成为一项公开的战略。某家专业机构在一项研究中发现，年轻的专业人士，高达 92% 的人，希望自己的工作能对环境产生积极的影响。

年轻人的心理取向，足以见得这件事情的重要程度。

作为世界上最大的能源生产国和消费国，中国的减碳减排行动一直备受关注。

"实现'双碳'目标是一场广泛而深刻的变革，不是轻轻松松就能实现的。"中国工程院院士、清华大学碳中和研究院院长贺克斌在接受媒体专访时表示，我国"双碳"目标的设定，必将给我国的经济社会带来系统性变革。

当前，我国还处在城镇化、工业化中高速发展阶段。《国家人口发展规划（2016—2030 年）》显示，2030 年我国城镇化水平达到 70%，之后变化趋势显著变缓，我国人口也将达到峰值。中国社会科学院工业经济研究所的 2017 年《工业化蓝皮书》表明，我国将于 2030 年左右全面实现工业化。

2060 年前碳中和将倒逼我国能源结构、产业结构和运输结构向着持续增强全球竞争力的方向调整。发达国家如英国、德国分别在 20 世纪 70 年代初、70 年代末实现碳达峰，美国则是 2007 年，按照《巴黎协定》的要求，他们应该在 2050 年前实现碳中和。但是这些率先达到峰值的国家，正在试图通过未来技术优势建立碳边界和贸易壁垒。

1. 实现目标难在“三高一短”

根据我国现状，要想落实“双碳”目标，实际工作中将面临许多困难，对此，贺克斌总结认为，主要难在“三高一短”。

第一，高碳的能源结构。无论是化石能源占总能源消费的比例，还是煤炭占化石能源消费的比例，我国都是最高的，超过美国等用能大国。

第二，高碳的产业结构。世界公认的高碳且难减排的行业（煤炭、钢铁、石化、水泥等）在我国的产业结构占比很高。

第三，我国是最大发展中国家，很多地区的能源消费还呈高增长趋势。

第四，时间短、任务重。从碳达峰到碳中和，中国只有 30 年时间，而欧美国家有 40 年到 70 年。

难归难，但我国设定 2060 年前实现碳中和，这既符合《巴黎协定》对发展中国家的相关要求，又将对实现全球温升控制目标发挥关键作用。同时，还将推动我国加快绿色转型步伐，在全球未来发展新格局中争得发展主动权，尤其是“十四五”时期，是推动全面低碳转型定方向、打基础、见成效的关键五年。

【延伸阅读】

中国碳排放配额将在 30 亿吨

充分重视“碳资产”价值管理，加强碳交易“碳资产”管理意识，将是社会经济绿色发展的大趋势。

据预测，全国统一碳市场将带来千亿级市场规模。目前我国碳排放总量超过 100 亿吨 / 年，以 2025 年纳入碳交易市场比重 30%—40% 测算，未来中国碳排放配额交易市场规模将在 30 亿吨以上，与欧盟总排放量水平相当。

随着碳交易规模扩大，加强企业“碳资产”管理意识更为重要。“碳资产”虽无形，但却影响社会生产生活的方方面面。未来各组织或个人的低碳行为可不可以转化为可交易的“碳资产”，值得探讨。

加强企业“碳资产”管理意识，未来“碳信用”或将成为价值巨大的信用资产。（资料来源：市场资讯）

2."五碳并举"开展减排

实现“双碳”目标的关键在于日常碳减排。专家总结，我国目前可行的减排路径，主要有以下五种。

一是资源增效减碳。达到同样的经济目标，通过节能增效将能源需求尽可能降低，减下来的碳就是资源增效减碳。我国当前消费水平下，能耗每降 1%，可减排 1 亿多吨二氧化碳。

二是能源结构降碳。研发可再生能源发电技术、储能技术等，大幅度提升非化石能源使用比重，尽早建成可再生能源为主的新型电力系统。这是未来减少碳排放的主体措施。

三是地质空间存碳，即通过碳捕集、利用和封存技术解决一部分二氧化碳。这是未来新型电力系统中必须保留较小比例化石能源的减碳托底技术。有研究表明，过去 10 年，CCUS 技术在全球范围内大规模部署，年捕集量已经达到约 4000 万吨，但要实现联合国设定的可持续发展目标，到 2070 年需要实现 56 亿吨的年捕集量，需在现有水平上扩大超过 100 倍。

四是生态系统固碳。通过各种生态环境建设的手段，巩固和增加二氧化碳的碳汇能力。

五是市场机制融碳。通过碳市场机制来推动各类技术得到更合理有效的应用。

第二节　市场主体迎势谋变

今天,“双碳”成为相关人士、相关专业以及相关领域的高频词。其实,针对碳问题,我国从 2011 年开始陆续在北京、上海、深圳等地试点碳市场。2021 年，全国碳市场正式上线交易，这将有力推动传统行业、产业、企业的转型升级，促使碳排放全面降低。

在交通领域，这个行业的碳排放“居于高位”，占全国终端碳排放的 15%，过去 9 年的年均增速在 5% 以上。推动该领域深度减排的着力点为：从车辆供给和需求

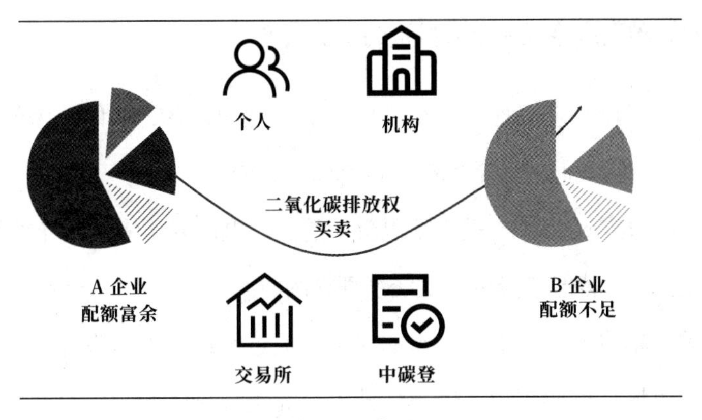

碳交易示意图

侧，减少路上已有交通工具的排放、确保新增车辆的清洁度、减少重型货车的排放、设计和制造零排放车辆；从基础设施上，拓展电动车基础设施网络、发展氢能源；从管理能力上，注重提升运输能效、改善交通运输结构、完善城市规划及标准、优化货运运输方式、发展电动化交通工具等。

在能源行业，其转型可从三方面考虑：第一，技术助力转型，大力发展清洁替代技术（风光水核、储能、分布式能源），绿色氢能技术，能源互联技术（5G、特高压），能效提升，负碳技术（CCUS、BECCS、DACCS）；第二，金融助力转型，持续完善、推动碳定价和碳交易、绿色信贷、绿色债券、环境信息披露、绿色投资、绿色保险、环境权益等交易市场；第三，政策助力转型，落地落实“1+N”政策体系，将碳排放纳入环保评价体系，通过碳税、税收优惠等加强监督管理。

在核心技术方面，我国的新能源发电、储能方面技术目前处于全球先进水平，并较广泛应用。截至 2020 年年底，我国全口径发电装机容量 22 亿千瓦，其中，水电 3.7 亿千瓦、并网风电 2.8 亿千瓦、并网太阳能发电 2.5 亿千瓦、核电 4989 万千瓦。非化石能源发电装机容量占总装容量的 43%。截至 2020 年年底，我国已投运储能项目累计装机容量规模达 35.6 吉瓦，占全球市场总规模的 18.6%。

此外，我国先进的高温气冷堆技术，可通过超高温气冷堆制氢的研发，开发氢冶炼、氢化工等应用技术，将高温气冷堆技术与钢铁冶炼、化工等场景结合，将在相关行业实现二氧化碳的极低排放。

普通人的应对：碳资产将成为个人投资的主流资产

因“双碳”目标是全局性、全员性、全流程性的存在，所以，任何普通人都应该顺势而为，具体到我们的日常生活，将有以下新变化。

第一，峰平谷电价的消失。基于用电负荷的实时电价变动将取代峰平谷电价政策。我们的用电设施可以智能选择用电最经济划算的时间。

第二，乘用车将无线充电。未来的充电桩通过地线与汽车底部的充电口进行有线或者无线的对接，只要车辆在停车位停好，充电设施便会自动与汽车连接，并根据车主先前的设置进行充电或者放电操作。

第三，充电桩与电动车将成为电网的“海绵”。当所有停驶车辆都连上电网时，这些车辆就会形成一块巨大的储能海绵，在电力充足时吸收电力，在电力不足时释放电力，为整个电网的供需达到实时平衡提供重要支撑。

第四，家庭用电可选择购买绿电。电力市场化交易完全放开后，用户可以自主选择电力消费的类型。

第五，碳资产将成为个人投资的主流资产配置。碳资产的投资“门槛”很低、上涨趋势强，对长期的收益预期较好，碳资产可能代替房产的位置，成为下一个国民级的理财工具。这一点很特别，它既是我们生活习惯的改变，同时也给我们带来发展机会。我们将在后面的章节里做专门介绍，在这里先举个小例子。

【延伸阅读】

卖空气一年赚 70 万?森林碳汇背后绿色生意经

我们都说“绿水青山就是金山银山”，而森林碳汇正在把这句话变成现实。

举个例子：浙江的竹子之乡安吉，就有人专门承包竹林，利用竹子吸收的二氧化碳的作用，通过经营管理，把这部分吸收的二氧化碳换算成碳汇指标，拿到碳排放市场，寻找需要的碳汇指标的能源企业和其他行业公司，每年靠一片竹林实现 70 万元营收。

而且这片竹林凭借碳汇建立起来的生意模式，也会变成一笔碳资产，从金融市场获得融资，来支持碳汇生意的扩张和持续发展，最终实现绿色农业、绿色经济发展。

未来森林碳汇模式也将是农村可持续发展、实现绿色可循环经济发展的有效方式，绿水青山通过碳汇，变成了我们的金山银山。（资料来源：互联网）

第六，低碳消费将成为下一个消费升级的风口。当所有产品被标上碳足迹标签，民众愿意购买低碳产品，会引导商家生产低碳产品。

当挑战和机遇同时横亘在我们的面前时，我们唯有发掘潜力、发挥优势、整合资源，正面以对。

一是发挥我们的资源优势。我国水能资源丰富，江河水能理论蕴藏量为 6.91 亿千瓦，每年可发电 6 万多亿度；光能资源丰富，年辐射总量在 80—240 千卡 / 平方厘米之间，青藏高原的大部分地区超过 160 千卡 / 平方厘米；风能资源丰富，我国幅员辽阔，海岸线长，风能密度为 100 瓦 / 平方米，风能资源总储量约 1.6×105 兆瓦。特别是东南沿海及附近岛屿、内蒙古和西北、华北等地区，每年风速在 3 米/秒以上的时间达到 4000 小时左右，一些地区年平均风速可达 6—7 米/秒以上，开发利用价值较大。生物质能源资源丰富，我国生物质资源转换为能源的潜力可达 10 亿吨标准煤。

二是发挥我们的制度优势。生态环境治理方面，我国已建立最严格的生态环境保护制度、资源高效利用制度、生态保护和修复制度、生态环境保护责任制度等四大类基础性的制度体系。具体到“双碳”目标上，党中央成立碳达峰碳中和工作领导小组，加快组织建立“1+N”政策体系，立好落实“双碳”目标的“四梁八柱”。

上述一系列的部署，充分体现了我国集中力量办大事的制度优势。当然，“双碳”目标还倒逼着我们的产业转型升级，将推动我国工业制造业尤其是初级制造业向绿色低碳转型升级。这同时也意味着，流向绿色发展领域的资金、人才等资源会更多。

第三节　中国的碳排放权交易

从碳排放权交易的概念上就知道，其目的是为了鼓励每个国家减少碳排放，以便获得剩余的销售许可证。在这个过程中，较大较富裕的国家，通过购买信贷来有效补贴那些较贫穷、污染较高的国家。那么，中国从中如何平衡各种关系？

自 2011 年以来，我国已在北京、深圳、上海、广东、天津、湖北、重庆和福建等 8 个不同省市开展碳排放交易试点，看看中国是否可以利用市场机制调节碳排放，并为中国国家碳排放交易体系（Carbon Emissions Trading System，ETS）做准备。

这些试点碳排放交易体系有一些共同点，但在某些问题上的方法却大相径庭，如行业覆盖范围、配额分配、地方政策和违规管理。例如，北京和深圳市场涵盖公共交通和服务领域的商业巨头，上海市场涵盖酒店、纺织和金融领域，湖北市场涵盖汽车、医疗保健和陶瓷领域。

这些市场都高度适应区域产业特点和条件，这些试点市场也有相当大的回旋余地来设计自己的计划。区域试点为国家碳排放交易体系提供了丰富的参考和经验教训。

中国国家碳排放交易体系自 2021 年 7 月启动以来，已成为全球最大的碳排放交易体系，累计交易额超过 8 亿元。

ETS 启动后，市场的第一笔交易是一家公司以 120 万美元购买了 16 万吨排放物。

总体而言，在交易的第一天，价值 2.1 亿元人民币的 410 万吨二氧化碳配额易手。这使得碳价为每吨 51.23 元人民币，较开盘价 48 元人民币上涨 6.7%。未来，碳价可能接近每吨 180—200 元人民币。

但不可否认的是，全国 ETS 市场尚处于起步阶段，整体交易量与中国经济规模相比有限，交易价格呈现波动。

1. 国家将扩大 ETS 计划

中国的碳交易市场由生态环境部监管，交易由上海环境能源交易所负责。ETS 是中国利用市场机制在 2030 年前达到峰值排放，在 2060 年前实现净零排放计划的重要组成部分，它为碳排放定价。

它通过将信用分配给那些污染低于其配额的公司，以此为减少排放的公司提供财务激励（补贴），同时要求那些超限的人购买额外的信用。该计划目前仅涵盖一个部门——电力。

在我国的电力行业中，目前共拥有 2000 多座发电厂，每年的二氧化碳排放量超过 40 亿吨，占全国总量的 30%—40%。仅此一项就占全球二氧化碳排放量的 10%—15%。

尽管 ETS 目前的范围仅限于能源公司，但它的到来增加了中国企业将碳定价纳入其业务和风险战略的紧迫性。

在 ETS 启动时，碳市场涵盖了超过 2225 家运营煤炭和天然气发电厂以生产电力和热力的公司，其中大部分是国有企业。这些公司合计占中国能源相关排放量的一半左右，占世界总量的 10%—14%。

未来，ETS 计划扩大碳市场的范围，将其他污染行业包括在内，如钢铁、水泥、化工和航空等。

按照我国的扩大计划，未来几年共将覆盖 8 个行业（发电、石化、化工、水泥、钢铁、有色金属、纸浆和造纸、航空建材），机构和个人投资者也将包括在内。

根据碳交易计划，政府允许每家公司每年排放一定数量的二氧化碳。如果公司在年度结束时低于其分配的限额，他们可以在市场上出售差额作为信用；相反，如果公司超过其限额，则需要购买额外的信用额度来补偿。

最终，中国的碳市场可能会覆盖更广泛的公司，而全球碳贸易体系的出现也仍有可能。

2.ETS 对企业的潜在影响

全国碳排放交易体系将需要数年时间才能达到全行业覆盖。到目前为止，政府尚未公布官方的扩张路线图或时间表。但从碳核算和报告到碳减排目标和目标设定，重点企业已被推动开始碳管理之旅。

目前涉及的电力行业，其覆盖范围对电力成本的影响也很有限，因为市场主要由政府拥有或运营的公司主导。由此说，ETS 对公司财务产生真正影响并推动显著减排需要数年时间。但上海环境与能源交易所和气候债券倡议组织的专家，将其视为推动中国整体气候行动努力的信号。

未来几年，ETS的立法基础将进一步加强，既要确立具有法律约束力的承诺作为该计划的基石，又要将目前更多的是政府行政干预控制二氧化碳排放的ETS转变为以市场为基础的方法。

ETS对企业产生的实际的业务影响，还需要将ETS监管规则与政府的双重碳计划、路线图以及其他与碳相关的政策发展综合考虑。

在这方面，很难预测ETS对最终产品的价格影响，因为最终产品将包括多层材料、组件、行业和生产投入，并且最终产品价格将受到不同区域的政策的影响。例如，来自不同地区的玻璃、铝、木材等产品，其价格会随着地区监管政策的不同而有所变化。

但不管怎么说，中国最终的碳排放目标不会改变，并将随着时间的推移，对企业产生巨大影响。因此，企业应首先通过了解相关风险和机遇，提前准备应对之策。

第四节　行业细分市场未来建设

我国幅员辽阔，区域差异巨大，行业类型各异，作为全球的一个独立性、单元性市场，已启动的区域性碳市场并不涉及行业间的配额分配问题。这使得如何建立一套兼顾公平和效率的行业间的碳排放权配额分配方案成为各方关注的焦点。甚至有学者指出，碳排放权初始配额，或将成为全国大市场启动的最大阻碍。对此，《中国碳排放权交易报告（2017）》（以下简称《报告》）对全国统一碳市场建设，从行业层面提出政策建议。

1. 为高碳支柱产业预留足够空间

目前，中国正在试点碳市场的基础上，筹建全国统一的碳市场。

世界上实施碳约束的国家仍然属于少数，如果碳交易给行业施加了过重的成本约束，就使得这些行业在国际竞争中处于弱势地位，维持市场份额和利润的能力下降，严重的会导致产业转移和碳泄漏。

从经济发展阶段来看，中国经济与发达国家经济体的差距无论是从人均收入水平、消费水平，还是经济增长质量，都还存在着显著的差距。从城市化进程来看，中国仍然处于城市化加速发展阶段。从区域发展差距来看，水泥、钢铁和化工等高碳行业仍然是部分地区国民经济的支柱行业。从经济转型来看，转型过程中可能出现中短期的结构性失业。在经济增长与碳排放尚未脱钩的情况下，因此必须为高碳支柱产业的低碳化转型留出空间。

中国以重工业和加工制造业为核心的工业化仍需持续一段时间。加之，前期高额投入的固定成本和技术路径锁定效应，使得大量高碳企业的关停改造无法在短期内完成。由于不同省份的资源禀赋也存在较大差异，在不同的发展阶段，产业结构具有很强的刚性，并不会因为碳排放权交易体系的引入而快速改变，必须为产业结构转型升级留出足够的时间。

在碳市场进行顶层设计时，就应该设置行业竞争力保护模块，为以后开展相关工作预留足够的接口。

2. 预设行业保护模块

在碳市场进行顶层设计时，就应该设置行业竞争力保护模块，为以后开展相关工作预留足够的接口。

目前，中国碳市场大多采用免费配额分配模式，但是落实“国家自主贡献”的任务仍然较重，后期中国碳市场也一定会逐渐启动拍卖等有偿配额分配方法，给企业造成的影响必将进一步加重，极有可能诱发产业转移，导致结构性失业和碳泄露。因此，综合考虑国际国内各种复杂因素，需要在《碳排放权交易管理条例》《碳排放权交易管理暂行办法》等纲领性文件中增加行业竞争力保护的表述。

3. 测算行业竞争力

碳交易对行业竞争力的影响主要取决于来自非碳约束国家的竞争程度、减排成本、减排潜力等因素，也和行业的成本转嫁能力有关。因此，碳交易对行业竞争力的影响存在不均衡性和不对等性，必须仔细测算碳交易对行业竞争力的影响程度。此外，由于行业的减排能力是变化的，也需要定期更新碳交易对行业竞争力的影响程度。可以基于公平原则、效率原则和能力承担原则，分别构建碳减排成本、碳减排潜力和贸易密集度三维评价指标体系，全面测算碳交易对各行业的竞争力的影响。

4. 设置行业控排系数

中国目前实行免费配额分配，但各行业仍面临着配额下降的压力。依据 GDP 平均增速目标和碳强度下降、能源强度目标，在考虑各行业减排潜力、减排成本、市场竞争力和历史排放量的基础上，可以综合确定碳排放行业控排系数。通过行业控排系数，可以给不同行业设定不同的减排压力，该系数越大，行业得到的配额越多，需要承担的减排责任越小；反之，该系数越小，行业得到的配额越少，需要承担的减排责任越大。

综上，《报告》提出，在全国统一分配标准的基础上，通过财政转移和其他方式扶持等方式，解决地区发展的差异性，并适时进行调整，提高碳排放权交易体系的公平性和经济性，为了保证碳排放权分配工作的顺利实施，应尽快建立相关配套管理机制。

我国统一碳市场建立之初，由国家统一制定省际碳排放权配额分配总量，再由各地区进行总量分解和调配。同时，为了克服每年确定一次配额分配总量所带来的繁杂和不确定性，可采取分 2—3 年为一个阶段的形式，确定省际碳排放权配额分配总量。

随着经济的发展和技术进步的变化，各地区减排潜力和减排成本也在发生着改变，应该建立一套动态的配额调整方案，完善信息采集、交易管理、排放监督以及检测计量等工作，保证碳排放权分配的公平、公正与公开，这对全国统一碳市场的平稳、可持续发展具有重要意义。

第五节　负碳交易之路

在本章一开始就提到，碳中和和碳交易将成为这部分的重要内容。那么，有人要问，为什么提到碳交易就要提起负碳排放？

主要是碳排放交易市场成立以后，碳交易的金融属性能够对应其产业属性。那么就决定了最直接受益的一方会是负排放领域，碳交易将会帮助其释放庞大的商业价值。

碳中和公式的两边实际上是可以对等起来，站在碳资产产生的角度，公式的左边代表减少排放可以产生大量的碳资产，而公式的右边代表负排放可以直接产生更多的碳资产。

负碳排放怎么通过碳交易所实现碳收益？有个专业网站曾罗列出八种负碳排放技术，但在实践当中，较为常见的有两种，一种是造林碳汇，一种是碳封存、碳捕集。

1. 造林碳汇

众所周知，绿色植物的光合作用将吸收二氧化碳，天然具有碳捕集能力，这就使得以下的商业模式成为可能：企业植树造林，形成碳汇，通过审定核查取得碳排放权，再通过碳交易获取收益。

有数据显示，1 公顷阔叶林一天就能捕集 1 吨二氧化碳。若按照美国碳交易所中位价格的一般波动水平 100 元 / 吨计算，经核定的 1000 公顷森林一年可以产生 3000 多万元市场价值的碳排放权，而且类似这种形式的森林碳汇每年都会产生的碳排放权益，若使用一般的资产定价模型来进行评估，森林碳汇所对应的长期资产价值巨大。

2. 碳封存、碳捕集

碳封存、碳捕集技术是一种人为处理二氧化碳的方式。比如在化工厂、炼钢厂等排放高浓度二氧化碳的烟囱上加装吸附装置，减少排放时二氧化碳向大气的溢出，实际上就人为地减少了碳排放量。此项内容，将在后面的专门章节中予以阐释。

那如何让专门从事碳封存、碳捕集相关业务企业能够获利？举例说明：

假设 A 企业原本获配发的碳排放额度是 1500 吨 / 年，但 A 企业经过核定计算全年碳排放量预期将落在 2000 吨 / 年，代表着 A 企业须每年从碳交易市场内购进约 500 吨的碳排放权才能达标，总代价是 500 吨的碳排放权再乘以当时的碳交易价格，假若是 30 元 / 吨，意味着每年至少 15000 元的额外支出。如果全国碳市场的碳交易权价格持续看涨，则 A 企业排放温室气体所承担的支出金额便越来越重，这就给专门从事碳封存、碳捕集第三方公司带来商机。他们通过向企业提供碳封存、碳捕集技术和服务，甚至是综合的减排方案，来帮助企业控制碳排放量，其所获得的报酬便能以 A 企业从全国碳市场购进的碳排放权总价值预期为基础进行协商。

另外较为特殊的一种情况是，假设 B 企业原本获配发的碳排放额度是 1500 吨 / 年，B 企业经过核定计算全年碳排放量预期将落在 1500 吨 / 年。那么第三方公司通过碳封存、碳捕集技术为 B 企业实现的减排，比方说最终实现排放核定 1000 吨 / 年，代表着 500 吨的碳排放配额是通过第三方公司提供的服务节省下来的，此时的 B 企业是具备充分意愿来与该第三方服务公司分享剩余的配额（碳排放权），然后通过全国碳交易市场来兑换减排收益。

如今在资本市场里，到底有没有哪一家上市企业是专门聚焦在爆发性的且持续收益于碳中和、碳交易下的负碳排放赛道？到目前为止，似乎只有中国碳中和公司，从某种意义上，这家公司开创出了产融结合的一种良性的商业模式，它在业内率先建立了包含森林碳汇，碳捕集、利用与封存技术，以及碳资产经营与管理在内的“三位一体”商业模式，并实现了业务的闭环和内外循环。

【延伸阅读】

中国碳中和公司成为行业先锋

中国碳中和公司或是目前市场内唯一从事碳汇资产开发与交易标的，也是碳交易、负排放等热门板块当中“纯度最高”投资概念股。据悉，从当前公司的业务规划与进展，以及前瞻的碳中和人才储备层面看，公司已经抢占行业先机，成为中国碳汇交易领域的佼佼者。

当前，公司的业务将主要覆盖产、融结合的两大领域。其中，产业端包括新型植树造林和碳汇开发、负碳技术投资和应用（包括碳捕集、利用和封存）；金融资产管理端包括了碳资产运营和管理（包含碳交易和咨询）。另外，还有的是配合产融业务模式发展而从事的碳中和相关领域投资和碳中和数字资产开发业务。

而根据公司短中长期发展规划，中国碳中和公司将聚焦负碳排放领域等优势赛道，拓展新型碳中和基础产业业务，并着重发展碳资产开发、运营和管理业务。

人才储备方面，中国碳中和公司的领先优势尤为突出。中国碳中和公司迎来了行业领军人物姜冬梅博士，将其聘纳为首席科学家。除此以外，造林领域和负碳排放领域的一些业内重磅人物业已加盟公司，中国碳中和公司强大的人力资源实力已现雏形。

在业务的实际进展方面，中国碳中和公司正大力推动旗下碳汇开发、低碳技术和数字交易平台等发展，并在今年短时间内取得了多项业务领域的重大突破。

中国碳中和公司通过与中国林业生态发展促进会、中国节能环保集团香港公司开展业务合作，成为目前亚太区域最大的碳信用资产持有者。

CHAPTER SIX

第六章

碳金市场布局谋篇

不谋全局者不足谋一域，不谋万世者不足谋一时。

——清·陈奕然

行文至此，我们对“碳市场”的概念已不陌生了。因为这在本书的“碳价值”“碳汇交易”“碳达峰”“碳中和”等多个章节中均有提及，毕竟，碳交易的达成、碳价值的实现、碳中和的收益等，都离不开有形或无形的碳市场。

碳市场，即全国碳排放权交易市场，是实现碳达峰与碳中和目标的核心政策工具之一。

综合媒体报道：全国统一的碳交易市场于2021年6月25日开启，交易中心设在上海，登记中心设在武汉。7个试点的地方交易市场继续运营。

2021年7月8日，生态环境部发布，经国务院常务会议审议通过，2021年7月择时启动发电行业全国碳排放权交易市场上线交易。

2021年7月16日9时15分，全国碳市场启动仪式于北京、上海、武汉三地同时举办，备受瞩目的全国碳市场正式开始上线交易。发电行业成为首个纳入全国碳市场的行业，纳入重点排放单位超过2000家。我国碳市场将成为全球覆盖温室气体排放量规模最大的市场。

截至2021年12月31日，全国碳市场已累计运行114个交易日，碳排放配额累计成交量1.79亿吨，累计成交额76.61亿元。

2022年1月，全国碳排放权交易市场第一个履约周期顺利结束。

第一节　能源转型影响市场建设

在应对气候变化背景下，全球能源基础设施的转型路径及过程，对气候环境、减碳降耗之影响毋庸置疑，这已成为科学家和决策者共同关心的重大问题。

由清华大学碳中和研究院2021年年底编制、发布的《全球能源基础设施碳排放及锁定效应》研究报告（下称“报告”）指出，全球的经济发展，高度依赖化石能源，电力、钢铁、水泥等能源基础设施，其寿命往往长达几十年，而新建基础设施在未来还会产生大量碳排放并产生锁定效应。火电、钢铁、水泥和陆地交通运输，一方面是支撑全球社会经济发展的基础行业，另一方面是全球碳排放“大户”，以2020年数据为例，这四大行业共排放二氧化碳241亿吨，约占全球碳排放总量的70%。

专家呼吁，扭转高碳能源基础设施惯性投资、加强能源基础设施的升级改造和有序淘汰。

“更为重要的是，这些基础设施在未来还将运行数十年并持续产生碳排放，形成碳排放锁定效应。”上述报告主要专家之一张强认为，这需要引起重视。

当然，碳锁定效应并非一成不变。张强提出，如何解锁，应值得业界和专家思考。

以火电行业为例，如推动火电提前淘汰，将平均服役年限从 40 年削减到 30 年，则对应的锁定碳排放将从 3000 亿吨削减到 2000 亿吨。随着光伏和风电等新能源发电的大规模发展，未来火电将主要承担调峰功能，年发电小时数将大幅降低。如自 2030 年起将火电年发电小时数逐步降低到 2000 小时，则火电行业未来锁定的碳排放将减少到 2300 亿吨左右。

此外，据介绍，碳捕集与封存等负排放技术的大规模利用，也能够在一定程度上抵消能源基础设施的碳锁定效应。

值得注意的是，报告指出，随着技术进步和成本大幅降低，全球光伏和风电产业近年来实现跨越式发展。近 10 年全球光伏和风电装机容量年均增速分别达到 22% 和 14%。中国再生能源开发利用规模快速扩大，目前光伏和风电装机容量均位居世界首位。2020 年新冠肺炎疫情下全球新增光伏和风电装机量同比增加 52%，逆势创历史新高，为后疫情时代“绿色复苏”注入动力，注入新动能。

报告为能源设施的“绿色转型”，提出了四点建议：

一是需扭转高碳能源基础设施投资惯性，避免新的高碳增长带来的长期碳锁定效应，同时降低资产搁浅风险；

二是加速能源基础设施的升级改造和有序淘汰，提升技术和能效水平，降低碳排放强度；

三是加大新兴低碳技术研发力度，推进氢能炼钢、碳捕集与封存等减排技术的示范和产业化应用；

四是抓住后疫情时代“绿色复苏”的发展机遇，深入推进可再生能源、新能源汽车等新能源产业发展，加强绿色技术国际合作，构建全球零碳能源体系。

1. 加快构建低碳基础设施

加快构建绿色低碳、安全高效的能源基础设施，是全球低碳发展的必由之路，是各国落实《巴黎协定》温控目标，实现低碳发展的基本趋势。

2019 年，发达经济体的经济增长率平均为 1.7%，但与能源相关的二氧化碳排放总量下降了 3.2%。以 2019 年为例，看看主要经济体的表现。

美国：能源相关碳排放为 48 亿吨，比 2018 年减少 1.4 亿吨（2.9%），是各国减排最多的。美国的排放量比 2000 年的峰值下降了近 10 亿吨，在所有国家中减排最多。发电用煤减少 15%，支撑了 2019 年美国整体排放量的下降。

德国：率先在欧盟减少排放，2019 年排放量为 6.2 亿吨，下降了 8%，是 20 世纪 50 年代以来的最好水平，而现在德国经济规模约为当时的 10 倍。2019 年德国可再生能源所占份额超过 40%，并首次超过燃煤发电。

英国：由于燃煤发电厂的发电量仅占总发电量的 2%，英国继续大力发展脱碳。在英国，可再生能源提供了大约 40% 的电力供应，天然气供应量也差不多。

日本：2019 年与能源相关的碳排放量下降 4.3%，为 10.3 亿吨，是 2009 年以来减排最多的一年。

中国：尽管排放量有所上升但比较缓和，主要是受到经济增长放缓、低碳能源产出增加影响，可再生能源在中国继续扩张，2019 年也是中国 7 座大型核反应堆的第一个全年运营年。

印度：2019 年排放量增长温和，电力部门的碳排放量略有下降，原因是电力需求大体稳定，可再生能源的强劲增长促使燃煤发电量自 1973 年以来首次下降。印度经济其他部门，特别是运输部门的化石燃料需求持续增长，抵消了电力部门的下降。

其他：2019 年发达经济体以外的实体碳排放量增长了近 4 亿吨，其中近 80% 来自亚洲。这一地区的煤炭需求持续扩大，占能源使用的 50% 以上，约造成 100 亿吨排放。

2. 发挥市场调节功能

运作良好的市场功能是碳交易向全社会释放碳价信号的关键一环。

市场内的碳价水平主要取决于供求关系，通常由总量水平和配额分配来调节。然而配额的有效期、履约周期的长短、市场参与主体的范围、交易产品的类型，以及经济和技术发展的重大变化等，也可以对碳价信号造成影响。如何保持碳市场的价格信号不被扭曲，在持续激励减排的同时，又能保持全社会以最优成本实现减排目标，是碳市场管理者必须要平衡的关键问题。

也正因如此，通常需要建立价格或配额供应的调节和干预机制来防范市场波动风险。

上述五个典型的碳市场，都发展了各自的市场调节和干预措施，包括设置价格上下限和基于一定条件或规定的调节机制，有效防止价格过高或者过低的风险。这些措施可以在一定水平和时间范围内维持碳价的可预见性，而一个稳健且不断上升的碳价信号可以激励低碳投资并降低其回报风险，推动全社会持续减少温室气体排放。

3. 碳市场将逐渐引入拍卖法

和中国碳市场目前采用的自下而上的基于强度的总量设定不同，包括欧盟许多国家、美国加州、韩国等在内的国家或地区，均设定了自上而下的绝对总量。比如新西兰碳排放交易体系，因为纳入了林业，所以并没有设定整体的总量上限。相较于基于强度的方法，绝对总量确保了定量减排目标的实现。

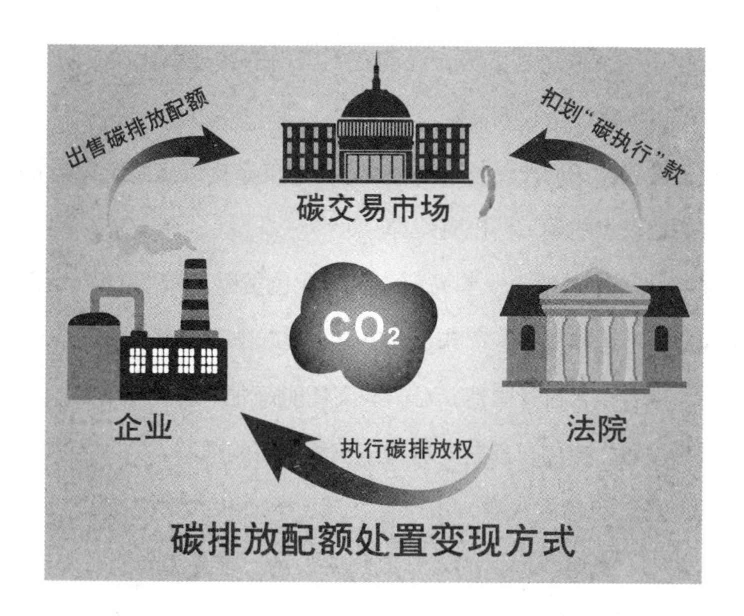

绝对总量的上限并不是一成不变的，它可以根据当地的中长期减排路线图逐渐降低，如美国加州，碳市场总量逐年呈线性递减。但当扩大覆盖范围或地理边界发生了扩展时（如欧盟新成员国的加入），总量水平则需要随之提高。除覆盖行业发生变化外，一些企业可能在履约期内进入或退出碳市场。因此在设定总量和发放配额时，也需要考虑如何处理企业新进入或者退出的情况。

碳市场中主要使用免费分配和拍卖两种方法向企业发放配额。中国的碳市场目前是100%免费分配，采用的是基于实际产出的基准法。

从不同地区的既有做法中看出，在初始阶段，为了使企业更容易接受碳定价机制，免费分配往往占主导地位。但配额拍卖除了能为政府带来可观的财政收入外，还可以提供市场流动性，助推价格信号的发现。

随着市场的不断发展和成熟，绝大多数的碳市场会逐渐引入拍卖法，并提高其在配额分配中所占的比例。

第二节　国内碳源头扫描

在关注全球碳排放的概况、区域、行业分布的基础上，我们再通过横向比较，不仅能大体看出中国“碳”在哪里，还能看到国内的减碳事业在不同行业、区域及路径选择上对碳市场建设的长期影响。

先从行业角度看，我们发现与全球相比，中国的碳排放来源既有类似的地方（电热行业排放了四成以上的碳），也有差异。

中国除了电热行业之外，一些高耗能制造业也贡献了较多的碳。而全球，第二大碳排行来源是交通运输业。这意味着，中国的碳减排和碳市场，既会与全球一样，发展零碳电力，也会结合自身国情，对一些高耗能行业施加减排压力。

再从区域角度看，中国目前是全球碳排放量最多的国家。

中国内部分省、自治区来看，山东、江苏、河北和内蒙古二氧化碳排放总量最高。宁夏、内蒙古、新疆和山西的碳排放强度最高，宁夏和内蒙古碳排放年复合增速最高。后续受影响最大的省份，可能更多地取决于中央对各省的减排目标是控总量、控强度还是控碳排放增速，抑或三者都有。但大体而言，碳排放总量大、强度大、增速快的省份，或者产业结构过于依赖高耗能行业的省份，受政策冲击可能会较大，碳市场活动比较活跃。

1. 中国视角看碳排放来源

总体看未来十年，随着经济增速中枢继续下行，碳排放强度目标（2030 年相比 2005 年碳排放强度降低 65% 以上）的逐步实现，碳排放增速中枢将进一步降低。

第一，分行业看。我国主要的二氧化碳排放来源是高耗能行业，尤其是电热气水生产业，其中：

电热气水生产占比最高，2017 年占总排放量的 46.6%，较 2000 年占比还增加 3.3 个百分点，预计电热气水生产和供应业等高耗能行业最易受到政策影响；

黑色金属冶炼和压延加工业，2017 年占比在 18.9%，且较 2000 年占比增加了 5.1 个百分点；

其他四个高耗能行业排放在 2017 年合计占比是 18.1%，较 2000 年占比降低了 0.9 个百分点。

全球能源互联网发展合作组织2021年发布的《中国2060年前碳中和研究报告》，给出了更具体的减排测算，预计未来电力生产等能源活动将承担总减排量之比的81%。

第二，分区域看。我们分析各省的排放总量、排放强度（单位GDP排放量）、排放增速，“三高省市”（总量高、强度高和年复合增长率高）有内蒙古和新疆，“三低省市”（总量低、强度低和年复合增长率低）有北京，总量低、强度高和年复合增长率高的代表性省市有宁夏。

后续受影响最大的省份，可能更多地取决于中央对各省的减排目标是控总量、控强度还是控碳排放增速，抑或三者都有。若是控强度为主，则工业尤其是高耗能行业依赖度较高的省份，会受政策冲击较大。

2. 未来十年碳排趋势

2020年12月21日，国新办发布《新时代的中国能源发展》，中国2019年碳排放强度比2005年降低48.1%。根据《2020年国民经济和社会发展统计公报》，2020年比2019年单位GDP碳排放下降1%。

“十四五”期间的目标是下降18%，与“十三五”目标一致（“十三五”目标下降18%，实际下降18.2%）。这意味着2026年至2030年单位GDP碳排放也需要下降18%左右，才能完成2030年比2005年单位GDP碳排放下降65%以上。

分行业看，我国主要的二氧化碳排放来源是高耗能行业，尤其是电热气水生产业。由于未能找到国内官方的碳排放行业、区域层面的数据，我们以中国碳核算数据库（CEADs）数据进行分析，该数据库提供了中国国家层面以及省、市和县的二氧化碳碳排放数据。

数据分析显示，同比增速已经为负的产业包括纸和印刷业、电气设备和机械、普通机械、纺织品业、其他制造业、食品和烟草、运输设备、木材和家具、电子和电信设备、化学制品、非金属矿产品、批发零售业等；增速依然较高的是运输仓储邮电服务业、电热气水业、石油加工、焦化和采矿业等。

具体看六大高耗能行业，2015年至2017年，电热气水生产和供应业同比增速平均为 2%，有色金属冶炼和压延加工业同比增速平均为 -3%，非金属矿物制品业近三年同比增速平均为 -5%，化学原料和化学制品制造业同比增速平均为 -3%，石油、煤炭及其他燃料加工业同比增速平均为 -3%，黑色金属冶炼和压延加工业同比增速平均为 -2%。

分区域看，全国范围内的电热气水生产和供应业等高耗能行业，可能会受到较大影响。从各省的碳排放总体情况来看，碳排放与工业乃至高耗能行业的发达程度存在一定正向相关关系，因此，那些碳排放总量、强度和增速本身较高，或对高耗能行业较为依赖的省市可能更容易受到碳中和等相关政策的影响。

（1）排放总量：山东、江苏、河北和内蒙古，是二氧化碳排放总量最高的四个省（区）。

（2）排放强度：即单位 GDP 所排放的二氧化碳量。宁夏、内蒙古、新疆和山西的碳排放强度较高；北京、广东、上海和福建等东部省市碳排放强度最低。

（3）排放年复合增长率：宁夏和内蒙古是二氧化碳、人均二氧化碳年复合增长率最高的两个省份；而北京碳减排效果显著，二氧化碳、人均二氧化碳年复合增长率均是最低的，分别为 2% 和 -1.2%。

3. 省域碳排的影响因素

通过比较碳源数据可以看出，一省的碳排放强度可能与工业发达程度和高耗能行业发达程度相关。通常来说，工业部门越发达（二产占比越高），则二氧化碳排放强度越大；高耗能行业工业总产值增速越高，则碳排放增速也越高。

（1）工业部门越发达，则二氧化碳排放强度越大。内蒙古、新疆、宁夏和山西等是 2017 年碳排放强度最高的省（区），其二产占比也较高。

（2）高耗能行业工业总产值增速越高，则碳排放增速也越高。

随着碳达峰、碳中和等相关政策的推进，未来承接较多高耗能行业的内蒙古和新疆等省（区），以及高耗能行业工业总产值较大的江苏、山东等省市，可能受到政策影响较大。

内蒙古和新疆承接较多高耗能行业，可能会受到影响。根据 2020 年内蒙古自治区人民政府发布的《内蒙古自治区生态环境厅关于部分省区控制温室气体排放目标责任落实情况座谈会精神和下一步工作措施意见建议的报告》，内蒙古自治区落实政策要求，参与全国产业布局分工，承接了一批高水平煤电、现代煤化工、钢铁、电解铝等项目，客观上造成碳排放刚性增长。同时，一批煤化工、电解铝、铁合金等项目投产，使得能源消费需求刚性增加，推动碳排放量过快增长。

根据新疆维吾尔自治区统计局2020年发布的《能源发展成效斐然，资源转换能力提升》报告，新疆是我国煤炭生产力西移的重要承接区，能源工业步入发展快车道。相关行业的发展，将给新疆带来较大的减排压力。

江苏、山东高耗能行业工业总产值较大，可能受到影响。

如果要求各省控制碳排放强度，那么宁夏、内蒙古和新疆等省（区、市）可能受到较大影响。

宁夏和内蒙古是二氧化碳、人均二氧化碳年复合增长率最高的两个自治区，如果单独要求各省控制碳排放增速，那么宁夏和内蒙古等省(区、市)可能受到较大影响。

4. 零碳电力或是关键

碳排放源头是化石能源的大量开发和使用，实现碳中和的关键或在于零碳电力，这是转变能源发展方式的关键之举。而建设中国能源互联网，加快推进“两个替代”是实现我国碳达峰、碳中和的根本途径。

“两个替代”即能源开发清洁替代和能源消费电能替代。其中，清洁替代就是在能源生产环节以太阳能、风能、水能等清洁能源替代化石能源发电，加快形成清洁能源为主的能源供应体系，以清洁和绿色方式满足用能需求。电能替代就是在能源消费环节以电代煤、以电代油、以电代气、以电代柴，用的是清洁发电，加快形成以电为中心的能源消费体系，让能源使用更绿色、更高效、更经济。

现在，各国越来越重视电力系统低碳转型，英国预计到2035年能够实现零碳电力。但是我国距离零碳电力仍有一段距离。

如何实现零碳电力？《电力增长零碳化（2020—2030）：中国实现碳中和的必经之路》指出了四项可行的政策。

第一，通过明确的量化指标与政策，确保“所有新建发电装机都来自零碳来源”的目标的完成。为了确保可再生能源的快速增长，可以通过多样的采购形式，继续为可再生能源发电企业的大部分发电量提供长期稳定的价格保障。

第二，通过市场和电网改革来支持灵活性电力供应。可以推进实时能源批发市场建设，向所有参与者公平开放电力能量市场和辅助服务市场等。

第三，优化电力规划流程以支持可再生能源项目的开发。电力公司或电网应进行精细的电力负荷分布和预测，确保电网规划与可再生能源装机增长协调发展。

第四，支持电网瞬时平衡管理的技术方法和市场机制。要在2030年实现非水可再生能源比例远高于28%，技术上显然也是可行的。例如可以优化非水可再生能源出力预测、对风电出力实施更加严格的规定等。

第三节　挖掘 CCER 市场潜力

为了引入市场机制来解决“全球气候”的优化配置问题，《京都协议书》提出了国际排放权交易（International Emission Trading，IET）、联合实施机制（Joint Implementation，JI）和清洁发展机制（Clean Development Mechanism，CDM）三种补充性碳交易市场机制。

在我国，由生态环境部印发《碳排放权交易管理办法》，允许可再生能源、林业碳汇、甲烷利用等碳减排量，用于抵销工业企业碳排放配额的清缴，目前市场预计剩余 CCER 备案减排量为3000万—5000万吨。

按照国家规定5%的抵消比例计算，CCER 市场潜力首年度预计1亿—1.5亿吨，随着八大行业逐步纳入和社会碳中和需求，预计 CCER 年度潜力未来可能超过3亿吨/年。碳减排项目（CCER，可抵消配额）的开发和碳资产管理已成为重要的逐利大热点。

什么是 CCER？（这个概念在本书的第五章相关内容里已经提及，但未展开。）

2020年12月发布的《碳排放交易管理办法（试行）》中对其定义为：对我国境内可再生能源、林业碳汇、甲烷利用等项目的减排效果精选量化核证，并在碳交易所注册登记的核证自愿减排量。

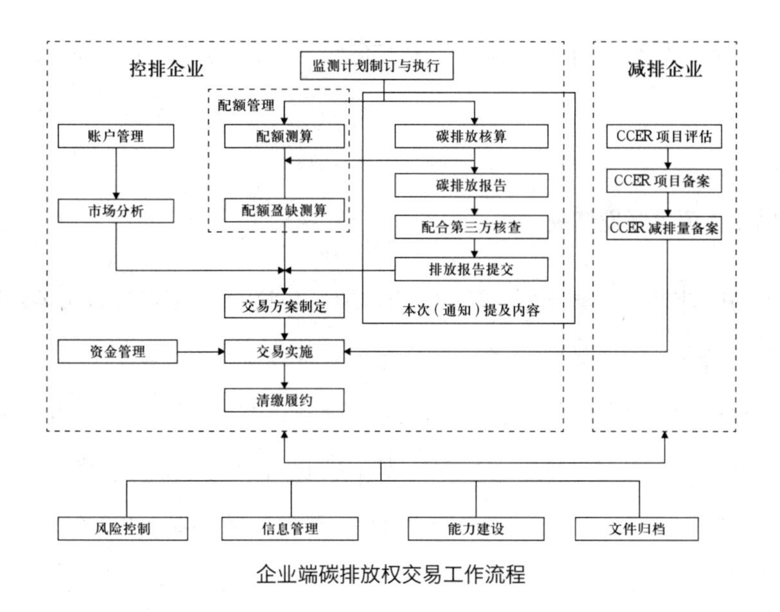

企业端碳排放权交易工作流程

这句话比较绕口，简单来说就是未来在碳交易所，产生的碳减排量交易行为，可以统称为 CCER 交易，即：控排企业向实施“碳抵消”活动的企业，购买可用于抵消自身碳排的核证量。举个例子来说明：

政府为了减少企业排放二氧化碳量，给了 A、B 两家公司各 100 万吨 / 年排放量。

A 公司通过节能改造，超额完成目标仅排放二氧化碳 80 万吨，多出来的 20 万吨就可以在碳交易市场出售配额，获取利润。

B 公司改造难度可能较大，年底排放 120 万吨，超过了政府给定的 100 吨配额，那么 B 公司只能通过在碳交易市场购买 20 万吨配额，来完成政策指标。

上述这两种交易行为统称为 CCER 交易，也可以理解为通过碳交易市场，协调高碳排企业及低碳排企业闲置二氧化碳排放量配额。

在这一机制下，可以促进企业进行技术环保升级来减少碳排放量，从而达到节能减排的效果，或者高碳排企业，通过碳市场，购进碳排放配额，实现二氧化碳减排目的。

而我国碳市场建设主要分为三个阶段：

第一个阶段从 2002 年至 2011 年，主要参与国际 CDM 项目；

第二个阶段从 2011 年至 2020 年，在北京、上海、天津、重庆、湖北、广东、深圳、福建 8 省市开展碳排放权交易试点；

第三个阶段从 2021 年开始建立全国碳交易市场。从 CDM 到 CCER，我国碳市场迎风起航。

1. 国内 CCER 项目开发情况

截至 2017 年 3 月，累计公示 CCER 审定项目 2852 个，项目备案的网站记录 861 个；减排量备案的网站记录 254 个，实际减排量备案项目为 234 个（有 20 个项目减排量至少备案一次，属于项目记录重复）。就公示项目类型而言，以可再生能源居多，共计 2032 个，占公示项目总数的 71.25%，其中风电 947 个、光伏 833 个、水电 134 个、生物质能 112 个、地热 6 个。其次是避免甲烷排放类项目，共计 406 个，占公示项目总数的 14.24%。再次是废物处置类项目，共计 180 个，占公示项目总数的 6.31%。

就公示项目总减排量而言，年减排总量超过 1000 万吨的省份有 11 个，这 11 个省份分别是四川（2982 万吨）、内蒙古（2514 万吨）、山西（2423 万吨）、新疆（2321 万吨）、贵州（1604 万吨）、河北（1560 万吨）、甘肃（1496 万吨）、江苏（1469 万吨）、云南 (1161 万吨)、山东（1119 万吨）、湖南（1092 万吨）。

2. 项目开发条件

根据《温室气体自愿减排交易管理暂行办法》规定，对符合条件的项目，可以开发成为自愿减排项目，具体项目可由专业的碳资产管理公司，进行项目识别后确认是否满足开发条件。

根据方法学的相关规定以及项目的实际操作需要，碳资产项目的计入期一般为 10 年（固定计入期）和 21 年（可更新计入期），林业碳汇碳资产项目的计入期为 20—60 年，项目备案成功后，可以持续获得 10—60 年的碳资产收益。

3. CCER 的基本运营

新能源项目，其碳减排量主要为通过可再生能源（光伏、风电）并网发电项目

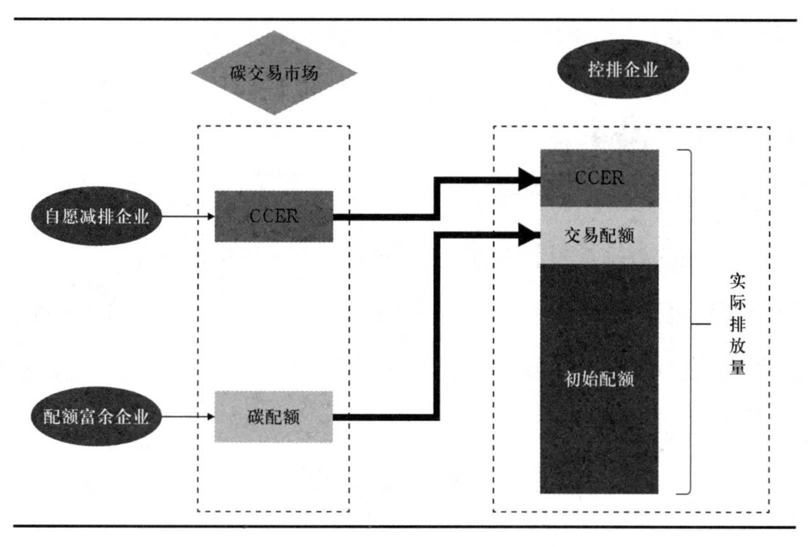

CCER 交易基本机理

的运行，项目活动基本步骤如下：

第一，鉴别项目活动并检查其是否符合碳资产开发的条件，通过对项目的开工时间、技术流程、规模、资金安排、减排量、基准线和额外性等进行初步的识别和判断，初步判断项目是否是可以开发的 CCER 碳资产项目。

符合碳资产开发条件的项目及所产生的减排量应当具有真实性、可测量性和额外性，并应考虑项目的开发模式。

第二，由业主或委托专业机构进行 CCER 碳资产项目的技术设计和项目设计文件的开发。

第三，签约核查核证机构，对项目的基准线、减排量计算、额外性、监测计划等进行审定，并出具审定报告。

第四，在审定完成之后，项目首先提交项目所在地主管部门对申请材料真实性和完整性提出意见后转交提交国家主管部门，由相关领域专家和七部委组成审核会对减排项目进行审查和备案。

第五，项目实施、监测与报告。项目备案之后，项目就进入具体的实施阶段。要确定项目的减排量，需要对项目的实际排放进行监测。根据规定，在项目的设计文件中，必须包含相应的监测计划，以确保项目减排量计算的准确、透明和可核查性。同时，监测计划所应用的方法学必须是经过国家主管部门备案的方法学，而且获得经营实体的认可、监督和检查。

第六，项目备案之后，业主或业主委托专业机构可签约核查核证机构，对该项目核查年度所产生的减排量和监测情况进行核证，并出具核证报告。

第七，在核证报告完成之后，业主或业主委托专业机构提交项目减排量备案申请，由国家主管部门进行审查备案。备案成功即在国家登记簿进行登记，并可以用于市场交易。

第四节　地方碳市场的建设

自 2013 年起，我国相继启动了北京、上海、天津、重庆、湖北、广东、深圳以及福建等 8 省市的碳排放权交易试点工作。8 年的试点经验积累，为全国碳市场的建立、碳市场配额分配、交易制度等方面的完善提供了重要支撑，也对促进试点省市控制温室气体排放、探索达峰路径发挥了积极作用。

那么，全国碳市场启动后，各地应如何利用碳市场手段开展工作，促进本地低碳发展？全国与地方两个碳市场如何分工协作？伴随全国碳排放权交易市场的稳步成熟，地方碳市场试点又将何去何从？对此，《中国能源报》做了以下报道。

2021 年区域碳市场交易情况

区域	成交量（万吨）	成交量涨跌（%）	成交均价（元／吨）	均价涨跌（%）
广东	2750	-16	38	48
湖北	713	-60	32	21
天津	586	-22	31	22
北京	593	11	62	23
上海	152	-61	40	8
重庆	745	288	24	80
深圳	602	346	11	41
福建	217	119	22	33
总计	6358	-10	34	24

1. 地方先行先试

碳市场是利用市场机制控制和减少温室气体排放、推进绿色低碳发展的一项重大制度创新，也是推动实现碳达峰、碳中和目标的重要政策工具。

全国性市场的顺利启动，地方碳市场试点经验功不可没。截至 2021 年 6 月，试点碳市场已覆盖钢铁、电力、水泥等 20 多个行业，涉及近 3000 家重点排放单位，累计成交量 4.8 亿吨二氧化碳当量，成交额约 114 亿元。

以北京为例，相关材料显示，北京市启动试点碳市场以来，运行机制逐步完善、交易日趋活跃、碳配额价格稳健上涨，有力支撑了北京市超额完成国家下达的“十三五”碳强度下降目标，2020 年，北京碳强度为全国最优。截至目前，北京试点碳市场覆盖发电、石化、水泥、热力、其他工业、交通、服务业以及航空等 8 大行业，共有碳排放量超过 5000 吨 / 年以上的 859 家重点碳排放单位纳入。

湖北在碳市场活跃度与节能减排方面同样成效显著。“据不完全统计，在累计 6 个履约年度内，湖北试点在交易量、交易额、市场参与率、履约率等市场指标方面都位列试点碳市场前列，同时纳入企业二氧化碳排放绝对量和强度实现了双下降，其中二氧化碳排放量累计减少二氧化碳 1760 万吨，16 个行业中有 14 个实现了二氧化碳排放量下降。”湖北经济学院低碳经济学院院长助理黄锦鹏对记者说。

上海亦通过建立完善碳市场交易系统和交易机构建设，优化完善交易规则和交易系统，形成了多层次碳市场。

无论是北京、湖北还是上海，各具特色的地方碳市场在碳市场配额分配、交易制度等方面都已建立成熟体系，均为全国碳排放权交易市场的建立、运行，提供了经验支撑，夯实了发展根基，也为全国碳市场的“一盘棋”布局积累了经验和教训。

2. 因地制宜碳减排

2021 年 3 月，由生态环境部起草的《碳排放权交易管理暂行条例（草案修改稿）》曾提出，条例施行之后将不再建设地方碳排放权交易市场，已存在的地方碳交易市场应当逐步纳入全国碳市场。

这一条款曾在业内引起热议。但在经过几轮讨论，这一条款或将修改为：全国碳市场建立以后，地方碳市场涉及的行业与全国碳市场管控范围一致的，必须纳入全国碳市场。有地方特色的仍可保留，继续探索先行先试。

根据全国碳市场总体设计，纳入全国碳市场的高能耗行业包括电力、石化、化工、建材、钢铁、有色金属、造纸、民航 8 大行业。现阶段只有电力行业进入履约范围，其他 7 大行业仍只属于报告范围。

如北京碳市场主体覆盖电力、热力、水泥、石化、工业、服务业、交通运输等 8 个行业。其中，热力、服务业、交通运输并不在全国碳市场范围。而湖北目前纳入试点碳市场的行业更多达 16 个，其中涵盖了全国碳市场的 8 个行业，企业总数接近 400 家，覆盖了全省 45%—50% 的碳排放量。

以北京为例，北京目前的产业结构以服务业为主，高校、医院等机构都是北京致力通过碳市场手段促进减排的重点单位，但目前看来，这些排放单位不可能纳入全国碳市场。

基于每个地区的不同经济发展阶段与不同业态结构，试点碳市场除了可先行先试、积累经验，为全国碳市场提供有益探索外，还可立足本地实际情况，灵活运用市场化手段促进低碳发展。

当然，在碳达峰、碳中和目标推动下，面对全国碳市场逐步完善，地方碳市场亦需要主动作为，寻找创新发力点，持续发挥地方试点碳市场对本地节能减排、能源转型等方面的倒逼作用。

3. 协作且又分工

公开材料显示，湖北省将持续深化碳排放权交易试点碳市场建设，以更充分发挥市场机制作用为目标，研究扩大试点碳市场覆盖范围等工作，促进企业节能环保改造，倒逼落后产能转型。

广东明确“十四五”将继续发挥全国碳市场“试验田”作用，深化碳交易试点，探索研究上线更多交易服务措施，积极推动形成粤港澳大湾区碳市场。

北京则表示“十四五”将开展碳减排专项行动，完善碳排放权交易制度，承建全国温室气体自愿减排管理和交易中心。

各地要如何用好两个碳市场，服务自身减排目标？目前看来，地方与全国碳市场协同发展，仍存在诸多问题，未来两个市场要实现有效协同，还需要深入研究。比如，地方碳市场与全国碳市场，在衔接方面存在着制度性障碍。

由于此前 8 个地方碳市场配额分配方法、交易制度、交易流程、碳价差别较大，远期看，各地方碳市场规则如何向全国碳市场规则统一，企业所持配额如何结转，也是地方碳市场与全国碳市场协同发展的一大难题。

第五节　碳市场未来可期

全国碳排放权交易市场，作为推动实现我国碳达峰、碳中和目标的重要政策工具，自 2021 年正式启动以来，第一个履约周期顺利收官。如何做好第二个履约周期管理，进一步激发全国碳市场活力？业内人士及相关专家给出的建议是：扩大行业覆盖范围，扩大交易主体范围，完善制度规则，强化信息协同等。

1. 履约完成率 99.5%

全国碳市场首个履约周期已收官，第二个周期已开启。

生态环境部数据显示，在首个履约周期中，共纳入发电行业重点排放单位 2162 家，碳排放配额累计成交量 1.79 亿吨，累计成交额 76.61 亿元，有超过半数的重点排放单位参与了市场交易。按履约量计，履约完成率为 99.5%。2021 年 12 月 31 日收盘价 54.22 元 / 吨，较 7 月 16 日首日开盘价上涨 13%，市场运行健康有序，交易价格稳中有升，促进企业减排温室气体和加快绿色低碳转型的作用初步显现。

先行布局，让部分企业在全国碳市场开市后率先尝到“甜头”。比如，宁夏电投银川热电有限公司在全国碳市场上线后，通过近一个月的谈判，与交易对手达成合作意向 10 笔，完成了 170 万吨碳配额交易。其中，挂牌交易 5 笔，大宗交易 5 笔，交易价格均高于当期市场平均单价，为企业获利 7152 万元。在全国碳市场运行前一年的核查中，该公司就完成了合规化数据报送，还在区内部分控排企业“碳亏损”的大环境下实现了企业“碳盈余”。

2. 碳市场建设过程漫长

毕马威中国环境、社会及治理主管合伙人林伟指出，作为“市场化”的环境经济政策工具，全国碳市场无疑是国内实现碳达峰、碳中和的重要政策工具和重大制度创新。通过近一段时间的运行，全国碳市场进一步优化和完善了交易规则、运行机制、价格机制，在增强市场流动性、提高交易匹配率、激发市场活力等方面起到了积极作用。

不过，碳市场建设是一个需要逐渐发展完善的较长过程，因此目前尚在起步阶段的全国碳市场仍要应对活跃度不足的挑战。

全国政协常委、正泰集团董事长南存辉提出，现阶段碳排放配额分配以免费分配为主，供应相对充足，影响了碳市场交易的价格和流动性，难以对企业减排形成有效激励。此外，完善的碳排放监测核查体系（MRV 体系）是碳市场扩围的先决条件。全国政协委员、中国石化党组成员、副总经理李永林同样表示，目前碳市场在非临近履约时段交易清淡，日均交易量仅维持在数百吨左右，数据质量控制也存在一定漏洞。

为提升市场活跃度，进一步扩大行业覆盖范围和交易主体范围是当务之急。全国政协委员、中信资本董事长兼首席执行官张懿宸建议，应将石化、钢铁、建材等高耗能行业有序纳入交易主体以改善市场活跃度。同时，引入金融机构等其他有参与意愿的市场主体参与碳交易，并开发运用碳期货等金融衍生品，以提升碳市场活跃度，完善碳市场的价格发现功能。

3. 立足长远 完善规则

全国人大代表、宁夏回族自治区发展和改革委员会主任李郁华在接受《中国企业报》记者专访时表示：在逐步扩大市场覆盖范围、积极发展绿色金融的同时，应完善配额分配管理。

李郁华认为，推动碳市场管控的高排放行业实现产业结构和能源消费的绿色低碳化，促进高排放行业率先达峰。此外，构建碳市场抵消机制，通过国家核证自愿减排量抵消碳配额，扩大自愿减排核证项目类别，大力促进可再生能源、林业碳汇、甲烷利用、二氧化碳封存捕集利用项目发展。

立足长远，在覆盖行业扩容升级的同时，未来全国碳市场还可通过完善制度规则，强化信息协同性促进成交。全国政协委员、中国地质大学（武汉）校长王焰新认为，有必要出台应对气候变化法、环境信息共享条例、碳市场交易条例等，通过健全相关法律，完善碳排放信息共享制度、碳市场交易制度、碳市场监管制度等，切实解决碳市场存在的环境信息不能共享、进场主体交易较少、仅有现货交易缺乏期货期权交易等问题。

据介绍，在发电行业碳市场稳定运行后，扩大全国碳市场行业覆盖范围，纳入更多高排放行业已在计划之中。上海环境能源交易所董事长赖晓明介绍，按照主管部门的总体部署，下一步全国碳市场积极推动扩大行业覆盖范围，“现在是电力行业，明年可能还会增加两到三个行业，争取在‘十四五’期间把所有八大控排行业纳入全国碳市场”。

CHAPTER SEVEN

第七章

碳金催生“卖碳翁”

察势者明，趋势者智，驭势者独步天下。

——《鬼谷子》

碳中和是普通人的创业机会，因为碳中和新能源是个新风口。以下，将以理据俱实的形式来证明这是不可逆转的趋势，而且在未来几年内都是一片蓝海市场，谁能抓住商机，谁就有望成为新时代的创业先锋。当然，在我国没推行“双碳”政策之前，绝大多数人其实从未涉足过相关领域，甚至可能连一些基本概念都不了解，但知道这是个风口所在，就想尽快搭上这趟车，感觉有当年“大众创业，万众创新”的架势。当然，征途漫漫，其修远也。

第一节　普通人的机会

在“双碳”背景下，随着“碳中和”这个概念的持续走热，与之相关的许多行业都被带动起来了。从实业公司到资本市场，从工业生产到种植养殖，从消费流通再到每一个普通百姓，都在好奇地讨论“碳中和”将给我们的未来带来什么收益。

回答是肯定的。在此，有必要再回顾一下“碳中和”的来龙去脉。所谓“碳中和”，其实是用市场化的手段，解决全球日益恶化的环境问题。可以把“碳中和”简单理解为：把人为排放的二氧化碳，通过植树造林、节能减排等形式，消除其他市场主体（自然人、工商企业或政府组织等）排放的二氧化碳与消除的二氧化碳相抵消，就是“碳中和”。

“碳中和”这个名词，最早来自 1997 年的英国伦敦。那一年，来自伦敦的一家叫“未来森林”的小公司，想出了一条绝妙的生财之道：这家公司帮助客户计算他们在一年之中，直接或间接释放出的二氧化碳量，然后让客户在全世界 100 多处森林中任选一处，由“未来森林”公司代种树木，以吸收他们排放的二氧化碳。每种一棵树，“未来森林”公司就向客户收取 10 英镑费用。后来，这家公司索性把公司名字改为“碳中和公司”（The Carbon Neutral Co.）。

2005 年，欧盟建立了当时世界上最大的碳排放交易市场，对纳入排放交易体系的产业和企业强制规定碳排放量，并向这些企业分配一定数量的排放许可权——欧洲排放单位（European Union Allowance，EUA）。也就是说，如果企业能够使其实际排放量小于分配到的排放许可量，那么它就可以将剩余的排放权放到排放市场上出售，获取利润；反之，它就必须到市场上购买排放权。

如果在中国，这肯定是一门无人问津的生意。但那家英国公司的做法，告诉了大家，其实人人都能成为“卖碳翁”。而欧盟率先成立的碳排放交易市场，更是为这种买卖打通了看似复杂的通道，因此，这项生意在全民提倡环保的背景下，迅速走红，并逐渐引发全民风潮，直至成为时代风潮。

1. 顶级富豪“不务正业”

碳中和不仅仅是一项生意，更是关乎全人类发展的百年大计。比尔·盖茨、贝索斯、马斯克、孙正义等世界顶级富豪，都积极投身碳中和相关事业，这当然有多方面的原因驱动，其中有精神层面的环保追求，也和巨大商业价值与发展前景分不开。看看他们在干什么：

谷歌——是最早实现碳中和的科技巨头，2007 年就实现了碳中和，2019 年 9 月，谷歌还在一篇博客文章中表示，他们已经补偿了谷歌创立以来所有的碳足迹。

当时的谷歌首席执行官桑达尔·皮查伊说：“到今天为止，通过购买高质量的碳抵消品，我们已经消除了谷歌全部的碳排放，包括我们在 2007 年实现碳中和之前的所有运营排放。这意味着谷歌整个生命周期的碳排放现在是零。”

此话不久，谷歌再次出手，瞄准了海上风电。谷歌与 Engie 集团签订协议，购买其在比利时 Norther 海上风电场 1/4 的发电量。

谷歌将购买的海上风电电力，主要用于总投资 3.9 亿美元的谷歌比利时数据中心。这笔交易是谷歌在全球范围内收购 1.6 吉瓦（1 吉瓦 =10 亿瓦）可再生能源电力行为的一部分，涉及 20 亿美元的可再生能源资产，包括 18 个项目。在这之后，谷歌的可再生能源电力供应容量累计达到 5.5 吉瓦，排名全球第一，占其总用电量的 40% 以上。

Facebook——排在第二。Facebook 据说在 2020 年末实现了电力上碳中和，用风能和太阳能等可再生能源为其全球业务提供动力。仿效苹果的类似承诺，到 2030 年，该公司还承诺将在整个产业链上实现净零排放。

特斯拉——论赚钱，特斯拉卖碳远胜卖车。据特斯拉 2020 年财报显示，2020 年全年总营收 315.36 亿美元，交付了 49.96 万辆车，净利润才 7.21 亿美元。对比之下，出售碳排放积分获益的 15.8 亿美元可以算是“躺赚”。马斯克堪称卖“碳”生意第一人。

可能是这部分钱太好赚，引起外界一些微词，特斯拉高管不得不出面承认：长远来看，公司不能指望这种现金流来维持运营。

虽然特斯拉嘴上不宣扬，可从美国政策端来看，卖碳积分的生意还能持续一段时间。目前美国加州、科罗拉多州、康涅狄格州、缅因州等 11 个州，要求汽车制造商在 2025 年前需要销售一定比例的零排放汽车。

出售碳排放积分可以带来营收，主要是源自美国 11 个联邦州对汽车企业的一项环保规定，要求当地的汽车制造商需在 2025 年之前销售一定比例的零排放汽车。如果确实做不到，他们就必须从特斯拉等能源企业那里购买积分，否则就会受到当地监管机构更多的惩罚。

由于特斯拉生产的全是电动汽车，因此其获得的碳排放积分远超监管要求，自然就拥有大量多余的积分可以出售给其他汽车制造商。

亚马逊——电商巨头亚马逊首席执行官贝索斯，其实也是个“卖碳翁”。贝索斯于 2019 年 9 月 19 日宣布一项“气候承诺”，预备在 2040 年前达成企业的碳中和目标，计划耗资 1 亿美元造林，斥资 4.4 亿美元采购 10 万辆电动面包车。

造林属于碳消除方面的动作，10 万辆电动面包车来运输是为了减排，都是对环境友好，可这都没有直接参与碳交易，显得有些迟滞。贝索斯客户至上和效率优先的理念还需要别的动作来体现。

卖低碳商品就是一种很直接的方式，亚马逊网站当时上架了 2.5 万多款贴有“气候友好承诺”标签的产品，包括食品杂货、家居用品、美容和时尚用品，以及个人电子产品等。

贝索斯还说道：“通过 18 个外部认证项目和我们自己 Compact by Design（紧凑型包装认证），我们鼓励销售伙伴创造可持续的产品，帮助为子孙后代保护地球。”

苹果公司——5 年前就悄悄做起了“碳生意”。科技巨头苹果公司，参与碳中和的知名举动，起始于一场新品发布会，当时的发布会上，苹果宣布取消 iphone 附带的耳机和插头，将为生产和物流等环节每年减少 200 万吨的碳排放，相当于每年减少 45 万辆汽车。大家不知道的是，苹果早在 5 年前就悄悄做起了“碳生意”，卖绿色电力，早已成了苹果多元化收入中的有机组成。

微软公司——微软公司创始人比尔·盖茨，是一位坚定的碳中和践行者，他每年直接花费 700 万美元来抵消他个人的碳足迹。

比尔·盖茨还投资了很多碳中和相关项目，在他看来，碳捕集、利用与碳封存技术是负碳技术的关键。如果不能从源头消除碳排放，那么就必须以间接的方式减碳。比尔·盖茨说，未来碳捕集的成本需要降到至少 100 美元以下，才能获得广泛应用，这在 10 年后是有可能实现的。

获得比尔·盖茨投资的加拿大能源公司“碳工程”已在理论上证实了这一可能性。该公司正在同西方石油公司等石油巨头开展合作，为其提供碳捕集服务以获取商业回报。

2. 国内“大佬”积极布局

2020 年 12 月 31 日，我国生态环境部公布《碳排放权交易管理办法（试行）》，规定了全国碳交易市场的交易原则、制度框架以及实施流程，明确于 2021 年 2 月 1 日正式生效，我国以发电行业为入口的全国统一碳交易市场第一个履约周期正式启动。

未雨绸缪，国内互联网科技企业，本身就是用电大户，看到电力行业的碳中和变化，也在积极提前准备，比如先把用电量最大的数据中心实现绿色能源化。

腾讯、阿里、百度等知名国内互联网企业，在数据中心等节能管理手段上不断创新。

腾讯的 T-Block 节能技术每年就能节省标煤 3500 吨，二氧化碳排放量减少 2.33 万吨，相当于每年种下 3.6 万棵树。

阿里的“绿色 IT”技术，能将数据中心的能耗降低 70% 以上，2018 年至 2020 年三年间省下的电相当于一个中型水电站一年的发电量。

2019 年百度在华北腹地开工建设的三个超大型云计算数据中心，每 10 万台服务器年均节电超过 1 亿度，相当于 10 万户居民一年的用电量。

几家互联网巨头每年的清洁能源购买量也在逐年增加，2020 年仅百度一家的签约风电数量就较上年增长 50%，达到 4500 万千瓦时。

在腾讯启动碳中和规划后，马化腾还在朋友圈说：“预计未来最大占比的是原生清洁能源支持的数据中心的实现。很难，但总要努力。”

尽管现阶段都花费巨大，大家也不自觉地扮演起了“碳生意”中的各个角色，毕竟碳中和是一项有功有利的事业。

以科技公司为代表，兴建绿色数据中心和绿色办公楼，积极购买清洁能源电力服务，都是已经被证明的碳中和良好路径。除此之外，我国市场主体 2225 家发电行业重点排放单位，也被分配了排放额度，超出额度也需要用相应的碳消除和碳交易来抵消。

结合科技企业和传统产业来看，我国的“碳生意”才刚刚起步，未来的细分路径会越来越多，商业大佬和科技巨头，既然已闻风而动，那么这股巨大且缓慢的浪潮，最终可能与每个人都会产生千丝万缕的联系。

【延伸阅读】

“卖碳”护林　力促碳达峰碳中和

为筑牢脱贫攻坚成果，促进与乡村振兴有效衔接，肇庆市怀集县推动绿色金融、普惠金融和地方特色产业发展，支持林业碳汇发展，积极组织县内林业资源丰富的省定贫困村落地林业碳汇项目，并争取林业碳汇绿色资金，让“绿水青山就是金山银山”变成了现实，向碳达峰、碳中和迈出了关键的一步。

多方协调，打通“卖碳”“最后一公里”

“卖碳”是指利用森林的碳汇功能将经核证的二氧化碳减排量出售给有碳排放需求的企业，实现经济效益补偿与生态保护的良性循环。怀集县地处粤西北山区一隅，“七山二水一分田”的地理特征蕴含着丰富的林业资源，在怀集发展林业碳汇项目“大有可为”。2020 年以来，为推动林业碳汇项目尽快落地怀集，人民银行怀集县支行在洽水镇大洞田村、中洲镇鱼藤村等偏远贫困村开展面对面、手把手宣传，介绍林业碳汇政策；组织相关部门、业内专家详细解读林业碳汇的优惠政策，“卖碳护林”换取“真金白银”的绿色发展理念在村民中普及，林业碳汇项目得到了村民的理解和支持。

“卖碳”护林助振兴，中和碳排促达峰

“没想到世世代代守护的山林还能换来收入，而且‘卖碳’还不影响合理的砍伐。”谈起林业碳汇项目给肇庆市怀集县桥头镇红光村带来的好处，村支书欧新华笑容满面地说道。2020 年 9 月 16 日，红光村林业碳汇项目用村集体 20844 亩森林资源核证得 3804 吨二氧化碳减排量。随后完成首笔林业碳汇交易，共计交易 14 吨，总交易额 560 元，这次交易鼓舞了村民造林护林的决心。剩余的二氧化碳减排量（3790 吨）于同年 11 月 6 日在广州碳排放权交易所完成公开竞价交易，最终成交价格 32.73 元/吨，总交易额为 12.4 万元。

怀集县桥头镇红光村是省定贫困村之一，全村共有 828 户，总人数 4231 人，2019 年年底实现了全村脱贫。该村居民住宅大多数是依山而建，山林面积大，森林资源十分丰富，林业碳汇项目正是利用红光村优越的自然生态条件，把村集体守护的山林资源核证出可交易的二氧化碳减排量，卖给自愿减排的企业中和自身碳排放，从而实现双方需求互补，推动生态优势转换为经济优势，形成经济效益补偿与生态保护的良性循环，巩固脱贫成果，助力乡村振兴，凝聚社会的力量，让“绿水青山就是金山银山”理念在肇庆落地生根。

“碳汇”风险补偿助融资，“贷”动特色产业新发展

目前，国内林业碳汇市场加快发展，但林业碳汇融资工作仍然处于起步摸索阶段。为推动绿色金融、普惠金融和地方特色产业发展，有效运用林业碳汇收益金，怀集农商行创新推出了“绿碳贷”扶贫项目贷款，将林业碳普惠项目收益作为贷款风险补偿金，按照市场化和风险可控原则，帮助贫困村融资主体获得低成本的贷款资金（最高额度为风险补偿金的10倍）。目前，怀集农商行与红光村已达成“绿碳贷”融资授信核证融资合作协议，将作为红光村集体收入的林业碳汇收益资金作为贷款风险补偿金，最高授予100万元“绿碳贷”授信额度，对红光村推荐的扶贫项目、创业创新项目企业、专业合作社、农户等融资主体，给予优惠利率贷款支持。今后每年怀集农商行将根据红光村林业碳普惠核证减排量收益存入的贷款风险补偿金规模，动态调整“绿碳贷”授信额度。

“绿碳贷”扶贫项目贷款实现了林业碳汇资金、银行信贷资金、扶贫（创业创新）项目资金联动，有效提高了林业碳汇资金使用效率，对于贫困地区加快推进乡村振兴工作提供强有力的资金支持，也为实现碳达峰碳中和走出一条绿色创新之路。（资料来源：互联网新闻）

第二节　从源头看“钱途”

在中国，“碳中和”已然上升到国家战略层面：在2021年两会首次列入政府工作报告，且被列为重点任务之一。中国领导人也做出了力争于2030年达到碳排放峰值，并在2060年前实现“碳中和”，国务院和央行也都发布了相关的推动政策。

再从外部形势看，据FT中文网在《碳中和背后的中美博弈》一文中评价：碳中和在未来的很长一段时间内，会成为中美博弈的重要议题。

根据全球能源巨头英国石油公司统计，中国是目前全球排碳量最高的国家，几乎是美国的2倍。2019年全球碳排放总量341.69亿吨，其中中国排放量98.26亿吨，占比接近1/3。

中国已经向世界做出庄严承诺：“中国将提高国家自主贡献力度，采取更加有力的政策和措施，二氧化碳排放力争于2030年前达到峰值，努力争取2060年前实现碳中和。”

这个承诺，必将引导与碳中和相关产业的变革。

嘉实国际资产管理公司分析认为：未来10—20年，每年在碳中和的投资将超过4万亿元甚至超过5万亿元，会成为全球的一个经济动力，而且是一个持续性的改变。那么，具体机会在哪里？

1. 发电与供热领域

碳中和最大的机会，首先是在排碳最多的地方——发电与供热部门。据统计，我国碳排放集中在发电与供热部门，占比达到51%，其次是制造业与建筑业，占比28%，然后是交通运输，占比10%。

在碳中和的背景下，未来国家向新能源领域投资的力度一定会越来越大。具体而言，就是光伏、风电、水电、核电等领域。

尤其是光伏和风电，过去几年成本大幅下降。光伏发电成本下降了90%以上，风电成本下降近70%。有机构预测，到2050年后，我国70%的电力将来自光伏和风力发电。

2. 电网建设

由于光和风这些自然资源分布不均（我国在西北地区有丰富的风力资源，充足的光照和水资源，但我们的用电负荷中心集中在东部），且无法人为控制，所以就需要发展特高压电网来实现“西电东输”。

电网建设重点环节的核心企业，也会成为下一个发展重点。

3. 电力储存

在光伏和风能充足时将电能储存起来，在需要时释放储存的电力。

4. 制造业、建筑业和交通运输业

这些领域的碳排放合计占比达到38%，有许多可以细分的题材。比如清洁能源材料、低碳技术、绿色建材、节能系统等，还有我们大家熟悉的新能源车、新能源电池及配套充电桩等。

此外，增加“碳吸收”还带来投资机会。增加碳吸收，除了植树造林，还有就是前文提到比尔·盖茨投资的新技术——碳捕集、封存和利用等。

这些技术简单的做法，就是通过化学反应，把空气中的二氧化碳吸收再利用，或者压缩以后埋到地底。

综上所述，普通人的创业主要可围绕以下两大方面进行。

第一，减少碳排放。从各大产业板块入手，通过一定的方法手段来控制减少建筑业、交通运输业、农业和制造业等不同产业的碳排放量，真正从根源上做到减少碳的排放。

第二，加大碳捕集。借助加大植树造林，发展碳捕集、碳储存技术等方式，更好地实现对碳的循环利用。

目前，我国在 CCUS 领域相对落后。据统计，2020 年全球将投入运营的 21 个大型商业 CCUS 项目中，仅有 1 个来自中国。

【延伸阅读】

武汉市民植树可以抵消碳排放量

8 月 25 日是全国低碳日。2021 年 8 月 25 日上午，武汉市首批碳中和林基地揭牌，分别位于蔡甸区嵩阳山、新洲区将军山。此举标志着“碳中和”将与武汉市民的生活紧密连接，市民可通过植树造林抵消碳排放。

位于蔡甸区嵩阳山和新洲区将军山的碳中和林基地，累计面积 1112 亩，原为采伐迹地和火烧迹地，现为长满野草的荒地。这两片林基地将作为碳中和的载体和平台，通过植树造林，抵消武汉单位和个人开展活动排放的二氧化碳，从而降低城市空气中的二氧化碳浓度，保护城市环境。

“碳中和”，是指在一定时间内，直接或间接产生的温室气体排放总量，通过植树造林、节能减排等形式，以抵消自身产生的二氧化碳排放量，实现二氧化碳“零排放”。我国公布的目标是，力争 2060 年前实现碳中和。

“武汉首批碳中和林基地，有它背负的梦想和使命。”武汉市园林和林业局生态修复处相关负责人陈双田介绍，“我市将选择固碳能力强、宜栽易活、生态防护功能好、经济价值高的乡土型树种，比如乌桕、油茶、栾树、枫香、三角枫等，用来营造碳中和林。”

据测算，这两片总面积为1112亩的碳中和林基地，通过植树造林再次形成森林后，30年内平均每年可吸收1000吨左右的碳排放量。而一个成年人每年呼出的二氧化碳约为0.33吨。照此计算，1112亩碳中和林平均每年吸收的碳排放量，相当于3030个成年人一年呼出的二氧化碳。

这也意味着，如果举办一场大型活动，在对活动时长、参与人数、使用车辆等进行科学的统计和换算后，可以比较准确地计算出其产生的碳排放量，以及需要种植多少树木，才能在一定周期内抵消活动的碳排放量。然后，活动举办方可以组织人员，到碳中和林基地种植相应数量的树木，或支付种植这些树木的经费，由园林和林业部门组织实施。

除此之外，普通市民家庭也可以根据家庭成员人数，以及使用家庭汽车、做饭、洗热水澡等活动，大致推算出一年的碳排放总量，然后通过亲自到碳中和林基地植树造林，或认养树木、当园林绿化志愿者等行动，来抵消家庭的碳排放量。

“未来，我市还将寻找更多合适的地块，作为碳中和林基地。”陈双田说，在条件成熟的情况下，可以在公园等公共场所设置相关科普设施，让市民方便地了解碳中和科普知识，以及自己为实现我国碳中和目标作出贡献的方式。

当然，仅靠碳中和林基地来助力碳中和是远远不够的。事实上，武汉市还有丰富的森林资源，一直在默默地帮助我们“固碳”。根据森林资源普查和动态监测结果，武汉市现有森林面积179万亩、森林蓄积量816万立方米。据专家测算，2009年至2019年，武汉市森林碳储量增加了140余万吨。（资料来源：《长江日报》）

第三节　“碳捕集”令人遐想

上节说到，做“碳中和”生意，普通人的主要路径一是减少碳排放，二是加大碳捕捉（Carbon Capture and Storage ，CCS）。现在，更进一步的是，将捕集到的碳进行优化、利用，即二氧化碳捕集、利用与封存技术，简称CCUS技术，CCUS的英文全称为Carbon Capture，Utilization and Storage。

CCUS技术是在CCS技术（二氧化碳捕集与封存技术）基础上发展的新技术，是CCS技术的新发展趋势，即把生产过程中排放的二氧化碳进行提纯，继而投入新的生产过程中可以循环再利用，而不是简单地封存。

那么，到底什么是二氧化碳捕集？什么是二氧化碳输送？什么是二氧化碳利用？什么是二氧化碳封存？考虑到这是一项非常专业的技术，本书编者借助百度文献，

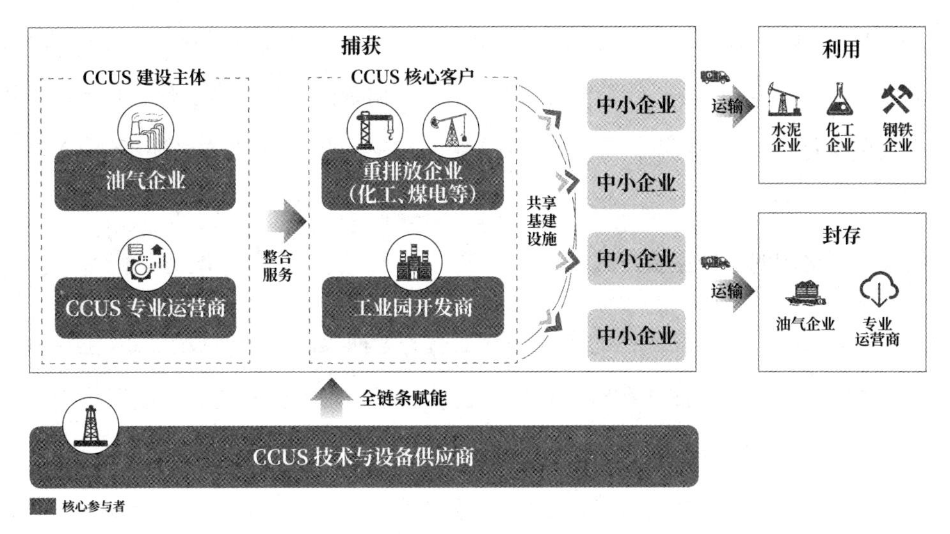

CCUS 产业态图

整理如下资料供读者了解。

二氧化碳捕集是指将二氧化碳从工业生产、能源利用或大气中分离出来的过程。主要分为燃烧前捕集、燃烧后捕集、富氧燃烧和化学链捕集。

二氧化碳输送是指将捕集的二氧化碳运送到可利用或封存场地的过程。根据运输方式的不同，分为罐车运输、船舶运输和管道运输，其中罐车运输包括汽车运输和铁路运输两种方式。

二氧化碳利用是指通过工程技术手段将捕集的二氧化碳实现资源化利用的过程。根据工程技术手段的不同，可分为二氧化碳地质利用、二氧化碳化工利用和二氧化碳生物利用等。其中，二氧化碳地质利用是将二氧化碳注入地下，进而实现强化能源生产、促进资源开采的过程，如提高石油、天然气采收率，开采地热、深部咸（卤）水、铀矿等多种类型资源。

二氧化碳封存是指通过工程技术手段将捕集的二氧化碳注入深部地质储层，实现二氧化碳与大气长期隔绝的过程。CCS 技术封存的方式有地质封存、海洋封存和将二氧化碳固化成无机碳酸盐三种。地质封存是指将二氧化碳封存在地质构造中，如石油和天然气田以及枯竭的、不可开采的煤田中、深盐沼池中，即咸水层封存、枯竭油气藏封存。海洋封存是指将二氧化碳直接释放到海洋水体中或海底。

CCUS 与 CCS 技术相比，可以将二氧化碳资源化，能产生经济效益，更具有现实操作性。但是，我国目前在 CCUS 领域相对落后，据统计，2020 年全球将投入运营的 21 个大型商业 CCUS 项目中，仅有 1 个来自中国，在建的规上项目总共还不到 10 个。

1. 捕集二氧化碳的三种主要方式

燃烧后捕集：就是在工艺的燃烧部分之后进行捕集。由于一般对二氧化碳的捕集多用于发电厂，因此往往在电厂燃烧段之后放置一吸收分离装置，使用溶剂对二氧化碳进行吸收，最后吹脱出二氧化碳气体并压缩，进入运输管道。

燃烧前捕集：在整体煤气化联合循环发电系统（Integrated Gasitication Combined Cycle，IGCC）中首先通入氧气或者空气，将煤炭和生物质燃料等原料气化，再进入燃烧段进行反应，与此同时通入一定的水蒸气，最终的产物经过吸收/吸附/膜分离等技术处理后被压缩和运输，进入下一个步骤。

氧气燃烧：该方法主要是通过将空气中的氮气与氧气分离，使用纯氧对燃料进行燃烧，从而可以提高燃烧效率（可提高 17%—35%），提高二氧化碳的纯度，降低一氧化碳等副产物的产生。

上述三种方法各有优缺点，可以用于适应不同的情况。

2. 碳捕集成本

根据美国麻省理工学院 2020 年发表的一份报告，捕集 1 吨二氧化碳并将其加压处理为超临界流体要花费 25 美元，将 1 吨二氧化碳运送至填埋点需要花费 5 美元。这也就是说，发电厂每向大气中排放 1 吨二氧化碳就要支付 30 美元。这一数字接近联合国政府间气候变化专门委员会建议的碳价格的中间值和欧盟现行的碳价格。另外，一份由一家名为 Synapse Energy Economics 咨询公司发布的报告提出，美国的能源公司已经开始在内部审计中按每吨 3 美元至 61 美元计算碳价。而这一范围的中间值也是 30 美元。

这样的价格，无论是作为碳税还是在排放权交易的制度中，都将大大改变能源经济。但即使是 CCS 最乐观的拥护者也质疑这项技术在 2020 年之前是不是真的能得到大范围推广。而到了那个时候，无论是地球的气候还是政治环境都会大不相同。

位于伊利诺伊州的“未来发电”项目是一次调查 CCS 在实际发电中效果的认真尝试。但这个项目于 2018 年 1 月宣告取消，原因是预计成本从 8.3 亿美元猛增至 18 亿美元。

英国碳捕集联盟首席研究员琼·吉宾斯博士认为，捕集 1 吨碳的成本通常约为 60 美元，但在中国，预计成本可能降至 40 美元。

3. 项目价值

据预计，碳捕集技术的应用能够把全球二氧化碳的排放量减少 20%—40%。

二氧化碳可以变废为宝，将石油的采收率提高 40%—45%。在全球范围内，最早成功实现碳捕集试点项目的挪威国家石油公司证实，在油田里灌入二氧化碳，可以使得石油的采收率提高 40%—45%。

美国能源部发布的一份报告显示，目前美国剩余的石油可采储量为 200 亿桶，如果采用二氧化碳注入提高可采储量的话，其储量最多可增加至 1600 亿桶。

碳捕集技术不仅可以对气候变化产生作用，还可以实现一定的商业价值。被捕集的碳可以用于石油开采、冶炼厂，甚至汽车制造业。

能源意义重大，比如英国政府，目前正在考虑将捕集的碳储存到北海油田采空石油后留下的空洞中，而且要把北海油田变为一个碳存储基地。

4. 碳捕集的理想场所

随着新一轮全球气候问题大展开，碳捕集一下子又成为新能源技术中的大赢家。

在美国，奥巴马政府上台后，便把碳捕集列入推荐清洁煤的关键一环，美国能源部计划在未来 10 年投入 4.5 亿美元在美国 7 个地区进行捕集和存储项目实验。

在中国，碳捕集技术很早开始尝试。比如，被誉为中国“电力五虎”之一的发电企业中国华能集团有限公司，早在2011年就开始实施这一工程技术，2013年底又在上海启动第二个碳捕集示范项目。当时，集团每年从下属电厂的尾气中“捕集”二氧化碳10万吨。

英国碳捕集联盟首席研究员琼·吉宾斯博士认为，中国“捕集”碳并不复杂，在拥有丰富油田和天然气田的中国东北，以及中国东海南海区域，均是实施碳捕集技术的理想场所。

5. 质疑待消解

尽管碳捕集潜力很大，但也面临一些质疑。

国际知名杂志《经济学人》曾有专家撰文表示，尽管能源公司对碳捕集和封存技术有着很高的期望，但有两个问题尚未解决：一是价格昂贵，二是没有人知道这项技术是不是真的那么管用。或者说，深埋的二氧化碳会不会泄漏。

“碳捕集和封存的成本非常非常高。”中国华能集团有限公司科技部部长蒋敏华表示，公司在上海启动第二个碳捕集示范项目，每年捕集10万吨二氧化碳，按目前的技术计算，碳捕集成本约在200元人民币/吨，而实际处理加工至进行商业应用的程度，每吨还需增加150元的投入。高昂的成本在一定程度上阻碍了项目进程。

【延伸阅读】

为空气中微尘编个“二维码”

当空气中含有有害物质，如病毒或有毒化学物质时，及时发现这种危险并不容易。无论是恶意传播还是意外传播，有害的羽状物在城市中传播的速度有多快，距离有多远？应急管理人员能做些什么来应对？

这些是科学家、公共卫生官员和政府机构，最近在纽约市进行的空气流动研究中探讨的问题。

由麻省理工学院林肯实验室领导的一个小组，在该市所有五个区的120个地点，收集了早先在地铁站和街道上释放的安全测试粒子和气体，跟踪它们的行程。这项实验测量了这些物质移动了多远，检测到的浓度是多少。

结果有望改善空气扩散模型。反过来，如果发生真正的化学或生物事件，还可以帮助应急计划人员改进响应方案。

这项研究是在美国国土安全部（DHS）科学和技术局（S&T）的城市威胁分散项目下进行的。这项研究是在2016年的一项类似但规模小得多的研究之后进行的，主要集中在曼哈顿的地铁系统。

研究中使用的颗粒和气体可以安全分散。微粒主要由麦芽糖糊精糖组成，并且已经在先前的公共安全实践中使用。为了使研究人员能够跟踪这些粒子，这些粒子被少量的合成DNA修饰，充当独特的“条形码”，该条形码对应于粒子被释放的位置和释放的日期。当这些粒子后来被收集和分析时，研究人员可以知道它们到底来自哪里。

该实验室的团队领导了释放粒子和收集粒子样本进行分析的过程。一个小喷雾器被用来将微粒雾化到空气中。当颗粒在城市中流动时，一些颗粒被设置在许多分散的收集点的过滤器捕获。

为了使这项大型研究的过程更加有效，该团队建立了特殊的过滤器头，通过多个过滤器旋转，节省了重新访问收集点的时间。他们还开发了一个使用NFC（近场通信）标签的系统，通过移动应用程序简化样品和设备的编目和跟踪。

研究人员仍在处理在为期五天的测量活动中收集的大约5000个样本。这些数据将输入现有的粒子扩散模型，以改善模拟。其中一个来自阿贡国家实验室的模型专注于地铁环境；另一个来自洛斯阿拉莫斯国家实验室的模型模拟了地面上的城市环境，考虑了建筑物和城市峡谷气流。

一个名为化学和生物防御试验台的新项目刚刚启动，以进一步研究这些问题。林肯实验室的维安正在领导这个项目，也是由S&T资助的。这个试验台正在寻找一种低遗憾的方式减轻这种运输的方法。

该测试平台的目标是开发允许一系列适当响应活动的架构和技术。例如，该团队将寻找在不中断交通的情况下限制或过滤气流的方法，同时响应者验证警报。他们还将测试新的化学和生物传感器技术的性能。

维安和维尔迪都强调了合作开展这些大规模研究的重要性，以及在总体上解决空气传播危险问题的重要性。这个试验台通过使用CWMD（对抗大规模杀伤性武器）联盟提供的设备，该计划已经受益，该联盟是DHS和化学、生物、辐射和核防御联合计划执行办公室的合作伙伴。

第四节　挑战之路在何方

碳捕集自身存在的价值，给人带来巨大的想象空间，但是，技术“瓶颈”仍然存在，大规模发展的价格依然昂贵，让项目进行困难重重，其难题主要体现在以下四点。

第一，在化石燃料和能源生产的过程中，捕集二氧化碳所需的费用是极其昂贵的。

第二，埋藏地点必须经过检验。为确保二氧化碳不泄漏，必须修建包括油轮和管道在内的设施来运输二氧化碳。

第三，由于成本原因，还没有各类环保公司有意向在 CCS 技术上进行投资。

第四，对于在陆地而不是海上存储，公众可能会有反对意见，因为地震或者其他地质事件有可能将巨大的温室气体重新发散到大气中。

正是因为有各种待解的矛盾，所以碳捕集利用与封存虽然呼声高，但在一些企业里仍遭受冷遇。一位业内人士说，电厂、钢厂、水泥厂对 CCUS 都很感兴趣，但一问造价，就打了退堂鼓。

成本高只是难点之一。另外，高能耗、高成本、高不确定性，以及缺乏激励政策、产业链协同困难等，这些都制约了 CCUS 技术的大规模应用。对此，据《中国环境报》的一篇报道，众多的专家、企业家近期至少组织过两场专业研讨，对存在的问题和问题的解决办法，问诊把脉、达成共识。

1. 梳理难点 减少弯路

要解除的最大“拦路虎”是怎么降成本？二氧化碳给谁？产业链上下游怎么对接？

在研讨会上，各方企业代表提及最多的关键词是成本、能耗和转化应用，能耗也是影响成本的因素之一。简单说，企业最关心怎么降低成本？捕集来的二氧化碳卖给谁？怎么卖能赚钱？

从参会各行业代表介绍的信息看，5 万吨、10 万吨、15 万吨的二氧化碳捕集项目，总投资分别需要 5000 多万元、9800 万元和 1.5 亿元。项目运行成功后，每吨二氧化碳捕集成本基本在 260—380 元，成本较低的能做到每吨 200 元。

还有企业代表反映，一些二氧化碳捕集装置建成后并未投入运行，处于停用状态，主要原因是没有市场，二氧化碳无处消纳；一些示范项目即便投入运行，收益率也只能维持在 2% 甚至以下。高成本、低收益下，参与 CCUS 项目的企业以国有企业或包含多个产业的大型企业为主，其他类型企业参与困难。

现在，前端做捕集项目的企业，重点工作放在二氧化碳的转化应用上；后端做封存和利用项目的企业，则需要 200 千米或更近距离的丰富、经济碳源。双方的痛点皆在于怎么找到经济又合适的合作对象。

2. 部署越晚 代价越高

难归难，但是发展务必趁早。尤其在我国，专家说，CCUS 正迎来前所未有的机遇，如果部署越晚，代价就会越高。

“如果不尽快加速 CCUS 技术商业化，导致大规模技术推广滞后，将错失低成本发展机会，额外付出 1000 亿—3000 亿美元的代价。”北京理工大学副校长魏一鸣在中国 CCUS 示范项目交流研讨会上提出，如果没有 CCUS，减缓气候变化的成本平均将升高 138%，最多可达 2 倍以上。

专家认为，中国如果 CCUS 能在 2025 年或 2030 年得到大规模推广，将分别需要约 3290 亿美元和 5690 亿美元，如果时间推迟到 2035 年以后，总成本将飙升至 6260 亿美元。这个数字比较说明，CCUS 部署得越晚，代价越高。

中国可持续发展研究会气候变化工作委员会主任张贤表示，未来是多元复合能源结构，新能源不可能包打天下。即便到 2050 年，化石能源仍将占我国能源消费比例的 10%—15%，全球钢铁、水泥行业仍然剩余约 34%、48% 的碳排放量。这部分该怎么办？靠 CCUS。CCUS 技术“不可或缺”，它将扮演五个重要角色：

一是碳中和下剩余化石能源净零排放的重要技术选择；

二是火电行业具有竞争力的重要技术手段；

三是钢铁水泥等减排难度大的行业实现净零排放为数不多的可行技术方案；

四是未来能源体系和化工工艺流程提供绿碳的主要来源；

五是到 2060 年，我国仍有部分无法减排的温室气体需要通过碳汇和负排放技术来抵消，CCUS 与新能源耦合的负排放技术是实现碳中和的托底技术保障。

3. 迫在眉睫 无路可退

中国 21 世纪议程管理中心总工程师孙洪透露，当前 21 世纪中心正联合有关单位抓紧编制的《碳中和技术发展路线图》中，CCUS 是路线图重点技术之一。其他技术包括零碳电力技术、零碳非电能源技术、原料 / 燃料与过程替代技术、集成耦合与优化技术。

比起“机不可失”，业内人士觉得“迫在眉睫”四个字更值得关注。

浙江大学教授王涛表示，我国 CCUS 技术虽然与国外起步时间差不多，发展却与国外有一定差距。

目前，全球有 65 座商业 CCUS 设施，每年可捕集和永久封存约 4000 万吨二氧化碳；在我国，截至 2020 年，有 35 个 CCUS 示范项目，但商业设施仅 6 个，我国总计二氧化碳捕集能力仅 300 万吨 / 年，2007 年至 2019 年累计二氧化碳封存量仅 200 万吨。相比之下，埃克森美孚公司已经累计捕集超过 1.2 亿吨二氧化碳，占全球 CCUS 项目总捕集量的 20%。埃克森美孚公司计划到 2040 年，实现每年 1 亿吨封存量。

通过比较，可以看出，国外基本是百万吨级，而我国 CCUS 国家示范工程的级别从 1 万吨到十几万吨，规模较小。而且，埃克森美孚公司已经宣布在墨西哥湾建立亿吨级的 CCUS 离岸封存项目了。

CCUS 商业化务必加速还有另一个原因，那就是不同技术之间的竞争。如果将煤电加装 CCUS 与光伏相比较，目前，加装 CCUS 运维成本约为光伏发电成本的 3 倍，但占地面积较后者优势明显。因此，如果 CCUS 在近期发展提速，运维成本或将进一步降低，CCUS 未来发展的确定性也就更大。

4. 机遇在前 择路挺进

虽然挑战很多，但是多数企业代表一致认为，只要出台 CCUS 配套激励政策，企业参与的积极性就会提升，比如完善碳市场交易，让 CCUS 也能在碳交易中挣钱。同时，加快实施大规模全链条集成示范工程，超前部署新一代低成本、低能耗 CCUS 技术研发和突破，带动技术普及、产业发展。

当前，科技部已成立了碳达峰与碳中和科技工作领导小组，正在重点推进编制《科技支撑碳达峰碳中和行动方案》《碳中和技术发展路线图》，推动设立“碳中和关键技术研究与示范”重点专项。

魏一鸣认为，如果要在 2030 年迎来 CCUS 商业化拐点，现在就要开始基础设施建设，这需要大量投资支持。国际能源署预计，全球每年应用于二氧化碳管道和氢能基础设施的投资额，将从目前的 10 亿美元增加到 2030 年的 400 亿美元左右，也就是 20 年后投资要翻 40 倍。

“巨大的投资缺口需要重新设计 CCUS 投融资机制。”魏一鸣说。目前，我国 CCUS 投融资一直是热点，特别是2020年7月发布的《绿色债券支持项目目录（2020版）》，CCUS 首次纳入其中。

魏一鸣及其研究团队得出的 CCUS 最优投资布局认为，CCUS 项目应重点部署在环绕渤海湾盆地、鄂尔多斯盆地、南华北盆地、四川盆地等区域；可形成四个大型 CCUS 集群发展区，即长三角地区、环渤海地区、东北地区、新疆准噶尔盆地以南；需要对装机容量约 175 吉瓦的燃煤电厂实施 CCUS 改造，这些电厂主要集中分布在华北、华东与东北等五个区域，共计 156 座电厂。

专家们认为，我国地质构造丰富，具备注入潜力的地层可储存二氧化碳 14540 亿吨，能够满足未来数百年二氧化碳地质储存的需要，必须加大这方面的研究与应用力度。而被注入地下的二氧化碳并非再次沉睡，而是发挥新的作用。利用二氧化碳驱油技术，不仅可以大大提高石油采收率，而且将二氧化碳置换原油而长期储存于油岩中，还实现了真正意义上的规模减排。目前，我国“973 计划”项目“温室气体提高石油采收率的资源化利用及地下埋存”已进入工程示范阶段，在吉林油田已埋存 8 万吨二氧化碳，实现了石油的绿色开发，取得了经济效益和环境效益的双赢。

现在，围绕 CCUS，业内已加快行动起来。除了编制《碳中和技术发展路线图》，以国家能源集团、华能集团、中石化、中海油等央企为代表的企业，加速技术研发、扩大示范规模、进行商业化探索，并计划以联盟形式，推动行业相关标准制定，推动 CCUS 高质量发展。

【延伸阅读】

捉来的二氧化碳能干啥?科学家变废为“金”

如果我们能捕集发电厂排放到空气中的二氧化碳，并将其变成有用的东西会怎么样？东田纳西州的初创公司 SkyNano 正试图让这成为可能。该公司已经用罗杰斯维尔的田纳西流域管理局的约翰·塞维尔联合循环工厂排放的碳制造出了它的第一个纳米管。

该公司生产的碳纳米管可用于生产实用、耐用的产品，如电池和轮胎。SkyNano 首席执行官兼联合创始人安娜·道格拉斯（Anna Douglas）说，它将污染转化为一种有用的、对环境安全的材料。

道格拉斯说：“我们正在生产一种真正高价值的产品，其价格点使其具有市场竞争力。”“这确实为脱碳提供了一个直接的途径。”

碳纳米管是什么？

碳纳米管已被用于制造环法自行车赛的超轻自行车、极深的颜料、无人驾驶的船只和美国宇航局宇宙飞船的部件。IBM 的一个实验项目旨在将它们用作计算机芯片的组成部分。你也可以在你的手机充电电池中找到它们。它们的潜在用途是如此之大，以至于范德比尔特的纳米工程师和 SkyNano 的联合创始人卡里·品脱称它们为“黑金”。

它们非常坚固，柔韧性好，重量轻，原子管的六角形图案就像足球，非常小，在传统的显微镜下是看不到的。

将数以百万计的碳纳米管放入塑料中，它就能变得像铝或钢一样轻和坚固。只要稍微改变它们的化学性质，它们就能导电。“这是我们的最终产品，”道格拉斯说着，举起了一小罐黑色粉末，“在肉眼看来，它就像炭黑。但在放大镜下，它看起来有点像意大利面条。”SkyNano 公司的纳米管是用管道将二氧化碳从烟囱输送到锂盐反应堆，然后将其旋转成纳米管制成的。自然形成的纳米管数量非常少，很难追踪。

一些碳纳米管在森林火灾的烟雾中自然形成。每次你在家里点蜡烛时，灯芯可能会释放一些碳纳米管作为烟雾的成分。

古代陶工和铸剑匠在不知情的情况下利用了纳米技术的力量。在古代超高强度的陶瓷釉料和以强度著称的大马士革钢剑中也发现了碳纳米管。像烟的其他成分一样，你可能不应该吸入碳纳米管。但它们对环境的长期影响尚不清楚。一些证据表明，一些细菌可能能够生物降解纳米管。

降低成本

碳纳米管从1952年开始被观察到，当时苏联的研究人员报告说，他们已经用碳制造出了细丝。但直到1991年，日本科学家Sumio Ijima描述了碳纳米管的结构和可靠的生产过程，这些都是鲜为人知的新奇事物。

20世纪中期，全球纳米管市场的发展超出了研究范畴。从那时起，全球碳纳米管产量已增至每年约3000吨。但全球市场仍然很小，因为碳纳米管价格昂贵，起价约为每公斤100美元。典型的生产过程会产生很高的能源成本和有毒的副产品。SkyNano旨在通过使用一种更清洁、能耗更低的工艺来改变这一现状。

“化学气相沉积”方法需要在高温下的真空条件，而该公司使用的电化学方法需要更少的能量，可以从有害空气中的二氧化碳中吸收碳。

“电化学提供了一种非常低成本的化学方法，”道格拉斯说，“这些效率数字在传统气相合成中是完全无法相比的。”

2022年1月7日，周五，当地科技创业公司SkyNano用转换后的发电厂排放的碳纳米管生产了一些碳纳米管。这个过程是道格拉斯在范德比尔特大学（Vanderbilt University）的博士学位论文的一部分。2017年，她参加了橡树岭国家实验室（Oak Ridge National Laboratory）创新十字路口（Innovation Crossroads）两年创业奖学金项目的首届课程。

捕集碳，垄断市场

2020年，道格拉斯从能源部获得了一个250万美元的项目，以证明可以利用天然气工厂的排放来制造碳纳米管。田纳西河谷管理局负责创新和研究的副总裁乔·霍格兰（Joe Hoagland）表示，可持续技术有助于该公司实现其100%碳中和的长期目标。“一旦我们捕集了碳，问题就变成了：好吧，我该怎么处理它？”霍格兰说，“理想情况下，你真正想做的是用碳做一些能增加价值的事情。”

霍格兰说，如果这项技术在规模上得到应用，田纳西河谷管理局的二氧化碳排放量可能会变成碳纳米管的“惊人”数量。

目前，SkyNano正在为特定客户生产少量的研究级纳米管。但它的领导者希望在未来几年内扩大规模，为商业客户提供服务。

霍格兰说：“如果SkyNano能够捕集所有的碳，并将其转化为碳纳米管，它们将基本上占据全球市场。”“市场有增长的空间，但（生产和使用）都必须增长。”

2022 年 1 月 7 日，周五，在诺克斯维尔的田纳西大学先进材料和制造研究所，看看当地科技初创公司 SkyNano 的实验室。SkyNano 最近宣布，他们首次从发电厂排放的碳中生产出碳纳米管。接下来，道格拉斯将专注于扩大该技术的生产规模，并制造一种反应堆，这种反应堆可以吸收发电厂的排放，并将其转化为现场的纳米管。道格拉斯说：“所有这些发电厂目前为我们提供了大部分电力，让我们找到解决方案来脱碳。”（来源：环保微世界）

第五节　碳交易职业前景看好

减少温室气体排放、积极应对气候变化，已成为全球共识。培养专业人才，组建行业队伍，推动碳市场运营，参与国际化竞争已成当务之急。

从相关报道中得知，“十四五”期间，中国的石化、化工、建材、钢铁、有色、造纸、航空等高排放行业也将陆续纳入全国碳市场，到“十四五”末，一个交易额有望超千亿元的全球最大碳市场将在中国建成。

碳排放权因为其稀缺性而形成一定的市场价格，具有一定的财产属性，在碳约束时代，逐渐成为企业继现金资产、实物资产和无形资产后又一新型资产类型——碳资产，即前文所说的“第四资产”。

对重点排放单位来说，碳资产管理得当，可以减少企业运营成本，提高可持续发展竞争力并增加盈利；管理不当，则可能造成碳资产流失，增加运营成本，降低市场竞争力，影响企业可持续发展。

对投资机构来说，碳市场已然成为资本博弈的新领域，各类碳金融产品和工具不断探索创新。

因此，培养一批了解碳市场相关政策、掌握碳排放核算核查技术和碳市场交易规则的碳排放管理人才，对控排主体实现碳资产的保值增值意义重大，对投资机构参与碳市场产生重要加持作用。因此，打开相关人事考试的网站，大量有关“碳资产管理”“碳管理人才开发”“碳排放交易市场实操”等培训课程，持续“上新”。

【案例展示】

***** 碳资产管理师培训招生简章**

2020 年 9 月中国向全球宣誓，二氧化碳排放力争于 2030 年前达到峰值，努力争取 2060 年前实现碳中和。碳排放权交易作为推动实现碳达峰目标与碳中和愿景的重要政策工具，其价值作用日益凸显，中国全国统一碳市场也加速推进，并于 2021 年 7 月 16 日正式在发电行业率先启动碳排放权交易。

鉴于此，受人力资源和社会保障部教育培训中心委托，xxx 联合 xxx 等单位，组织如下碳资产管理培训课程。

培训特色

“碳资产管理”培训由人力资源和社会保障部教育培训中心全程指导和监督。完成培训并考核合格的学员将获得人力资源和社会保障部教育培训中心颁发的“碳资产管理”培训证书，学员可在人力资源和社会保障部教育培训中心官方网站查询自己的信息。此外，还将获得“碳排放管理人员培训结业证书”，该证书由北京绿色交易所颁发、认可并备案，持证人员可获得北京绿色交易所相关信息资讯和业务咨询等服务，并获得碳交易岗位优先推荐的机会。

培训对象

1. 2013—2018 年任一年温室气体排放量达到 2.6 万吨二氧化碳当量的发电行业

/自备电厂碳排放管理人员；石化、化工、建材、钢铁、有色金属、造纸、航空等即将纳入碳排放管控行业相关单位能源管理人员。

2.各相关交易所从事碳交易综合业务、自营业务以及经纪服务类业务的会员单位从业人员；从事温室气体排放核算核查的咨询服务机构、第三方审核机构、节能服务公司相关人员。

3.国家低碳试点省市、园区、社区及政府与应对气候变化相关的管理人员。

4.其他关注中国碳市场发展、有志参与碳交易的人士。

培训内容

模块一：碳达峰、碳中和与碳交易

碳达峰、碳中和及其实现路径，碳交易机制原理与核心要素，中国区域碳市场政策及运行，中国全国碳市场建设进程，《碳排放权交易管理办法》解读，全国碳排放权交易规则解读。

模块二：配额碳资产

碳排放配额核定、分配与履约，国家温室气体排放报告体系及核算基本方法，重点行业温室气体排放核算方法与报告指南，解析温室气体排放核查标准、流程及企业核查应对。

模块三：信用碳资产

信用碳资产概论，温室气体自愿减排项目（CCER）开发，实务林业碳汇项目开发。

模块四：碳资产管理策略与实践

企业碳资产管理体系建设，碳市场投资与金融操作企业碳管理案例分享，碳排放数据的信息化管理及应用。

模块五：互动模拟碳交易实战模拟

培训讲师

国内碳交易体系的设计者；国内外碳市场研究机构、碳资产管理服务机构、第三方审核认证机构、碳金融产品创新与投资机构的资深专家以及国内重点排放单位的碳交易专员；北京绿色交易所一线业务专家。

……

据说，类似课程每期参加人数火爆。由此，我们看出，“双碳”目标下，让新兴的朝阳职业——“碳排放管理师”逐步进入人们的视线，各类碳排放培训课纷纷涌现。在巨量的需求面前，目前碳排放管理人才缺口巨大，碳排放管理人员的就业前景被众人看好。

在这场事关未来“减碳大业”的洪流中，各路教育机构正摩拳擦掌跑步布局，以其巨大的发展前景作为诱惑，吸引人们参加考证培训，以期实现最大限度的商业变现。

碳排放管理师主要做哪些工作？工资待遇和市场前景如何？碳排放管理师证书的含金量怎样？目前市面上的相关培训是否靠谱？在实用性与智商税之间，如何才能避免成为“韭菜”？对此，来自“探客 Tanker”的彭辉观察员做了如下报道——

1. 被看好的新兴职业

碳排放管理师，这个因“碳中和、碳达峰”新风口而孕育的新兴职业，虽然契合当下的顶层设计，但要真正转换成职业的需求甚至刚需，还有不少路要走。目前，“碳排放管理师”证书的培训市场刚兴起，其正规性和专业性有待加强。

不过，随着政策的不断加码，未来碳排放管理专业人才的培养和教育或将迎来发展的黄金期。

2021 年 3 月 18 日，人力资源和社会保障部、国家市场监管总局、国家统计局发布了 18 项新职业，“碳排放管理员”被列入国家职业序列。

根据其定义，“碳排放管理员”是指从事企事业单位二氧化碳等温室气体排放监测、统计核算、核查、交易和咨询等工作的人员。

具体而言，碳排放管理员的主要工作任务包括：监测企事业单位碳排放现状；统计核算企事业单位碳排放数据；核查企事业单位碳排放情况；购买、出售、抵押企事业单位碳排放权；提供企事业单位碳排放咨询服务。

根据公开资料，碳排放管理师主要服务于政府部门和电力、水泥、钢铁、造纸、化工、石化、有色金属、航空等八大控制排放行业。全国范围的企事业单位的数量是 8000 多家，目前碳排放管理人才缺口巨大，作为新兴高级综合型职业，碳排放管理师市场需求庞大。

自人力资源和社会保障部公布碳排放管理员职业以来，2021 年 7 月，中国科学院（以下简称“中科院”）率先启动了碳排放管理师培训考试，其余各大培训单位紧随其后，相继也开展了碳排放管理师和碳排放管理员的培训考试，目前市面上，被认为含金量较高的碳排放管理师培训考试及其发证部门分别是中科院和中国国家培训网。

由于职业前景持续向好，有业内专业人士甚至把碳排放管理称为继房地产、IT行业后的第三波经济增长点。

目前，碳排放管理师考试采取线上机考形式，考试内容包含《碳排放理论》和《碳排放管理实务》两部分。综合为一张试卷进行考试，由单项选择题、多项选择题、判断题和简答题组成，满分 150 分，90 分以上视为考试合格，最终成绩换算为百分制。

“双碳政策下，这是未来的发展趋势。”一位招生负责人对“探客 Tanker”说。不过，如同众多行业的发展规律一样，在行业兴起的初期，难免有人匆匆进场试图收割第一波红利，行业乱象由此而生，碳排放管理师的培训行业也一样。

2. 刷够课时即可“包过”

“首考”，是“探客 Tanker”在咨询有关碳排放管理师培训相关情况时，各个培训教育机构给出的一致用词，不过在考试时间上各家的说法不一。

“新兴行业的首考会相对宽松点，只要满足 20 周岁以上，大专学历就可以报考高级证书。但未来的考核就会很严格，需要从初级到中级、中级再到高级。”一家来自廊坊的职业教育机构碳排放管理中心招生老师向“探客 Tanker”表示，只要刷够 36 个课时，即可以参加考试——考试是在线上举行，有计算机、有摄像头即可。而且，还可以保证包过，甚至还有免学免考名额。

“如果你打算参加考试，就可以帮你争取个名额。我们会在考试的前一天给你押题的资料，你第二天按照资料做，就可以通过考试。”这位招生老师表示，参加“首考”的人，无论是在考试还是找工作方面，肯定都会相对容易，原因是这些“吃螃蟹”的人将具有示范效应。

“如果各方面都不错，以后就会有更多的人来考证。”根据他的介绍，考试之后的证件是由中国人事人才网颁发，在取得证件之后，培训机构方面还会给考生提供兼职和全职的信息，甚至推荐工作岗位。

与这家位于廊坊的教育机构类似的是，在回答“探客 Tanker”有关碳排放管理师报名考试相关情况时，北京一家做碳排放管理师培训的教育机构与一家来自承德的机构给出了几乎一样的回复。

这位承德的教育机构招生负责人表示，鉴于碳达峰、碳中和是政府的一项重要工作，碳排放管理师将越来越被企业，尤其是重点排放单位所重视。至少未来 10 年这个证书都会被国家列为重点行业证书，而且随着这个证书所涉及的行业越来越多，其含金量会也会越来越高。

他认为，目前这个证书的应用还属于“真空期”，所以现在拿到这个证书不管是全职还是兼职，收入都会“特别可观”。

据相关机构介绍，持有碳排放管理师证书的人可以从事多种相关工作，如碳排放管理员、碳排放咨询师、碳排放交易员、碳资产管理师、碳排放监测员、碳排放核算员、碳排放核查员等，大多是进事业单位，做二氧化碳、温室气体的检测和统计核算、核查、交易等工作。

在收入方面，这些招生机构的人员都给出了“很理想”的数字。“月薪基本在 1 万元左右，年薪至少在 10 万元以上，目前平均年薪在 16 万—32 万元。而且越往后面发展，薪资肯定也会不断增长。有碳排放指标的公司企业都需要这个碳排放管理师的岗位，必须持证上岗。”上述机构人员说。

在教育机构描述的碳排放管理师职业前景中，碳中和是未来的发展趋势，碳排放管理师的高含金量也注定了它广泛的从业范围。拿到碳排放管理师证书后，也可以兼职，比如一些企业单位想申请项目和资质，需要招投标时，就必须要有碳排放管理师。

“探客 Tanker”注意到，几乎每个机构的收费和学时都不太一样，有 36 学时、32 学时、28 学时不等，费用也有 2500 元、2980 元甚至 4980 元等，其招生老师对其营销的套路，也丝毫不亚于机构之于“鸡娃”族群。

3. 市面上的培训靠谱吗?

碳排放管理师作为一项新兴职业，前景虽被看好，但目前有关的考试培训是否靠谱?

中科院人才交流开发中心相关负责人向“探客 Tanker”表示，有关碳排放管理师的考试报名目前已暂停，因为系统升级维护，官网上暂时报不了名，“从 2021 年 11 月 2 日开始，只报了一期，之后就在进行系统维护，具体维护到什么时候还不知道”。

他还不忘善意地提醒，现在网上看到的那些声称自己受到中科院人才交流开发中心授权还可以继续报名考试的都是假的。“我们的项目还没有恢复，恢复之后在官网上会公布，大家从官网上报名就可以了。”

在有关证件方面，这位负责人表示，大家交钱考试之后拿到的也是培训结业证书，而不是职业技能证书。这种线上课程培训，考试也是在线上进行，即通过线上课程链接学习，学完之后参加考试，考试完之后拿结业证书，并没有推荐工作机会之类的事情。

“我们只是一个培训结业证书，没有专业的技能效应。如果有人说这些，那就是骗人的话。”上述负责人说。

对于有机构说的“不限专业，直接拿高级证书”的说法，他表示：“如果那些机构说的是由我们中心举办的，那就是假的，如果是其他地方举办的，建议好好去他们的官网看看。”

而“探客 Tanker”发现，很多碳排放管理师招生机构，其实并没有官网，甚至连公众号都没有。

中科院人才交流开发中心负责培训的唯一指定合作单位——中科国鉴的相关负责人对“探客 Tanker”表示，最近有不少机构可能在打着中科院人才交流开发中心或中科国鉴的旗号表示“包过保过”，希望大家不要相信，目前有关碳排放管理师的报名已经暂停招生。

在中科国鉴的官网上，有着多条公告辟谣，否认与多个教育机构有“合作”。

“我们已经暂停招生，如果是我们的合作单位，到时候我们会给他们发授权书，如果我们官网上可以查到它的授权，就是我们的合作单位，如果不是的话，大家就要小心被骗。”上述负责人说。

此外，他提醒大家一定要注意，由于碳排放管理师证书是不能兼职挂靠，也没有“包过保过”的事情，不要轻信招生老师的说辞，以及推荐企业之类。

总的来说，碳排放管理师这个证书的含金量还有待时间去检验，而围绕这个证书衍生出的培训行业也处于初级发展阶段，鱼龙混杂是其明显特征，因此人们需要谨慎报名，切勿成为新风口上的第一波“韭菜”。

第六节　碳交易人才开发

人力资源的培训状况，是一种职业兴衰的“晴雨表”。碳资源管理师的培训热、学习热、拿证热，说明这是一个潜力巨大的行业。

面对交易规模如此之大的碳市场，面向力争2030年前实现碳达峰、2060年前实现碳中和的战略目标，对碳资产管理人才的需求从来没有像今天这样迫切。对此，山东财经大学经济学院教授、博士生导师刘华军撰文指出，不论是政府、企业还是金融机构等，都迫切需要一大批既懂政策又懂业务的碳资产管理专业人才。如果不能在短时间内培养一批优秀的、专业的碳资产管理人才，就难以利用好眼前的万亿级碳市场。

【延伸阅读】

国内碳交易人才稀缺

国内碳交易方面的专业人才稀缺原因包括三个方面：

一是碳交易行业是新兴行业，其理论知识体系尚未构建；

二是碳交易涉及环境、金融、法律、管理等多个方面，相应地，其专业人才必须是通晓多个专业的复合型人才，培养难度大；

三是英语是现行碳交易行业的通用语言，CDM项目从其法律、法规、项目设计文件的编制到审核均使用英语，这对于非英语母语的中国人无疑是一道障碍。

专业人才短缺是中国碳市场建设的一块短板，而事实上人才资源是第一资源，碳市场的未来优势说到底是人力资源的优势，人才培养是重中之重。（来源：易碳家）

在刘华军看来，碳资产管理是一个新兴的专业领域，目前主要由一些社会机构提供相关的人才培训服务和管理咨询服务。作为应用型人才培养的主阵地，高等院校要深入贯彻国家“双碳”目标战略，高度重视碳资产管理人才培养，充分发挥高等院校的学科专业优势，着眼“双碳”目标的实现，积极探索碳资产管理人才培养模式，加快碳资产管理人才培养，为实现“双碳”目标提供强有力的专业人才支撑。

第一，鼓励支持一批高等院校发挥相关学科优势，加强碳资产管理专业建设。碳资产管理是一个具有学科交叉属性的新型领域，为了对标国家“双碳”目标战略需求，要鼓励具有学科优势的高校特别是应用型高校、职业院校等，开设碳资产管理专业，加快本科、专业硕士、专业博士等多层次人才培养。为此，可从两方面入手加强碳资产管理专业建设：一是采取先行先试的方式，在不改变现有招生专业目录的条件下，遴选一批有低碳研究基础、有低碳专业教学特色的高等院校，以试点方式在相关专业开设碳资产管理招生方向，率先培养一批碳资产管理人才；二是依托高校现有低碳领域相关的科研机构，拓展并深化其职能，开展碳资产管理专业建设。目前，已经有很多高校面向碳达峰、碳中和成立了“碳中和研究院”“低碳学院”“绿色发展研究院”等科研机构。要鼓励和支持这些科研机构加强碳资产管理专业建设，将这些科研机构打造成碳资产管理人才培养的先锋队。

第二，加快开发一批碳资产管理优质课程，加强碳资产管理应用型课程体系建设。碳资产管理是特别强调应用的一个专业领域。目前尽管很多高等院校已经开设了诸如气候变化、资源环境经济学、环境科学等与碳排放相关的课程，然而碳资产毕竟是一种新生事物，因此多数高校在碳资产管理课程体系建设上都是非常薄弱的。为此，可以沿着两条路线加快碳资产管理课程体系建设：一是依托新开设的碳资产管理专业的研究方向，围绕碳达峰、碳中和、碳市场，加快开发一批碳资产管理优质课程，加快构筑起适应经济绿色转型的碳资产管理应用型课程体系；二是将碳资产管理课程延伸至相关专业，这些相关专业除了与碳市场相关的八大重点行业之外，还涉及法学、经济学、管理学、公共管理、环境科学等相关专业。通过碳资产管理课程在多个专业的全覆盖，加快推动碳资产管理人才培养。

第三，探索多渠道师资培养模式，加快碳资产管理专业师资培养和教学团队建设。碳资产管理人才培养，离不开学科专业建设和课程建设，更需要一批优秀师资和师资团队。师资建设滞后已经严重掣肘碳资产管理人才培养。为了尽快补强当前师资队伍建设存在的短板，必须要探索多渠道碳资产管理专业师资培养和教学团队建设模式。一是鼓励高校中具有低碳经济发展、金融工程、环境工程、公共管理等相关专业学术背景的教师，面向国家“双碳”目标战略需求，积极转变研究方向，加快形成碳资产管理科研团队，并充分发挥科研反哺教学的优势，打造专业碳资产管理教学团队。二是通过产学研合作，鼓励高校和社会机构联合进行碳资产管理师资队伍培训，尽快培养一批碳资产管理急需的优秀师资，在此基础上推动相关教学团队建设工作。

第四，聚焦“双碳”目标，推进产政学研深度融合，采取多样化的形式加强新时期碳资产管理领域的社会服务。在加强碳资产管理人才培养的同时，要围绕“双碳”目标实现开展全方位的社会服务，助力新时期经济社会全面绿色转型。一是加强碳资产管理领域的智库建设，为地方政府实现“双碳”目标和绿色发展建言献策。二是为政府、企业和金融机构等提供一整套碳资产管理培训服务，将碳资产管理人才培养服务从学校延伸至政府管理一线、企业生产一线和金融服务一线，加快推动全社会绿色低碳转型共识，整体提升相关人员的碳资产管理能力。三是为企业碳资产管理提供科学的咨询服务，并通过产学研合作，为相关企业提供碳资产管理外包服务。四是开展碳资产管理认证工作，为广大在校学生和社会人员提供碳资产管理认证服务。

在实现“双碳”目标的重大历史进程中，一流的碳资产管理人才对于把握绿色低碳转型的优势和主导权至关重要。高等院校要心怀国之大者，加快碳资产管理人才培养，为2030年前实现碳达峰、2060年前实现碳中和培养和储备大批优秀人才，为我国实现“双碳”目标提供强有力的人才支撑，为我国经济社会全面绿色转型做出应有的贡献。

【延伸阅读】

全国首个“负碳海岛”获中国质量认证

“证书来了！”拆开快递，袁静兴奋地直拍大腿。袁静是山东青岛西海岸新区灵山岛省级自然保护区科研服务中心负责人，2022年1月1日，正在值班的她收到中国质量认证中心（CQC）寄来的核查证书。

“这张CQC核查证书，代表着灵山岛成为全国首个‘负碳海岛’。”1月18日，接受记者采访的袁静，仍记得看到证书那一刻的喜悦，“从知道认证结果到拿到证书，我们整整等了四个多月。”

灵山岛为何会成为全国首个“负碳海岛”呢？

负碳是如何算出的

隆冬时节，灵山岛上海风凛冽，山岭沟峦间树木大多已落光了叶子，只有松柏点缀其中。

“到了夏天，就可以看到满目青山。”灵山岛省级自然保护区党工委副书记、管委副主任姜霞对记者说。灵山岛上有12个自然村、3个行政村，807户2400余名居民，远离城市喧嚣，像个世外桃源。

“这里区域封闭、边界清晰，人员流动大，碳排放要素等相对完整，非常适合做‘负碳试验田’。”姜霞说，2020年，青岛西海岸新区决定率先打造“双碳”示范区，经过综合考察，灵山岛被定为实验点，并把2020年全年作为碳核算的时间段。

“当时核查了三个多月，研究团队摸排了165家‘渔家乐’、290辆燃油车、193艘渔船及2000多名居民、7.3万名游客生产生活全过程碳排放情况、森林碳汇产生的温室气体清除情况，才最终获得了核查结果。”在灵山岛挂职的青岛科技大学机电工程学院副教授李景哲全程参与了这次核查，“简单来说核查就两项，一个是碳排放，一个是碳吸收。碳核算范围主要分能源活动的排放、电力调入引起的排放、太阳能发电带来的减排、农业活动引起的排放、废弃物引起的排放和森林碳汇六项。”

记者看到CQC核查证书上这样写着：2020年灵山岛上因为能源消耗、农业活动与废弃物处理等过程产生了5668吨二氧化碳当量，因森林碳汇产生的温室气体清除量为7001吨二氧化碳当量。由此可得出灵山岛所产生的二氧化碳当量为-1333吨。

“这个数据按照最严苛标准计算，由于作为蓝碳的海洋减碳，在国际上没有核算标准，如果算上蓝碳的话，我们的负碳数据将不可估量。”李景哲说。

“灵山岛远离城市污染、森林覆盖率高，能成为‘负碳海岛’是不是理所应当呀？”面对记者的提问，姜霞摇头笑道：“哪有那么简单，森林保护、垃圾处理等这些关系到减碳的大项，任何方面稍有懈怠，就可能功亏一篑。”

每项工作都不轻松

退耕还林、清理山羊、煤改电、限制燃油车、垃圾外运……在灵山岛采访时，记者深感与“负碳”有关的每项工作都不轻松。

“如果不是从1986年就开始实施退耕还林，灵山岛不会有高达80%的森林覆盖率，更不会有现在的‘负碳海岛’。”姜霞说，35年来，灵山岛坚持不懈退耕还林，迄今已陆续还林3500亩，占整个森林面积的三分之一多。

退耕还林后，岛上每个居民由政府出资补贴粮食，每人每月领18斤粮食。李家村村民李殿和说：“一开始放弃祖祖辈辈延续下来的种地习惯，大伙儿有很长一段时间很难接受，现在已完全适应了。”

清理山羊是灵山岛保护森林的举措之一。“灵山岛过去共有2043只山羊，山羊吃草根树皮，对植被的杀伤力极大。”灵山岛党工委副书记沈久波说，从2019年起，灵山岛计划清理山羊，动员养羊户卖掉山羊，政府给予资金补贴。

一开始老百姓并不接受清理山羊政策。“草吃光了来年还会长嘛，不养羊以后吃啥，日子咋过？”56岁的上庵村村民肖永正有过强烈抵触情绪，政府工作人员一次次上门讲道理，他慢慢明白这是大势所趋，最终卖掉了200多只羊，除了卖羊的钱，还额外拿到了2万多元的“禁羊钱”。“现在我出岛务工，比养羊赚得多。”肖永正说。

岛上的居民供暖过去都是靠烧煤，煤运输困难不说，碳排放量也大。从2020年开始，灵山岛实施“煤改电”。“铺设海底电缆给岛上供电，出台奖励政策鼓励用电取暖，虽然也有碳排放，但比直接烧煤排放少多了。”沈久波说。

用电取暖温度能行吗？价格能接受吗？这是毛家沟村民陈高峰的担心。“最初听到‘煤改电’时，我心里直嘀咕，烧煤一冬天就花1000多元，用电的话电费岂不是噌噌往上涨，谁舍得开？烧煤屋里温度能达到近20℃，用电暖器可别把人给冻坏了。”

抱着试试看的心态，陈高峰成为第一批“煤改电”实验者，“当地政府帮我们出4000元购买电暖器，我们只出480元就行，这一用就尝到甜头了，屋里温度比烧煤高了五六摄氏度，电费一个月只需100元，再也不用担心晚上睡觉煤烟中毒。”目前，灵山岛已有三分之一多的住户实现了“煤改电”。

控制燃油车存量禁止增量，也是灵山岛实施多年的政策，灵山岛旨在通过这一政策逐步淘汰燃油车。“岛上山路较多，汽油车劲儿大，能爬坡，但没办法，不让买汽油车，只能买电动车。”毛家沟村民肖义一度对这一政策颇有微词。

肖义在岛上从事汽车租赁工作，除了有8辆汽油车外，又在2021年买了2辆电动车。很快，肖义对电动车有了新的认识：“真没想到，相比汽油车，游客们更喜欢新能源车，两辆都不够租的。”

“岛上的垃圾处理不容任何闪失。”李景哲说，“岛上的垃圾每天产出量为1.5吨左右，虽然外运花费很大人力物力财力，但我们现在已经做到了90%外运，10%通过堆肥处理，倘若不及时运走，整座灵山岛就会演变成一座‘垃圾岛’，何谈‘负碳’？”

大处着眼看减碳

有人质疑灵山岛的投入太大，“根本算不过账来”。灵山岛的投入确实大，海底电缆、环岛水泥路、退耕还林、太阳能路灯、各种补贴等，总投入上亿元。但这些投入有的是为了生态保护，有的是为了惠及民生。姜霞说：“我们是在做好岛上生态保护、改善居民生产生活条件的基础上，顺便达成了‘负碳’目标。”

如果从大处着眼算减碳账的话，仍有收益。李景哲说：“以欧盟成熟的碳交易市场价格计算，每吨碳交易价格60欧元，灵山岛2020年的1333吨‘负碳’价值60多万元。随着岛上减碳行动不断深化、森林覆盖率不断提高，未来价值会越来越高。”

“负碳海岛”还带来了其他效应。李景哲说，全国首个“负碳海岛”的品牌效应，会吸引大量旅游者。“疫情前岛上每年接待游客12万人次，如果不考虑疫情因素，未来这个数字会越来越高。对其他区域的示范效应更是难以用数据衡量。”

行走在灵山岛村庄的街道上，太阳能路灯覆盖率达到100%。以前岛上很多上了岁数的老人因为子女在岛外无法照料，现在老人可以享受到多种上门服务，免费到养老服务中心吃饭。近年来，还有很多村民选择回岛发展，其中还有不少大学生。

游客多了，当地居民纷纷开起“农家乐”、民宿，各类投资者争相登岛投资。目前灵山岛已建成165家特色民宿、2家海洋牧场，形成了旅游业态集聚效应。“灵山岛人均可支配收入从2018年的2.2万元，增加到目前的3万多元。”沈久波说。

即便已成为“负碳海岛”，灵山岛丝毫不敢懈怠减碳工作。

“定期植树是必选动作，每年会新增数千棵树。”姜霞说，“岛上植树特别不易，从苗圃运到码头，再经船运到岛上，岛路窄难走，别处1万元就能做完的事，这里要花3万元，整个过程费时费力。”

在李家村村委大院里，记者看到了一个300平方米左右的光伏发电场，党支部委员薛东宏说，这一光伏发电设施每年能发电9万千瓦时，直接接入电网。“未来，我们还将持续发力，用更多清洁能源替代传统电能。”姜霞说，“2022年起，我们还将把分拣后的垃圾全部外运，进一步推动‘负碳海岛’的建设。”

除此之外，灵山岛还将发挥全国首个“负碳海岛”的品牌效应，在更大范围发挥示范带动作用。

“2022年我们将在岛上筹备起‘碳积分银行’，通过建立低碳积分兑换制度，开展‘低碳村庄社区’创建、‘低碳旅游达人’评选、颁发‘低碳达人证书’、举行科普研学等活动，引导居民游客主动参与到减碳行动中来。”姜霞说，通过一系列鼓励政策，让居民和旅客达成低碳共识，共同保护这座美丽的“负碳海岛”，让灵山岛这条可复制的特色“负碳之路”可以惠及更多城市和区域。（资料来源：《经济日报》）

CHAPTER EIGHT

第八章

碳金漫漫行侠客

功者，难成而易败；时者，难得而易失也。时乎时，不再来。

——《史记》

2019年，中国公布了“2030年实现碳达峰、2060年实现碳中和”的目标，此后各项减排行动纷纷加速，从国家的“十四五”规划纲要，到各级政府，再到各个行业、各大企业，减排目标和路线图陆续出炉，尤其以央企和大型民企为代表的“先知先觉”者，从目标制定到行动路径，都开始渐次清晰。但是，很多企业只是观望、跟风，尚无对策可言，如何制定与政策相结合目标项和路线图，如何将现有的高碳资产和低碳资产相整合，对许多企业来说都是全新课题。

课题已经立下，对企业而言，无论采取什么样的解题方式，都是一次大考。作为企业，需要抉择的不仅仅是行动问题，而是要考虑怎样行动才能实现更好的发展。可持续发展不再是企业自身“高标准严要求”的加分项，而是生存和发展的“及格线”，尤其对能源、工业、建筑等领域的企业，更“硬性”的转型升级时机就在当下。

这里，既然我们将“双碳”与“转型升级”的概念联系到一起，那也就意味着，“双碳”政策的背后，一面是挑战，一面是机遇；一面要过技术关，一面要过意志关。意味着“双碳”目标的实现，从外及内，是经济增长模式的改变，且转型时间有限，自内向外，企业自身必须找到新工具，适应新生态，融入新力量，实现新发展。

第一节 “双碳”是场集体行动

“双碳”目标提出后，之所以能引发国内外强烈关注，一方面，这是因为中国作为一个大国，而且是一个碳排放大国，这是需要承担的职责，从这个角度而言，“双碳”目标的提出具有标杆性的意义，而且能够带动其他的国家在环境保护方面做出更大的工作。另一方面，这对于中国不仅仅是碳排放的问题或者环境的问题，实际上也是经济发展道路的选择问题。因此，其意义之重大，怎么评估都不过分，这在前面的不同章节里做了充分的表述。当此论述企业之于“双碳”的影响之际，我们必须再次强调，减碳的重点领域在企业，减碳的重要力量也是企业，当然，要想实现减碳的整体性目标，长期而言是一个共同的、集体的行动，需要大量的投入、做大量的工作。

1. 认清形势 自我求变

为了认清我们当前面临的“双碳”大形势，先看看下面两个文件所涉及的相关内容。

一是《关于完整准确全面贯彻新发展理念做好碳达峰碳中和工作的意见》（以下简称《意见》），文件明确了“双碳”工作的总体要求、主要目标、重大举措和实施路径，厘清了一年来人们对“双碳”工作的一些误解。

五个主要目标：分为到 2025 年、2030 年、2060 年三个阶段，提出了构建绿色低碳循环发展经济体系、提升能源利用效率、提高非化石能源消费比重、降低二氧化碳排放水平、提升生态系统碳汇能力等。

10 个方面 31 项重点任务：提出了推进经济社会发展全面绿色转型，深度调整产业结构，加快构建清洁低碳安全高效能源体系，加快推进低碳交通运输体系建设，提升城乡建设绿色低碳发展质量，加强绿色低碳重大科技攻关和推广应用，持续巩固提升碳汇能力，提高对外开放绿色低碳发展水平，健全法律法规标准和统计监测体系，完善投资、金融、财税、价格等政策体系。

二是《2030 年前碳达峰行动方案》（以下简称《方案》），这个文件在聚焦

2030年前碳达峰的目标时，对推进碳达峰工作作出总体部署。

主要目标：聚焦“十四五”和“十五五”两个碳达峰关键期，提出了提高非化石能源消费比重、提升能源利用效率、降低二氧化碳排放水平等方面的主要目标，以及将碳达峰贯穿于经济社会发展全过程和各方面。

碳达峰“十大行动”：重点实施能源绿色低碳转型行动、节能降碳增效行动、工业领域碳达峰行动、城乡建设碳达峰行动、交通运输绿色低碳行动、循环经济助力降碳行动、绿色低碳科技创新行动、碳汇能力巩固提升行动、绿色低碳全民行动和各地区梯次有序碳达峰行动。

国家发展改革委员会领导表示，国家将构建“1+N”的“双碳”政策体系。《意见》作为“1”，在“1+N”政策体系中发挥统领作用。

“N”则包括能源、工业、交通运输、城乡建设等分领域分行业碳达峰实施方案，以及科技支撑、能源保障、碳汇能力、财政金融价格政策、标准计量体系、督察考核等保障方案。

“双碳”是一项既定的重大战略决策，上市公司应当认清自己在“双碳”中所处的位置。

认真学习目前已经出台的所有有关“双碳”的文件，密切关注未来将要陆续出台的各项政策措施，确定本公司在“双碳”中所处的位置，分析研究本公司可能受

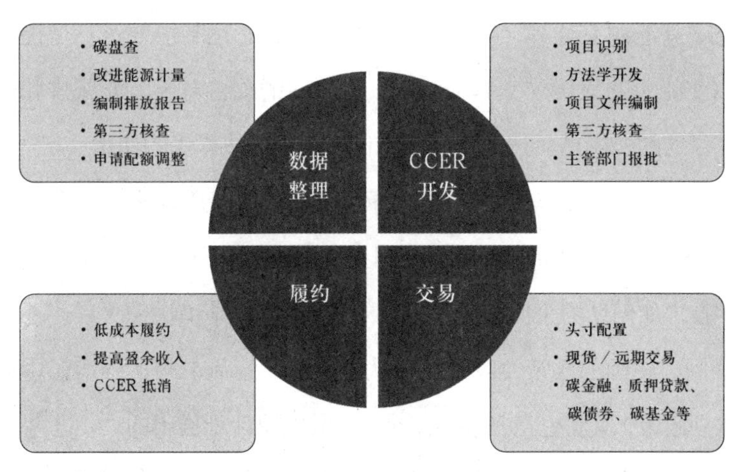

企业碳资产管理综合管理内容及路径

到的影响以及本公司可能利用的机遇，以便采取相应的对策或行动。

落到企业层面，上市公司董事会和管理层应当十分重视“双碳”，从思想观念上提高对“双碳”工作的认识。不仅仅是龙头企业、上市公司，在其他企业内部，也要加强“双碳”的学习和宣传教育，把“双碳”的理念融入企业的文化，把节约减碳变成全体员工的自觉行动。

2. 读懂政策 看清方向

上述的《意见》与《方案》，共同构成贯穿“双碳”两个阶段的顶层设计。

据此，一些机构的研究预测，“双碳”工程的总投资需求是在 90 万亿元左右，相当于整个年化 GDP 的 2%。而在这场数十万亿的工程中很多产业也迎来契机和快速发展，包括交通运输的领域，电动车、清洁能源、清洁的航空燃料，也包括整个工艺流程的创新，如建筑物的低耗的处理、废品的处理，涉及很多方面，对于很多领域而言是利好的消息。

通过数字分析，工业是中国能源消耗的大户，能源消费占比始终在 70% 以上，由此认为，工业领域未来的节能潜力十分巨大。

如果 2030 年要达到碳达峰，而当前的实际排放空间非常有限，这里面有大量的工作要做。有专家提出，路径设计基本有以下几个方向：一是要探索发展复合新能源，新能源发电、新能源交通等；二是要提升生产能效、运转能效；三是提升能源使用的效率，当前能源的使用效率基本偏低，这方面的改善对于节能减排和低碳目标的实现是很有帮助的；四是新技术的使用，包括碳固化技术等的使用。

在比较这些路径时，有专家指出，绿色智能制造是驱动未来工业领域可持续发展的关键动力，尤其是在传统认为高耗能、高排放的行业，数字化将发掘更多减排潜力。数字技术如何助力企业减碳，后面的章节将做专门阐述。

毫无疑问，中国的政策“收紧”，从上述的《意见》与《方案》中可见一斑，各国的碳法规政策，其实也正在逐步跟进，尤其欧盟计划推出的“碳边界调整机制”，要求出口产品需尽快查明自身全生命周期碳足迹。此外，全球大量知名跨国公司和零售业巨头，也纷纷提出碳中和计划，还要求供应商开展产品碳足迹评价。我国一些国际化的大公司，比如华为、中兴、比亚迪、TCL 等，均已收到国际采购商的碳足迹报告要求。

从这些已经发生的迹象可以看出，目前全球已有越来越多的国家和地区，将“产品碳标签”作为一项制度推行，因此，碳足迹报告正在成为出口企业的基本要求，碳标签也正成为品牌企业碳中和“好人举手”的标志。

3. 划清维度 准备入局

面对“双碳”目标，各市场主体应共同面对，而企业作为“双碳”目标的关键主体，更应积极作为。为更好、更快适应国内、国际两个市场，专家提醒，今天的企业在做大做强的传统追求中，一定要再加上“碳中和”的思考维度，大致包括以下内容。

（1）企业形象。

过去，企业形象更多地取决于企业的发展能力，即企业的成长力或企业的有机增长，比如销售额增长多少、利润增长多少、产品销售怎么样。而现在，这些标准不足够了，如今的企业形象增加了绿色低碳、生态环保的要求。

（2）企业价值。

企业形象并不是空的，将直接影响企业价值。现在，企业价值已经与碳多碳少直接关联。

传统的化石能源企业面临着巨大压力，被认为对社会长期发展不利，企业形象受到打击，直接带来企业价值的降低。

过去，这样大市值的行业龙头是我们争相追赶的目标；现在，一家美国新能源上市公司的资产可能比这些传统龙头少上百倍，但是市值已经远超传统龙头。因此，尽管传统能源企业的产量和利润并没有快速下滑，但市值一路走低就是整个行业面临的现状。

如果我们看特斯拉、小鹏、理想这些新能源汽车公司，世界排名前十的传统汽车制造企业的市值加在一起，还不如特斯拉的市值高。从销量上看，头部传统车企一年可能卖出上千万辆；特斯拉一年卖多少辆？40 万辆。但特斯拉的市值比传统车企前十名加在一起还高，这就是包含了碳价值。

更重要的是，传统企业如果不把生态文明作为主要推动方向的话，再融资就会非常难，而且越来越贵。面对市场压力，传统企业必须进行更大的投入，采取更激进的措施，做好加快能源转型规划的同时，通过技术尽快减少存量碳。

（3）信息披露。

未来在资本市场里，任何国家都会要求企业在年报里披露碳排放量，严重影响企业形象，对企业产生无形的压力，促使企业必须主动采取措施。

我们可以看到，全球大型能源企业都在推行能源转型计划，其中包括采取各项措施推行 CCUS；中国企业要花大力气更多地在碳利用上下功夫。对企业而言，既是一个重大挑战，也是一个转型发展的新机遇。

（4）碳税和碳足迹。

先讲讲碳税，简单来说就是对非本土生产的进口产品依照含碳量征收碳税，欧盟已经力推碳的“边界税”，美国很快也会跟上。一旦开始施行，企业即将面临成本上升的压力，反过来说，我们需要思考如何采用更先进的技术和工艺流程进一步减少产品中的含碳量。

何为碳足迹？在中国，很多人不太清楚这个概念，到底什么叫碳足迹？每走一步留下的脚印叫足迹，碳足迹就是各种产品在被使用过程中，在社会不同领域留下的碳痕迹。

在西方发达国家，企业要对三个领域的碳实行管理或治理。

第一个领域的碳，是制造产品的过程中用了多少传统的燃料，燃料燃烧后通过烟尘释放了多少碳到大气中。在国内，我们常说的碳排放主要是指化石燃料燃烧后所释放的二氧化碳的量。

第二个领域的碳，是所生产产品中所含的二氧化碳的量。在化工、钢铁等工业制造领域，除了一部分燃料燃烧后释放的二氧化碳之外，还有一部分化石能源成为产品的原料，这些原料最后转化成生产产品的一部分。不同的原料、不同的产品、不同的工艺流程所形成产品里的二氧化碳的量也是不同的。

第三个领域的碳，是企业含碳的产品卖给消费者之后，消费者是怎么使用这个产品的，在使用过程中是增加了碳排放还是减少了碳排放，是一个环节还是多个环节，等等。企业产品进入社会后，产品中碳的变化的管理也属于企业的责任。企业产品进入市场在使用过程中的各个环节，二氧化碳的变化过程就是所谓的碳足迹。

中国企业目前还没有把碳足迹作为自己的责任来考虑，希望早一点考虑，这将会成为全球一致的行动。早准备，以后比较主动。我们应该清楚，在全球强化应对气候变化的大势下，国际社会在碳中和上的规则、方法、制度将会逐渐趋于一致，所以早准备、早主动。

综合碳中和的各种影响因素，企业需要提早做好摸清家底、规划管理、实施减排、抵消中和、信息披露等工作，全面实现低碳运营转型，从而降低生产成本，提升品牌价值，赢得消费者的青睐。

第二节　企业的挑战与机遇

从长远看，“碳中和”战略目标，对包括企业在内的市场主体都是有好处的，目标实现的过程，在某种意义上说，也是机遇再现的过程。具体到我国企业来说，由于企业的发展资源、产业基础以及技术配套、制度环境等，不可避免地有自身的短板，和发达国家相比，我国企业为实现“双碳”目标，短期内承受的挑战比分享的机遇要大。

1. 挑战

“双碳”政策对于一些公司是机遇，对于另一些公司就是挑战。一般认为，企业规模、体量以及资源型的比重越大，企业的挑战就越大，当然，所有企业面临的情况是“大有大难，小有小难”。对此，清华大学经济管理学院院长白重恩教授分析认为：

第一，我们还是发展中国家，经济正处于发展比较快的阶段，各方面的建设也会比较快速地发展，用能的需求也会比较多，而碳排放很多是来自用能，并且在建设中我们除了用能以外还有一些生产的过程也会产生排放。另外，人民生活改善的速度也比较快，也会产生更多排放。所以在需求增长比较快的情况下，我们在 2060 年达到碳中和目标挑战是很大的。

第二，我们希望 2030 年达到碳达峰、2060 年达到碳中和，这中间虽然留了 30 年的时间，但这个时间其实是很短的。很多发达国家从碳达峰到他们所期待的碳中和的时间都留了五六十年的过渡期，所以对我们来说要比别人更快速地实现从碳达峰到碳中和的转变是挑战的第二个来源。

第三，我们的能源结构对于实现碳中和目标也提出了挑战。我们高度依赖化石能源，比如说电力中我们高度依赖火电，我们的发电量里面大多是煤电，还有其他的一些像油、天然气这样的发电。要实现碳中和，火电的比例就必须要减到很低的程度才可以。要实现这样的转变其实也是比较难的，尤其是火电，比如像煤电这样的行业，从一个电厂建成到正常的退役，通常是 30—40 年甚至是 50 年。为了实现碳中和的目标，我们就需要让一些火电厂提前退役，这对我们来说成本是比较高的。所以上面这些原因都让我们感受到，要实现“双碳”目标，我们面临着巨大的挑战。

与“挑战”伴生的就是“风险”。这种风险有的是制度性的，有的是技术性的，有宏观的（行业），也有微观的（企业）。这种风险落到企业，其挑战就非常具体。

第一，在“双碳”政策下，所有企业都需要推进节能减排，这对每个企业来说都是一项重要的任务。特别是对于工业企业，节能减排和清洁生产方面的指标会更“硬”，这可能需要对现有设备进行更新或改造，可能需要引进新设备、新技术、新工艺，需要进行数字化转型。这些都不是可以轻松完成的任务。

第二，对于绝大多数企业，“双碳”政策的实施将导致产品（服务）成本的上升。例如，减少煤炭发电，增加清洁能源发电，推进抽水蓄能和新型储能规模化应用，都将可能推高电的成本，由此需要提高电价；电价的提高，将会传导到大部分产品（服务）的价格上；消费品价格的提高，又会推动劳动力成本的提高。产业结构调整、节能减排、清洁生产在内的大部分减碳的措施，也都是有成本的，都会导致企业产品（服务）成本的上升。

第三，碳排放权不足的企业，可能需要从碳市场上购买碳排放权，显然这也是一项成本费用的增量。

第四，对产业结构需要做深度调整的产业来说，将会限制某些产业的发展。例如，钢铁、煤炭行业将进一步“去产能”，煤电、石化、煤化工、煤制油气等产业的产能将受到控制。

新建扩建钢铁、水泥、平板玻璃、电解铝等高耗能、高排放项目将严格落实产能等量或减量置换，新建改扩建炼油和新建乙烯、对二甲苯、煤制烯烃项目必须纳入国家有关领域产业规划。这些都可能会对相关公司造成重大影响。

第五，对于上市公司来说，所有的挑战，不管是现实的还是潜在的，上市公司都应当尽早、全面、深入研究，制定出具体的应对之策，制定出详细的“路线图”和“施工图”。必要时，可以聘请专业机构帮助企业进行研究和设计。企业应当据此调整自己的发展战略和中长期发展规划。

2. 机遇

在推进“双碳”目标的过程中，不管企业在前期接受怎样的挑战，最后的落脚点和回归点，肯定是要求企业在转型升级中寻找新的发展机遇，实现新的战略转型，进入新的市场蓝海。

至于机遇在哪里，怎么判断，如何对接，如何分享，包括白重恩教授在内的许多专家都做出了分析。以下几点，具有一定的代表性。

第一，全球竞争力方面的机遇。中国的企业在新能源方面和全球相比有一定的优势，虽然我们的传统车企和世界最领先的传统车企距离可能会更大一点，但中国的一些电动车企业应该说和全世界最好的企业距离不是那么大。在其他的能源，比如说太阳能方面，中国太阳能电池企业的竞争力是非常强的。因为全球主要的经济体都要追求“碳中和”目标，所以他们对清洁能源的需求就会比较强，而中国在这方面比较有优势，所以我们的全球竞争力能够得到非常好的发挥。我们要为我们的企业努力营造良好的国际环境以及国内的政策环境，支持他们为全球碳中和目标的实现做出更大的贡献。

第二，为实现碳中和目标，倒逼我们在很多改革方面可以更快地推进。过去我们有一些方面的改革还是比较困难的，比如说电力市场的改革，很多行业的准入方面的改革都是比较艰难的。但是因为有碳中和的目标，如果我们不改革就不可能实现这样的目标，所以碳中和目标为改革创造了巨大的推动力。通过改革使得我们的能源市场更加高效率地运行，我们企业的准入“门槛”更低，竞争更加充分，资源配置也更多地由市场来决定，这样就对更多企业公平竞争创造了更好的条件，也为那些创新做得好的企业能尽快在市场上获得较大的市场份额创造比较好的条件。所以对企业来说，尤其是对在绿色能源、绿色技术方面有优势的企业来说，碳中和所创造的更加完善的市场条件，会为企业提供更多更好的机遇。

第三，要实现碳中和一定要有更多的创新。创新的最大动力就是市场，如果创新可以带来更强的竞争优势，可以给企业带来更多的商业机会，那么企业创新的动力就会更强。

不管是政策加持还是内生动力，对企业来说，如何充分利用其中的机会，获得发展的力量？

首先，一个很重要的方面就是让市场机制在实现碳中和的道路上起更重要的作用。一个很重要的机制叫作“碳定价”。所谓碳定价，就是如果一个企业产生了二氧化碳或者其他温室气体的排放，就要为此付出代价。有不同的形式来实现碳定价，比如碳税，如果排放了 1 吨二氧化碳就要交一定的税，就要为排放付出成本。另一种是碳排放权的交易，企业如果要排放，必须事先有排放权，而排放权因为在市场上是可以交易的，所以它有一个价格。在欧洲现在大概每吨排放权的价格是 80 欧元，多排放 1 吨二氧化碳就要付出 80 欧元的成本。不管是碳税还是排放权的交易，起到的作用就是让排放的成本由排放者来负担，排放者就有很强的动机来减排，为了减排，他们要么自己创新，要么更多地利用别人创新的产品，这是创新最大的动力。

其次，跟碳中和技术有关的创新，我们要有知识产权的保护，要对创新提供各种各样的支持，包括税收补贴等，让创新能够得到比较稳定的保护。还要营造一个稳定的政策预期，让创新者能够放心地去创新，我们觉得这是企业创新应该有的一些重要的前提条件。

最后，就是我们的经济安全。我们传统的能源里面像石油、天然气都对外依存度比较高，也给我们带来一定的供给风险，如果我们更多地使用清洁能源，像风能、光能等，这些供给对外依存度不是那么高，会改善我们的经济安全。

所以从各个方面来说，碳中和的目标都给企业带来比较多的机遇，比如——

（1）与绿色低碳产业相关的机遇。

绿色低碳产业，包括：新一代信息技术、生物技术、新能源、新材料、高端装备、新能源汽车、绿色环保以及航空航天、海洋装备等战略性新兴产业；此外，还包括互联网、大数据、人工智能、第五代移动通信（5G）等新兴技术与绿色低碳产业深度融合。在这些领域，上市公司将会有很多机遇。

（2）与生态系统碳汇相关的机遇。

提升生态系统碳汇增量：实施生态保护修复重大工程；开展山水林田湖草沙一体化保护和修复；推进大规模国土绿化行动；实施森林质量精准提升工程；增加森林面积和蓄积量；提升生态农业碳汇等措施。这些都会为企业提供很大的市场机会。

（3）与绿色低碳重大科技攻关和推广应用相关的机遇。

低碳、零碳、负碳和储能新材料、新技术、新装备的研究；高效率太阳能电池、可再生能源制氢、可控核聚变、零碳工业流程再造等低碳前沿技术的研究；新型储能技术的研究；氢能生产、储存、应用关键技术的研究；规模化碳捕集、利用与封存技术等各种与减碳有关的研究。这些领域研究如果取得重大突破，以及这些领域研究成果的推广应用，都会有非常大的市场机会，可能会给企业带来巨大的经济效益。

第三节　企业的碳核算

作为企业来说，要想探寻“双碳”带来的挑战与机遇，第一步还是先要摸清家底。道理很简单，任何与碳排放相关的工作，都是建立在“依据标准规范、正确核算碳排放”的基础之上的，都必须满足“可测量、可报告、可核查”的基本原则，然后才谈得上碳减排、碳达峰、碳中和。企业作为一个“重投入，讲回报”的市场主体更是如此。

1.“双碳”未动 统计先行

掌握最科学方法，摸清碳排放底数，获得第一手数据，是科学决策、成效评估和国际谈判的重要基础，对我国实现“双碳”目标至关重要。对此，中国计量科学研究院院长方向认为，制作碳排放统计监测核算报告是一项庞大的复杂工程，其中的核算方法和核算体系，都有待总结和完善。他对此做了专门介绍。

在方法上，间接核算方法是基于能源消耗统计、碳排放因子参数等综合因素，推算得出碳排放数据，是一种计算数据，存在不完整、不准确、不一致和不可比的问题。

方向解释说，基于连续排放监测系统（Continuous Emission Monitoring System，CEMs）对碳排放进行直接测量的方法是国际上最新兴起的技术，具有中间环节少、准确性高和实时报送的优点，也可有效支撑间接核算数据的验证。

欧美国家已采用直接测量和间接核算相结合的方法，如美国立法规定，年碳排放量超过 2.5 万吨的排放源必须安装 CEMs，并将数据在线报送监管机构。

英国监管机构定期通过大气测量和反演模型相结合对排放清单进行外部验证，及时查找和减少核算误差。2019 年 5 月，政府间气候变化专门委员会发布的《IPCC2006 年国家温室气体清单指南（2019 修订版）》首次完整地提出基于直接测量反演的碳排放清单编制方法，代表了最新科学认知、技术进展和国际共识。

相比之下，我国的碳排放统计监测核算报告体系尚不健全。

方向专程做过调研，他发现，随着产业升级和科技创新，碳排放参数不断更新，能源消耗数据、工艺过程碳排放数据的准确性需要尽快提高；碳排放清单的准确性和时效性不高，国际上对我国碳排放数据存在明显高估，对我国履行国际减排责任极其不利；我国企业缺乏对生产过程碳排放的测量统计，将会在国际贸易中面临较高的碳关税成本，降低市场竞争力；碳计量技术和标准规范的缺失将影响碳排放数据的国际互认，有损我国在国际碳市场的谈判竞争力和话语权。

为提升碳排放统计监测能力，增强战略主动权，方向建议：

（1）尽快建立直接测量和间接核算相结合的碳排放统计监测核算报告体系。

（2）在重点行业推广直接测量和间接核算相结合的方法，选择典型区域和代表企业试点。

（3）制定核算报告国家标准，推行采用直接测量对间接核算数据进行验证，对重点高耗能、高排放企业提出明确要求，保障碳排放数据的完整准确和一致可比，有力支撑科学决策和国际谈判。

（4）对先进碳计量技术和高端碳测量仪器研发应用实施专项经费投入，努力实现核心技术与高端仪器的自主可控。

（5）强化先进碳计量技术在重点行业领域的普及应用，提升碳排放统计监测能力。

（6）主导建立国际互认的碳计量监测核算报告标准，打破欧美国家长期垄断局面，增强我国应对国际风险挑战的战略主动权。

为了能参与国际标准制定，增强国际话语权，在方向看来，一要积极吸收计量测试专家加入我国“IPCC 国家温室气体排放清单编制组”和国家标准起草组；二要积极推动我国计量测试专家加入《IPCC 国家温室气体排放清单编制指南》起草组，参与国际标准制定工作。主导推进与国际碳市场接轨，增强谈判能力，打破贸易壁垒，维护我国企业的合法权益。

2. 碳核算相关概念及研究

有关气候变化相关主题和低碳经济的研究，仅从概念的内涵发展就经历了一系列的发展与演变，如碳锁定、碳解锁、碳脱钩、碳达峰、碳中和等概念的出现，与“碳”相关的研究也日益增多。

“碳锁定”是由西班牙学者George Unruh在2000年首次提出，认为制造业的技术及制度被锁定在化石能源系统中，导致工业经济发展无法摆脱高碳排放问题，而市场和产业政策的低碳减排效果也被削弱，出现“碳锁定”状态。对应于“碳锁定”，“碳解锁”则是要摆脱这一固化局面。碳核算上，主要有以下概念和重点。

碳核算相关方法：碳量永恒的理论是碳排放核算中一切有关碳减排策略的基础。基于这一理论，碳排放核算主要通过收集历史碳排放数据，确定基准值，结合未来发展计划（如产量、投资等）来测算未来碳排放潜力。

碳排放的测算：根据二氧化碳的核算途径，碳核算的方式可分为自上而下和自下而上两类，前者主要指国家或政府层面的宏观测量，测量方法主要有排放系数法等；而后者则是下级单位的自行测算后向上级单位披露与汇总统计，包括企业的自测与披露、地方对中央的汇报汇总及各国对国际社会提交反馈，企业更多地会采取实测法来对碳排放做出核算。

从国际层面而言，国际组织或国际协定主要依靠各国政府和企业自主进行核算及汇报来计算碳核算结果。自上而下的测算以《IPCC2006年国家温室气体清单指南（2019修订版）》为主流国际标准，自下而上的测算则是温室气体议定书系列标准最为广泛使用。

这些由非政府组织构建的标准及指引，均鼓励国家、城市、社区及企业等主体对于核算结果进行汇报和沟通，以此确保公开报告的一致性。以国际能源署发布的碳核算报告为例，其数据来源主要为国家向国际能源署能源数据中心提交的月度数据、来自世界各地电力系统运营商的实时数据、国家管理部门发布的统计数据等。

在学术界，排放系数法是适用范围最广、应用最为普遍的一种碳核算办法，即把煤、石油、天然气等化石能源按一定的碳排放系数转换成标准煤的形式进行计算。

但在实际操作中，各个机构和学者对碳排放系数确定的标准各不相同，其中影响较大的有政府间气候变化专门委员会、美国能源部/能源情报局、美国橡树岭国家实验室、日本能源研究所等；而我国有国家科委气候变化项目、国家发展改革委能源研究所等。

除此之外，还有划分为原煤、洗精煤、焦炭、原油、汽油、煤油、柴油、燃料油、其他石油制品、液化石油气、天然气等细类，每个类别分别有其对应的折算系数。

3. 碳排核算 企业举措

由于国家间的碳数据测量存在着国际比对，普遍采用国际互认的碳排放数据测量体系，而我国在这方面尚未很好地融入“欧美体系”圈，因此我国企业的合法权益、国际贸易等，常有受制于人的被动，因此，企业作为市场的一支重要力量，既要汲取体系的力量，又要找准各自的破题方向、行动路径。经中国电子节能技术协会全生命周期绿色管理专委会王洪涛主任委员在内的相关专家总结，有以下问题需要注意：

（1）关于碳核算的方法。

碳核算的对象不同，采用的核算方法就有差别。例如，对国家和地区的碳核算，称为温室气体清单编制，其实是统计一个区域内的年度排放总量。这种核算用于国际履约，或者中央对地方政府的督查。国家碳中和目标也是基于总量而言的。

企业的碳核算与评价分析则有多种对象，但只有两类国际标准核算方法。第一类是基于 ISO14064 国际标准，另一类是基于 ISO14067 的产品碳足迹国际标准。碳交易基于 ISO14064 的核算方法，要求数据非常准确，但难以涵盖全部减排途径和减排潜力。

（2）如何运用两类核算标准。

两类标准有不同的应用场景。比如，碳交易、清洁发展机制 CDM 和核证减排量都与收入或付费直接挂钩，因此对数据准确性的要求非常高，被笼统地称为“碳泄露”。所以，基于 ISO14067，企业可以进行技术、产品及供应链的碳核算以及不同方案的对比分析，从而支持低碳技术研发、产品设计、生产过程管理、供应链管理、客户服务、市场宣传等方面的工作，全面发挥上述五种减排措施的潜力，最大限度地发挥全社会各种行业、所有企业的减排潜力。

按照上述方法和体系，企业应根据各自实际，制定目标，发布碳减排报告，促进全供应链协同减排，为实现碳中和发挥动力、赢得主动、获得先机。

4. 确保核算数据真实

碳排放权交易是实现碳达峰、碳中和的重要政策工具，准确可靠的数据是碳排放权交易市场有效规范运行的生命线。但据生态环境部消息，一批碳排放报告数据弄虚作假典型问题案例不久前被通报。国家主管部门表示，企业单位在申报碳核算数据时，将坚决查处数据虚报、瞒报、弄虚作假等违法违规行为。

在环保领域，针对第三方技术服务机构的公正性、规范性的问题，事实上长期以来被质疑，环保数据造假已不是新鲜事。报告“挂名”、核查走过场、篡改数据、内容失真……同样的“病症”也存在于环境影响评价报告等其他领域。如今，环保领域的老毛病又带到了碳排放的新市场。

众所周知，我国碳市场刚起步不久，而碳市场正是实现碳达峰、碳中和目标的重要政策工具。真实、准确的数据信息，是碳市场健康发展的命脉。一旦数据造假，公平的市场交易无从谈起，政策执行的公信力也将因此受损。

通俗理解，碳交易的本质是以经济手段鼓励企业控排减碳，推动绿色发展。企业将富余的碳减排量放在市场上交易，就是真金白银。然而，一些企业不下真功夫，偏偏走捷径，为了追求短期利益与技术服务机构签订合同，篡改几个数据，改几页纸报告，就是几百万元甚至上千万元的差价。如此一来，老老实实控排的企业吃亏，合谋弄虚作假的企业反而“坐收渔利”，整个市场的信用将在“劣币驱逐良币”的恶劣影响下丧失殆尽。

事实上，我国碳市场刚起步，相关核算标准体系、数据质量管理长效机制仍处于完善过程中。但对于抱有侥幸心理、知假造假的机构，必须让其付出代价。此次生态环境部将问题案例曝光在阳光下，也为所有参与碳市场的相关方敲响警钟，铤而走险必被追究。

“双碳”目标是新机遇。数据能造假，企业绿色转型造不了假。只有扎扎实实做工作，将控排减碳落实到每一个项目、每一个细节中，让第三方技术服务机构回归公正、规范和科学，才能真正实现企业绿色、可持续发展。

【延伸阅读】

碳排放权交易容不得数据造假

2022 年 3 月 14 日，生态环境部对 4 家机构碳排放报告数据弄虚作假等典型问题案例进行了公开通报。这些机构有的篡改、伪造检测报告，授意指导企业制作虚假煤样送检，有的工作程序不合规、核查履职不到位、核查结论失实，造成了恶劣的社会影响。

此次被通报的 4 家技术服务机构的注册地址分别位于北京、青岛和沈阳，从这些分散的区域位置不难看出，生态环境部前期做了大量工作。

实际情况也正是如此，2021 年 10 月至 12 月，生态环境部组织 31 个工作组开展碳排放报告质量专项监督帮扶。以重点技术服务机构及其相关联的发电行业控排企业为切入点，围绕煤样采制、煤质化验、数据核验、报告编制等关键环节，深入开展现场监督检查，揪出了 2022 年全国碳市场第一批害群之马。

实现碳达峰、碳中和目标是一场广泛而深刻的变革，也是一项长期任务，既要坚定不移，又要科学有序地推进。今年政府工作报告也明确提出，“推动绿色低碳发展”“有序推进碳达峰碳中和工作”。

排放权交易是实现碳达峰、碳中和的重要政策工具，旨在通过市场调节手段，让企业认识到买碳有成本、节碳有回报，进而引导重点排放单位进行节能减排。对碳排放权交易市场的有效规范运行而言，准确可靠的数据是生命线。目前，生态环境部已发布《碳排放权交易管理办法（试行）》《碳排放权登记管理规则（试行）》《碳排放权交易管理规则（试行）》和《碳排放权结算管理规则（试行）》，我国碳排放权交易进入全国统一规范、统一交易的发展期。

一般情况下，电力、钢铁、石化等行业的高排放企业，是国内碳排放权交易市场的参与主体。此类行业企业不仅碳排放需求高，而且相关数据的“含金量”也高——如果对企业碳排放数据失察，不仅会留下巨大的权力寻租空间，而且会干扰全国碳排放管理，以及碳交易市场的整体健康发展。

2021 年 10 月，生态环境部印发《关于做好全国碳排放权交易市场数据质量监督管理相关工作的通知》，要求各地环保部门做好全国碳市场数据质量监督管理。与此同时，组织 31 个工作组展开专项监督。尽管如此，依然有技术服务机构弄虚作假，铤而走险。由此足以看出，完善碳市场排放数据管理仍有一段很长的路要走。

毋庸讳言，类似的数据造假现象，也曾出现在环保监测领域。如果缺少强有力的震慑，在超标排放的巨大利益诱惑之下，排污企业很容易与检测机构达成黑色交易。

2016 年 12 月，最高法、最高检联合发布《关于办理环境污染刑事案件适用法律若干问题的解释》，其中规定：重点排污单位篡改、伪造自动监测数据或者干扰自动监测设施，排放化学需氧量、氨氮、二氧化硫、氮氧化物等污染物的，应当认定为“严重污染环境”；实施或参与实施篡改、伪造行为的人员应当“从重处罚”。此后，环保数据造假现象大大减少。

以环境监测数据造假入刑为观照，有必要推进关于碳排放权交易的法律体系建设，以强有力的法律武器保障碳排放数据真实可靠，维护碳排放权交易市场健康运行。除此之外，也有必要进一步明确碳排放权交易市场的监管主体——碳排放权交易是一种环保制度设计，但又具有一定的金融产品属性，在生态环境部门加强监督管理的同时，如何防范其中可能存在的金融风险，也是一项不得不考虑的内容。

在明确监管主体、完善法律体系的基础上，对碳排放权交易的全部过程进行严格监督，有助于建立保障数据质量的长效管理机制，确保碳市场平稳健康运行，进而科学有序推进实现“双碳”目标。（资料来源：《法治日报》）

第四节　能源企业须“标本兼治”

本章在导语部分就指出：“双碳”倒逼之下的能源、建筑等领域的企业，转型升级成为“硬性”任务。

联系到当前俄乌战争、美国强权、中东动荡、欧洲缺油少气、中国发展提速等现实，可以说，一边是全球零碳排的时代浪潮，另一边则是席卷全球的能源危机。与此同时，有关减排问题再一次被推上风口，一遍又一遍被反复讨论。要不要减排，减排指标怎么分？这对许多国家和企业而言，都是个不小的考验。对企业来说，首当其冲的是能源行业。

1. 特殊行业减排“加速跑”

在第七十五届联合国大会上，中国向全球表明了中国对于“绿色低碳转型”的决心，提出了两个碳排放目标，一是力争于 2030 年前达到峰值；二是努力争取 2060 年前实现碳中和，也就是本书反复提到的“双碳”目标。

然而，对中国而言，用 10 年时间碳达峰，用 30 年时间碳中和，其任务之艰巨可想而知。但开弓没有回头箭。

当前，我国能源企业在数字化“脱碳”环节，主要存在两类路径，一种是由企业自主完成相关数字化转型进程，这类大多是央企、国企等大型企业；另外一种则是与相关互联网企业展开合作，借助互联网企业的技术达成能源数字化，这类企业在普遍规模上比不上国企，当然也有部分国企在相关领域也会与互联网企业展开战略合作。

在此背景下，目前国内的大量能源企业都已展开行动。例如：国家电投，率先提出 2023 年碳达峰目标；国家能源集团正研究制定 2025 年碳达峰行动方案；包括国家电网、南方电网、华能、大唐、华电和三峡集团等央企，也都各自拟定了相关清洁能源发展目标。也就是通过人工智能、大数据分析、云计算等数字化技术，第一步是帮助企业摸清能耗和碳排情况，接着制定减排或减碳路线图，其中一个必经的技术环节、技术手段就是“数字化”，这是包括能源行业在内的各行各业，今后做“双碳”工作的大方向。

以能源行业为例，因为碳排放问题的根源便是化石能源大量开发和使用，比如今年欧洲所遭遇的电力危机，问题出在可再生能源发电的不稳定性上，且并不一定与需求相匹配，今年欧洲风量出现巨大下降，加上煤炭和天然气供应又出现了问题，这才导致欧洲“电荒”的出现。

不可否认的是，这类事件将是减排过程中的必然事件，毕竟解决碳排放问题的根本之法就是转变能源发展方式，加快推进清洁替代和电能替代，彻底摆脱化石能源依赖，即便短期内会出现能源供给问题，当然最主要问题是短期内无法彻底实现能源发展方式转变，治不了“本”，“标”也是要治的。

如何“治标”？就是加强能源上下游产业链的低碳技术研发应用，为其他领域提供低碳技术和全套能源解决方案，数字化技术就此派上用场。

此前，埃森哲发布《中国能源企业低碳转型白皮书》，指出数字化将成为低碳转型的重要推动力，而一场由“能源 + 数字化”引领的革命正在走向深度融合。

与此相呼应，由海南经济特区物权数字化网络科技有限公司立项开发的“碳权 + 数字化”商业模式，将引导各类市场主体，勇敢跻身“双碳”前沿，探索可持续发展的新路径、新价值，通过数字化的路径创新，推动形成产业新生态。本书的后面章节，将作详细介绍。

2. 能源企业怎样数字化

能源行业作为“双碳”背景下重点关注的对象，研究这一行业的数字化，对其他行业有范本意义。那么要想“借助数字化，实现加速跑”，可行的做法在哪里？对此，专家给出了建议，一是自主，二是合作。

先说“自主”跑法。最典型的例子就是国家电网，它就是自主进行能源数字化的代表企业。

自主环节主要体现在业务数字化转型、拓展数字产业化和提升数字化保障能力方面。此前，国网浙江电力就推出“双碳大脑”依托能源大数据中心推动经济社会各方面节能降耗。

“双碳大脑”通过创建碳地图、碳足迹、碳管理、碳减排四个板块，实现看碳、析碳、降碳等三个功能，从而确定碳达峰需要重点控制的领域。这也是数字化为能源企业带去的一大改变，即能源生产模式转变，由过去单方供给变成能源互联网生态。

通过强化电网规划、调度、运行、检修等环节的数字化监控，推进企业经验数字化。也就是前面提到的加强上下游产业链的低碳技术研发应用，以数字化的方式为企业减少碳排放。

再看“合作”跑法。相比企业自己做，更多企业的选择则是依托类似华为、百度、施耐德等专业的互联网数字化企业。

例如华为云已经是这方面的佼佼者，在不少领域都能看到华为数字能源的身影。在实践中我们看到，通过融合数字技术和电力电子技术，降低能源转换、存储和使用过程中的消耗，帮助南方电网将巡检效率提高 80 倍；在站点能源领域，华为通过以柜替房、以杆替柜来简化站点，并推出离网去油综合供能全系列解决方案，帮助运营商加速推进网络碳中和；在数据中心能源领域，华为则采用预制化、模块化、智能化的技术，打造极简、绿色、智能、安全的下一代数据中心。如武汉人工智能计算中心通过华为预制模块化数据中心解决方案，每年可节省 340 多万度电。

另外，多年来百度云依托人工智能技术，在能源数字化方面也有了相当建树，例如推动中国第一个以推动智慧能源产业技术发展为宗旨的公共服务云平台——中国智慧能源百度公共服务云平台开启。与包括云智环能科技有限公司、北京云能源科技有限公司和上海辰竹仪表有限公司等能源企业共同建立了 ABC+IoT 数字能源创新联盟，打造创新型一体化的能源管理平台。

此外，像施耐德等数字化企业，也在大力开展数字化减排业务，自 2019 年开始就在通过业务模式转型、资产管理及运营、可再生资源整合等方式，帮助电力企业实现“脱碳化发电”。

相比之下，走自主形式的企业大都具备一定技术底蕴，相对而言“财大气粗”，另外也是因为数字化涉及部门或业务较多，对于个性化解决方案的需求，不得不走向自主。如国家电网在部分环节依旧会采用与其他企业合作的形式。

不管怎样，也无论哪种方式，都说明在“双碳”背景下，能源企业数字化的进程都已开始大步向前，能看出能源快速转型既是实现“双碳”目标的坚实基础，也是实现经济社会可持续发展的必然需求；其次是推动传统能源与现代信息数字通信技术深度融合，重塑能源新业态，打造智慧能源已经是大势所趋。

能源行业数字化转型包含哪些？

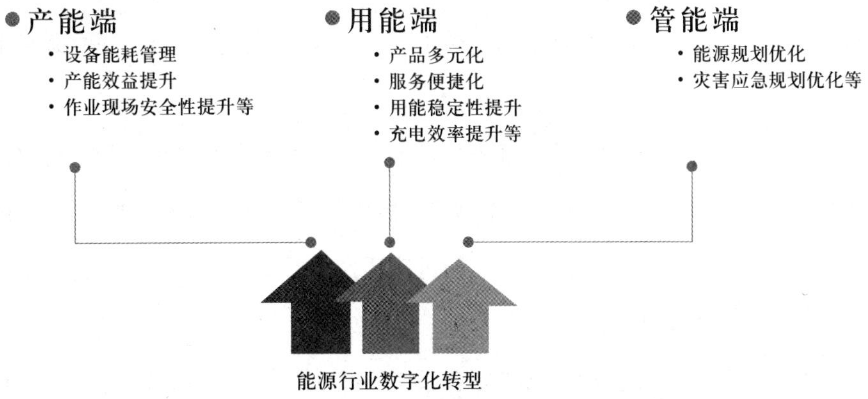

产能端
- 设备能耗管理
- 产能效益提升
- 作业现场安全性提升等

用能端
- 产品多元化
- 服务便捷化
- 用能稳定性提升
- 充电效率提升等

管能端
- 能源规划优化
- 灾害应急规划优化等

能源行业数字化转型

3. 能源数字化转型

能源企业实现“双碳”，通过数字化加速这一进程，成为企业的不二选择，由以上列举的案例可以看出，不同的企业选择的方式不尽相同，但智能化、清洁化、高效化、去中心化是不同方式中的共同特点。

具体而言，在“双碳”背景下，能源企业的数字化转型还将为能源企业带去以下几个改变：

首先，企业身份的转变不再只是一个传统能源的生产商，在数字化作用下，能源企业还将成为“碳排放”的产销者。

例如，当前不少煤矿企业也都开启了数字化之路，此前陕煤就联合华为发布了《智能矿山联合解决方案》，通过“一张网、一朵云、一平台”实现了对采掘环节的数字化覆盖，未来还将覆盖到煤矿生产的探、洗、运、销、煤化工全链条。当前大量矿企正符合“首批碳排放交易企业名单”，对于率先完成数字化，达成减排目标的企业而言，“碳排放交易”的开启不仅仅是能为企业带去额外效益，也是企业身份的一个深层次转变。

其次，能源企业的产品形态将出现改变，“碳”不再是核心，但一切依旧以“碳”为中心。

什么意思？是说在数字化能力下，“碳”将成为能源企业管理的新维度，需要量化、跟踪和分析整个价值链中的“碳足迹”，进而推进能源企业全价值链的碳管控。

也就是说数字化带去的第二个改变则是能源生产工具出现转变，过去以能源转换为特征，未来则是以数据驱动能源生产。而这也是当前一众互联网数字化企业的拿手好戏。

毕竟相较于大多数企业，都不具备中石化或国家电网这般体量与实力，相比自主研发的投入，寻求互联网企业的数字化解决才更加合适也更合理。

再就是像华为、百度这些企业通过广泛合作已经积累了丰富经验，输出了针对能源行业的各类解决方案。

数据显示现阶段，华为已与全球 190 多家电力企业深度合作，为全球领先的 20

家油气企业中的17家、全球领先的20家矿业企业中的17家提供数字化服务。百度智能云AI中台、知识中台也早在国家电网、南方电网等头部客户落地应用，支撑无人机巡检、“刷脸办电”、综合能源等20多个业务场景。

当前，在整个能源行业减排的大方向中，数字化也并不是至善至美，尤其在“双控”之下，对煤化工企业的用能总量，不能搞“一刀切”式的管理，以防将“数字化”搞成“机械化”，影响部分企业正常的生产和经营。但不管怎么说，随着“双碳”目标的全面推进，无论对于能源企业来说，还是互联网数字化企业而言，“碳权数字化”必将是一片“新蓝海”。

CHAPTER
NINE

第九章

脱碳治理谱华章

事机作而不能应，非智也；
势机动而不能制，非贤也；
情机发而不能行，非勇也。

——《诸葛亮将苑》

言必行，行必果。

中国作为全球负责任的大国，“一诺千金”是我们给世人的基本印象，在碳达峰、碳中和问题上，承诺既出，就必定将其纳入生态文明建设的整体布局，这是为了实现中华民族的永续发展，也是为了构建人类命运共同体。下面，再介绍一下我国为实现“双碳”目标而制定的三个阶段。

排放达峰（当前—2030年）：以降耗减排、用能效率提升为主，大力加强绿色能源建设。

快速减排（2030—2045年）：全面使用清洁能源，降低人均碳排放，化石能源使用总量快速下降。

全面碳中和（2045—2060年）：深度脱碳，零碳、负碳技术规模应用，最终实现碳中和。

根据生态环境部2021年6月消息，2020年年底，我国非化石能源占能源消费的比重已达到15.9%，超额完成向国际社会承诺的2020年目标。以此推算，至2060年最终实现碳中和，非化石能源在能源消费中的占比预计要提升至85%以上。

国务院新闻办公室2021年10月27日发表《中国应对气候变化的政策与行动》白皮书提出，中国是拥有14亿多人口的最大发展中国家，面临着发展经济、改善民生、污染治理、生态保护等一系列艰巨任务。尽管如此，为实现应对气候变化目标，中国迎难而上，积极制定和实施了一系列应对气候变化战略、法规、政策、标准与行动，推动中国应对气候变化实践不断取得新进步。

白皮书提出，中国将牢固树立共同体意识，以人民为中心，大力推进碳达峰碳中和，实施积极应对气候变化国家战略。要求各行业、各产业充分运用新兴技术，在研发、设计、生产、管理等层面，提升效率、降低消耗，为我国推动实现“双碳”目标，构建另一个支撑面。

第一节　不断提高应对气候变化力度

中国确定的国家自主贡献新目标不是轻而易举就能实现的。中国要用30年左右的时间由碳达峰实现碳中和，完成全球最高碳排放强度降幅，需要付出艰苦努力。

第一，加强应对气候变化统筹协调。应对气候变化工作覆盖面广、涉及领域众多。为加强协调、形成合力，中国成立由国务院总理任组长，30个相关部委为成员的国家应对气候变化及节能减排工作领导小组，各省（区、市）均成立了省级应对气候变化及节能减排工作领导小组。2018年4月，中国调整相关部门职能，由新组建的生态环境部负责应对气候变化工作，强化了应对气候变化与生态环境保护的协同。2021年，为指导和统筹做好碳达峰、碳中和工作，中国成立碳达峰碳中和工作领导小组。各省（区、市）陆续成立碳达峰碳中和工作领导小组，加强地方碳达峰、碳中和工作统筹。

第二，将应对气候变化纳入国民经济社会发展规划。自“十二五”开始，中国将单位二氧化碳排放（碳排放强度）下降幅度作为约束性指标纳入国民经济和社会发展规划纲要，并明确应对气候变化的重点任务、重要领域和重大工程。中国“十四五”规划和2035年远景目标纲要将“2025年单位GDP二氧化碳排放较2020年降低18%”作为约束性指标。中国各省（区、市）均将应对气候变化作为“十四五”规划的重要内容，明确具体目标和工作任务。

第三，建立应对气候变化目标分解落实机制。为确保规划目标落实，综合考虑各省（区、市）发展阶段、资源禀赋、战略定位、生态环保等因素，中国分类确定省级碳排放控制目标，并对省级政府开展控制温室气体排放目标责任进行考核，将其作为各省（区、市）主要负责人和领导班子综合考核评价、干部奖惩任免等重要依据。省级政府对下一级行政区域控制温室气体排放目标责任也开展相应考核，确保应对气候变化与温室气体减排工作落地见效。

第四，不断强化自主贡献目标。2015年，中国确定了到2030年的自主行动目标：二氧化碳排放2030年左右达到峰值并争取尽早达峰。截至2019年年底，中国已经提前超额完成2020年气候行动目标。2020年，中国宣布国家自主贡献新目标举措：中国二氧化碳排放力争于2030年前达到峰值，努力争取2060年前实现碳中和；到2030年，中国单位GDP二氧化碳排放将比2005年下降65%以上，非化石能源占一次能源消费比重将达到25%左右，森林蓄积量将比2005年增加60亿立方米，风电、太阳能发电总装机容量将达到12亿千瓦以上。相比2015年提出的自主贡献目标，时间更紧迫，碳排放强度削减幅度更大，非化石能源占一次能源消费比重再增加5个百分点，增加非化石能源装机容量目标，森林蓄积量再增加15亿立方米，明确争取2060年前实现碳中和。2021年，中国宣布不再新建境外煤电项目，展现中国应对气候变化的实际行动。

第五，加快构建碳达峰、碳中和“1+N”政策体系。中国制定并发布碳达峰、碳中和工作顶层设计文件，编制2030年前碳达峰行动方案，制定能源、工业、城乡建设、交通运输、农业农村等分领域、分行业碳达峰实施方案，积极谋划科技、财政、金融、价格、碳汇、能源转型、减污降碳协同等保障方案，进一步明确碳达峰、碳中和的时间表、路线图、施工图，加快形成目标明确、分工合理、措施有力、衔接有序的政策体系和工作格局，全面推动碳达峰、碳中和各项工作取得积极成效。

第二节　坚定走绿色低碳道路

中国一直本着负责任的态度积极应对气候变化，将应对气候变化作为实现发展方式转变的重大机遇，积极探索符合中国国情的绿色低碳发展道路。走绿色低碳发展的道路，既不会超出资源、能源、环境的极限，又有利于实现碳达峰、碳中和目标，把地球家园呵护好。

第一，实施减污降碳协同治理。实现减污降碳协同增效是中国新发展阶段经济社会发展全面绿色转型的必然选择。中国2015年修订的大气污染防治法专门增加条款，为实施大气污染物和温室气体协同控制和开展减污降碳协同增效工作提供法治基础。为加快推进应对气候变化与生态环境保护相关职能协同、工作协同和机制协同，中国从战略规划、政策法规、制度体系、试点示范、国际合作等方面，明确统筹和加强应对气候变化与生态环境保护的主要领域和重点任务。中国围绕打好污染防治攻坚战，重点把蓝天保卫战、柴油货车治理、长江保护修复、渤海综合治理、城市黑臭水体治理、水源地保护、农业农村污染治理七场标志性重大战役作为突破口和“牛鼻子”，制订作战计划和方案，细化目标任务、重点举措和保障条件，以重点突破带动整体推进，推动生态环境质量明显改善。

第二，加快形成绿色发展的空间格局。国土是生态文明建设的空间载体，必须尊重自然，给自然生态留下休养生息的时间和空间。中国主动作为，精准施策，科学有序地统筹布局农业、生态、城镇等功能空间，开展永久基本农田、生态保护红线、城镇开发边界“三条控制线”划定试点工作。将自然保护地、未纳入自然保护地但生态功能极重要、生态极脆弱的区域，以及具有潜在重要生态价值的区域划入生态保护红线，推动生态系统休养生息，提高固碳能力。

第三，大力发展绿色低碳产业。建立健全绿色低碳循环发展经济体系，促进经济社会发展全面绿色转型，是解决资源环境生态问题的基础之策。为推动形成绿色发展方式和生活方式，中国制定国家战略性新兴产业发展规划，以绿色低碳技术创新和应用为重点，引导绿色消费，推广绿色产品，提升新能源汽车和新能源的应用比例，全面推进高效节能、先进环保和资源循环利用产业体系建设，推动新能源汽车、新能源和节能环保产业快速壮大，积极推进统一的绿色产品认证与标识体系建设，增加绿色产品供给，积极培育绿色市场。持续推进产业结构调整，发布并持续修订产业指导目录，

引导社会投资方向，改造提升传统产业，推动制造业高质量发展，大力培育发展新兴产业，更有力支持节能环保、清洁生产、清洁能源等绿色低碳产业发展。

第四，坚决遏制高耗能、高排放项目盲目发展。中国持续严格控制高耗能、高排放（以下简称“两高”）项目盲目扩张，依法依规淘汰落后产能，加快化解过剩产能。严格执行钢铁、铁合金、焦化等13个行业准入条件，提高在土地、环保、节能、技术、安全等方面的准入标准，落实国家差别电价政策，提高高耗能产品差别电价标准，扩大差别电价实施范围。公布12批重点工业行业淘汰落后产能企业名单，2018年至2020年连续开展淘汰落后产能督查检查，持续推动落后产能依法依规退出。中国把坚决遏制“两高”项目盲目发展作为抓好碳达峰、碳中和工作的当务之急和重中之重，组织各地区全面梳理摸排“两高”项目，分类提出处置意见，开展“两高”项目专项检查，严肃查处违规建设运行的“两高”项目，对“两高”项目实行清单管理、分类处置、动态监控。建立通报批评、用能预警、约谈问责等工作机制，逐步形成一套完善的制度体系和监管体系。

第五，优化调整能源结构。能源领域是温室气体排放的主要来源，中国不断加大节能减排力度，加快能源结构调整，构建清洁低碳安全高效的能源体系。确立能源安全新战略，推动能源消费革命、供给革命、技术革命、体制革命，全方位加强国际合作，优先发展非化石能源，推进水电绿色发展，全面协调推进风电和太阳能发电开发，在确保安全的前提下有序发展核电，因地制宜发展生物质能、地热能和海洋能，全面提升可再生能源利用率。积极推动煤炭供给侧结构性改革，化解煤炭过剩产能，加强煤炭安全智能绿色开发和清洁高效开发利用，推动煤电行业清洁高效高质量发展，大力推动煤炭消费减量替代和散煤综合治理，推进终端用能领域以电代煤、以电代油。深化能源体制改革，促进能源资源高效配置。

第六，强化能源节约与能效提升。为进一步强化节约能源和提升能效目标责任落实，中国实施能源消费强度和总量双控制度，设定省级能源消费强度和总量控制目标并进行监督考核。把节能指标纳入生态文明、绿色发展等绩效评价指标体系，引导转变发展理念。强化重点用能单位节能管理，组织实施节能重点工程，加强先进节能技术推广，发布煤炭、电力、钢铁、有色、石化、化工、建材等13个行业共260项重点节能技术。建立能效“领跑者”制度，健全能效标识制度，发布15批实行能源效率标识的产品目录及相关实施细则。加快推行合同能源管理，强化节能法规标准约束，发布实施340多项国家节能标准，积极推动节能产品认证，已颁发节能产品认证证书近5万张，助力节能行业发展。加强公共机构节能增效示范引领，35%左右的县级及以上党政机关建成节约型机关，中央国家机关本级全部建成节约型机关，累计创建5114家节约型公共机构示范单位。加强工业领域节能，实施国家工业专项节能监察、工业节能诊断行动、通用设备能效提升行动及工业节能与绿色标准化行动等。加强需求侧管理，大力开展工业领域电力需求侧管理示范企业（园区）创建及参考产品（技术）遴选工作，实现用电管理可视化、自动化、智能化。

第七，推动自然资源节约集约利用。为推进生态文明建设，中国把坚持节约资源和保护环境作为一项基本国策。大力节约集约利用资源，推动资源利用方式根本转变，深化增量安排与消化存量挂钩机制，改革土地计划管理方式，倒逼各省（区、市）下大力气盘活存量。严格土地使用标准控制，先后组织开展了公路、工业、光伏、机场等用地标准的制定修订工作，严格依据标准审核建设项目土地使用情况。开展节约集约用地考核评价，大力推广节地技术和节地模式。积极推动矿业绿色发展。加大绿色矿山建设力度，全面建立和实施矿产资源开采利用最低指标和“领跑者”指标管理制度，发布360项矿产资源节约和综合利用先进适用技术。加强海洋资源用途管制，除国家重大项目外，全面禁止围填海。积极推进围填海历史遗留问题区域生态保护修复，严格保护自然岸线。

第八，积极探索低碳发展新模式。中国积极探索低碳发展模式，鼓励地方、行业、企业因地制宜探索低碳发展路径，在能源、工业、建筑、交通等领域开展绿色低碳相关试点示范，初步形成了全方位、多层次的低碳试点体系。

中国先后在10个省（市）和77个城市开展低碳试点工作，在组织领导、配套政策、市场机制、统计体系、评价考核、协同示范和合作交流等方面探索低碳发展模式和制度创新。试点地区碳排放强度下降幅度总体快于全国平均水平，形成了一批各具特色的低碳发展模式。

第三节　加大温室气体排放控制

中国将应对气候变化全面融入国家经济社会发展的总战略，采取积极措施，有效控制重点工业行业温室气体排放，推动城乡建设和建筑领域绿色低碳发展，构建绿色低碳交通体系，推动非二氧化碳温室气体减排，统筹推进山水林田湖草沙系统治理，严格落实相关举措，持续提升生态碳汇能力。

第一，有效控制重点工业行业温室气体排放。强化钢铁、建材、化工、有色金属等重点行业能源消费及碳排放目标管理，实施低碳标杆引领计划，推动重点行业企业开展碳排放对标活动，推行绿色制造，推进工业绿色化改造。加强工业过程温室气体排放控制，通过原料替代、改善生产工艺、改进设备使用等措施积极控制工业过程温室气体排放。加强再生资源回收利用，提高资源利用效率，减少资源全生命周期二氧化碳排放。

第二，推动城乡建设领域绿色低碳发展。建设节能低碳城市和相关基础设施，以绿色发展引领乡村振兴。推广绿色建筑，逐步完善绿色建筑评价标准体系。开展超低能耗、近零能耗建筑示范。推动既有居住建筑节能改造，提升公共建筑能效水平，加强可再生能源建筑应用。大力开展绿色低碳宜居村镇建设，结合农村危房改造开展建筑节能示范，引导农户建设节能农房，加快推进中国北方地区冬季清洁取暖。

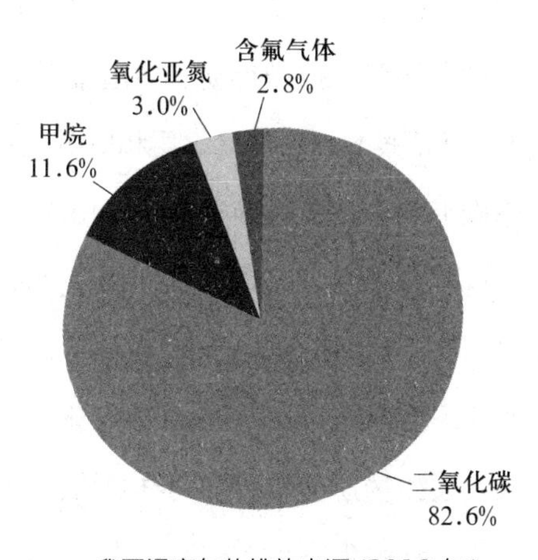

我国温室气体排放来源（2019 年）

第三，构建绿色低碳交通体系。调整运输结构，减少大宗货物公路运输量，增加铁路和水路运输量。以“绿色货运配送示范城市”建设为契机，加快建立“集约、高效、绿色、智能”的城市货运配送服务体系。提升铁路电气化水平，推广天然气车船，完善充换电和加氢基础设施，加大新能源汽车推广应用力度，鼓励靠港船舶和民航飞机停靠期间使用岸电。完善绿色交通制度和标准，发布相关标准体系、行动计划和方案，在节能减碳等方面发布了 221 项标准，积极推动绿色出行，已有 100 多个城市开展了绿色出行创建行动，每年在全国组织开展绿色出行宣传月和公交出行宣传周活动。加快交通燃料替代和优化，推动交通排放标准与油品标准升级，通过信息化手段提升交通运输效率。

第四，推动非二氧化碳温室气体减排。中国历来重视非二氧化碳温室气体排放，在《国家应对气候变化规划（2014—2020 年）》及控制温室气体排放工作方案中都明确了控制非二氧化碳温室气体排放的具体政策措施。自 2014 年起对三氟甲烷（HFC-23）的处置给予财政补贴。截至 2019 年，共支付补贴约 14.17 亿元，累计削减 6.53 万吨三氟甲烷，相当于减排 9.66 亿吨二氧化碳当量。严格落实《消耗臭氧层物质管理条例》和《关于消耗臭氧层物质的蒙特利尔议定书》，加大环保制冷剂的研发，积极推动制冷剂再利用和无害化处理。引导企业加快转换为采用低全球增温潜势（Global Warming Potential，GWP）制冷剂的空调生产线，加速淘汰氢氯氟碳化物（HCFCs）制冷剂，限控氢氟碳化物（HFCs）的使用。成立“中国油气企业甲烷控排联盟”，推进全产业链甲烷控排行动。中国接受《〈关于消耗臭氧层物质的蒙特利尔议定书〉基加利修正案》，保护臭氧层和应对气候变化进入新阶段。

第五，持续提升生态碳汇能力。统筹推进山水林田湖草沙系统治理，深入开展大规模国土绿化行动，持续实施三北、长江等防护林和天然林保护，东北黑土地保护，高标准农田建设，湿地保护修复，退耕还林还草，草原生态修复，京津风沙源治理，荒漠化、石漠化综合治理等重点工程。稳步推进城乡绿化，科学开展森林抚育经营，精准提升森林质量，积极发展生物质能源，加强林草资源保护，持续增加林草资源总量，巩固提升森林、草原、湿地生态系统碳汇能力。构建以国家公园为主体的自然保护地体系，正式设立第一批 5 个国家公园，开展自然保护地整合优化。建立健全生态保护修复制度体系，统筹编制生态保护修复规划，实施蓝色海湾整治行动、海岸带保护修复工程、渤海综合治理攻坚战行动、红树林保护修复专项行动。开展长江干流和主要支流两侧、京津冀周边和汾渭平原重点城市、黄河流域重点地区等重点区域历史遗留矿山生态修复，在青藏高原、黄河、长江等 7 大重点区域布局生态保护和修复重大工程，支持 25 个山水林田湖草生态保护修复工程试点。出台社会资本参与整治修复的系列文件，努力建立市场化、多元化生态修复投入机制。中国提出的“划定生态保护红线，减缓和适应气候变化案例”成功入选联合国“基于自然的解决方案”全球 15 个精品案例，得到了国际社会的充分肯定和高度认可。

第四节　充分发挥市场机制作用

碳市场为处理好经济发展与碳减排关系提供了有效途径。全国碳排放权交易市场（以下简称“全国碳市场”）是利用市场机制控制和减少温室气体排放、推动绿色低碳发展的重大制度创新，也是落实中国二氧化碳排放达峰目标与碳中和愿景的重要政策工具。

第一，开展碳排放权交易试点工作。碳市场可将温室气体控排责任压实到企业，利用市场机制发现合理碳价，引导碳排放资源的优化配置。2011 年 10 月，碳排放权交易地方试点工作在北京、天津、上海、重庆、广东、湖北、深圳 7 个省（市）启动。2013 年起，7 个试点碳市场陆续开始上线交易，覆盖了电力、钢铁、水泥 20 多个行业近 3000 家重点排放单位。截至 2021 年 9 月 30 日，7 个试点碳市场累计配额成交量 4.95 亿吨二氧化碳当量，成交额约 119.78 亿元。试点碳市场重点排放单位履约率保持较高水平，市场覆盖范围内碳排放总量和强度保持双降趋势，有效促进了企业温室气体减排，强化了社会各界低碳发展的意识。碳市场地方试点为全国碳市场建设摸索了制度，锻炼了人才，积累了经验，奠定了基础，为全国碳市场建设积累了宝贵经验。

全国碳市场交易价格行情日报（2022 年 3 月 28 日）							
交易品种	开盘价（元／吨）	最高价（元／吨）	最低价（元／吨）	收盘价（元／吨）	涨跌幅	成交量（吨）	成交额（元）
CEA	58.00	58.00	58.00	58.00	0.00%	15	870.00
市场	交易品种	成交均价（元／吨）		成交量（吨）		成交额（元）	
广东	GDEA	80.13		13300		1065708.01	
深圳	SZEA	—		0		0.00	
重庆	CQEA	42.00		12912		542304.00	
福建	FJEA	20.01		558950		11184767.16	
湖北	HBEA	44.81		5020		224959.58	
北京	BJEA	—		0		0.00	

第二，持续推进全国碳市场制度体系建设。制度体系是推进碳市场建设的重要保障，为更好地推进完善碳交易市场，先后印发《全国碳排放权交易市场建设方案（发电行业）》，出台《碳排放权交易管理办法（试行）》，印发全国碳市场第一个履约周期配额分配方案。2021 年以来，陆续发布了企业温室气体排放报告、核查技术规范和碳排放权登记、交易、结算三项管理规则，初步构建起全国碳市场制度体系。积极推动《碳排放权交易管理暂行条例》立法进程，夯实碳排放权交易的法律基础，规范全国碳市场运行和管理的各重点环节。

第三，启动全国碳市场上线交易。2021 年 7 月 16 日，全国碳市场上线交易正式启动。纳入发电行业重点排放单位 2162 家，覆盖约 45 亿吨二氧化碳排放量，是全球规模最大的碳市场。全国碳市场上线交易得到国内国际高度关注和积极评价。截至 2021 年 9 月 30 日，全国碳市场碳排放配额累计成交量约 1765 万吨，累计成交金额约 8.01 亿元，市场运行总体平稳有序。

第四，建立温室气体自愿减排交易机制。为调动全社会自觉参与碳减排活动的积极性，体现交易主体的社会责任和低碳发展需求，促进能源消费和产业结构低碳化，2012 年，中国建立温室气体自愿减排交易机制。截至 2021 年 9 月 30 日，自愿减排交易累计成交量超过 3.34 亿吨二氧化碳当量，成交额逾 29.51 亿元，国家核证自愿减排量已被用于碳排放权交易试点市场配额清缴抵消或公益性注销，有效促进了能源结构优化和生态保护补偿。

【延伸阅读】

宁夏推行山林排污等“四权”交易市场化

2021年4月以来，宁夏大力推行“四权改革”。通过土地权、用水权、山林权、排污权市场化交易，让市场交易主体得利，从而盘活资源、提高资源利用率、节能减碳，促进生态环境可持续发展。其中，山林权、用水权、排污权市场化交易在宁夏均属首次，工业企业地下水市场化交易则为全国首次。改革破解关键难题，开创了宁夏黄河流域生态保护与高质量发展先行区建设新局面。

“摇钱树”活了

坐在银川市金凤区紫荆花商务中心的办公室内，54岁的宁夏银湖农林牧开发有限公司总经理郭有十分感慨。2021年12月，该公司以山林权做金融抵押，得到了200万元银行贷款用于周转。

1999年，为响应国家西部大开发号召，银川商人郭有来到灵武，在位于毛乌素沙漠的狼皮子梁乡治沙造林。郭有投资的目的是种植甘草赚钱。他共承包了1.27万亩沙漠土地，其中种植防风固沙生态林带3800多亩。他没想到，甘草种植投入大、见效慢，到2001年自有资金1000多万元已全部花光。为维持下去，他以工厂厂房做抵押，从银行贷款2000多万元用作周转资金。不久，这些钱也花光了。因为林木难以获得银行抵押贷款，生态林国家又不让砍伐出售变现，卖林场也无人愿意接盘，于是他只得去承包工程挣钱反哺林业，这种窘境持续了20年。

“从生态角度讲，不少民营企业为国土绿化和增加碳汇做了很大贡献。但从经济角度讲，企业是要赚钱才能生存发展的，生态林是‘死资产’，且管护费用高，每年要花200多万元，是企业沉重的包袱，一些参与治沙造林的民营企业因为不堪重负而破产。”郭有说。

针对这一难题，灵武市山林权改革抓住了两个关键，从制度上解决企业投入大、产出低的困境。一是建立了政府回购机制，当民营林业企业经营不下去或不想继续经营时，政府以保护价可把林场收购回来，然后适时投放到公共资源交易平台交易。这样，林业企业可进可退，心中有底，可放心投资经营。二是建立“政府＋融资＋担保”合作模式，让企业以山林权获得融资，以解决资金周转困难，实现可持续发展。

灵武市政研室主任、市委办副主任杨灵福说，通过山林权改革，灵武市实现了关键一跃，林木等绿色资源可以变为真金白银。“摇钱树”活了，企业参与国土绿化的信心足了，积极性高了。

用水权火了

走进石嘴山市华旺碳素制品有限公司，机器轰鸣，企业正抓紧生产。一个月前，企业因缺水处于停产状态。

石嘴山市老工业基地属于内陆干旱地区，经济社会发展用水主要依靠过境黄河水和地下水，水资源供需矛盾十分突出，年用水缺口达 1 亿立方米。而且市辖区大武口区局部存在地下水超采区，新增地下水取水许可受到严格限制，企业发展为水所困。

为了破局，石嘴山市进行了用水权市场化改革，通过市场挖潜调剂。经过调研，石嘴山市水务局了解到国家能源集团宁夏煤业有限公司洗选中心因采取节水措施，每年节约水指标 20 万立方米。一方急需，一方过剩，于是该局积极促成地下水用水权交易。

2021 年 12 月 6 日，石嘴山市 6 家企业通过竞拍，从国家能源集团宁夏煤业有限公司洗选中心购买到地下水用水权 17.586 万立方米。其中，华旺碳素制品有限公司花了 9.1 万元买了两年的用水权，每年用水量 1.94 万立方米，不但实现复产，该公司还以用水权做抵押，获得 100 万元贷款用于周转，实现了水资源向“水资产”的转换。

该笔交易成为全国工业地下水公共交易平台电子化交易第一单，不但解决了企业实际困难，而且改变了长期以来宁夏用水无偿、交易无市、节约无效的局面，实现了水资源有效定价和“谁节水谁受益”，企业的用水权和节水意识明显提高，有利于推动水资源利用由粗放低效向节约高效转变。

“为确保用水权公平交易，我市通过宁夏公共资源交易平台，按照不低于自治区制定的地下水基准价的原则，通过竞价方式，确定了交易标的、交易价格、履约方式等。”石嘴山市政研室一级调研员、改革办专职副主任陈萍说。

“目前，我市用水权交易很火，又有 6 家企业提出交易申请，我局正准备把政府收储的用水权投放到交易平台。”石嘴山市水务局法规与水资源管理科科长倪勇说。

排污权亮了

作为老工业城市，石嘴山市的污染曾经很严重，工业排污的臭味曾经是市民们的梦魇。

近十几年，煤炭资源枯竭的石嘴山市走上转型发展之路，但“倚重倚能”的产业特点依然突出，排污总量大、环境容量小、治污任务重，严重影响和制约高质量发展，因而去年宁夏回族自治区把石嘴山市确定为排污权改革试点。

“怎么改？我市抓住了三个关键。”陈萍说。一是生态环境等部门确定二氧化硫、氮氧化物、化学需氧量、氨氮 4 种污染物为交易物，并对企业排污单位的排污许可量进行校核，确定初始排污权468家，做到确权核量指标全覆盖。二是整合国家、自治区环境质量监测网、企业污染源自动在线监测网、环境统计数据及污染源普查数据，设置超标提示线与超量警示线，将企业的污染物排放量和污染物确权量高度整合，给300多家企业安装了在线监测设备，做到生态环境监管全方位。三是协调推动排污权抵押融资，实现金融资源与环境资源有序衔接。

在市场交易条件准备好后，2021年9月29日，石嘴山市铂唯新材料科技有限公司、宁夏宁平炭素有限责任公司通过宁夏公共资源交易平台分别以每吨2300元与2290元的成交价，竞得二氧化硫排放指标5.3吨、19.7吨。同时铂唯新材料科技有限公司以二氧化硫排污权作为企业资产抵押贷款200万元用来周转。“购买排污权，是为二期项目建设做储备。”该公司总经理张华说。

这笔交易敲响了宁夏排污权市场化交易和抵押贷款的“第一锤”，蹚出了宁夏排污权改革市场化运行的新路子。

排污权市场化交易既有利于减少区域污染排放量，促进企业谋求高质量发展，最终达到环境空气质量持续改善的目的，也彰显了环境有价、使用有偿理念。此举既可使存量企业从降污减排中获得收益，又能为增量企业落户落地腾出环境空间，实现企业、政府、公众均受益。

“目前，我们已经促成了第二笔排污权交易，相信会有更多的企业参与进来。”石嘴山市生态环境监测站副站长马映雪说。（资料来源：《经济日报》）

第五节　增强适应气候变化能力

广大发展中国家由于生态环境、产业结构和社会经济发展水平等方面的原因，适应气候变化的能力普遍较弱，比发达国家更易受到气候变化的不利影响。中国是全球气候变化的敏感区和影响显著区，中国把主动适应气候变化作为实施积极应对气候变化国家战略的重要内容，推进和实施适应气候变化重大战略，开展重点区域、重点领域适应气候变化行动，强化监测预警和防灾减灾能力，努力提高适应气候变化能力和水平。

第一，推进和实施适应气候变化重大战略。为统筹开展适应气候变化工作，2013年，中国制定了国家适应气候变化战略，明确了2014年至2020年国家适应气候变化工作的指导思想和原则、主要目标，制定实施基础设施、农业、水资源、海岸带和相关海域、森林和其他生态系统、人体健康、旅游业和其他产业七大重点任务等。

2020 年，中国启动编制《国家适应气候变化战略 2035》，着力加强统筹指导和沟通协调，强化气候变化影响观测评估，提升重点领域和关键脆弱区域适应气候变化能力。

第二，开展重点区域适应气候变化行动。在城市地区，制定城市适应气候变化行动方案，开展海绵城市以及气候适应型城市试点，提升城市基础设施建设的气候韧性，通过城市组团式布局和绿廊、绿道、公园等城市绿化环境建设，有效缓解城市热岛效应和相关气候风险，提升国家交通网络对低温冰雪、洪涝、台风等极端天气适应能力。在沿海地区，组织开展年度全国海平面变化监测、影响调查与评估，严格管控围填海，加强滨海湿地保护，提高沿海重点地区抵御气候变化风险能力。在其他重点生态地区，开展青藏高原、西北农牧交错带、西南石漠化地区、长江与黄河流域等生态脆弱地区气候适应与生态修复工作，协同提高适应气候变化能力。

第三，推进重点领域适应气候变化行动。在农业领域，加快转变农业发展方式，推进农业可持续发展，启动实施东北地区秸秆处理等农业绿色发展五大行动，提升农业减排固碳能力。大力研发推广防灾减灾增产、气候资源利用等农业气象灾害防御和适应新技术，完成农业气象灾害风险区划 5000 多项。在林业和草原领域，因地制宜、适地适树科学造林绿化，优化造林模式，培育健康森林，全面提升林业适应

气候变化能力。加强各类林地的保护管理，构建以国家公园为主体的自然保护地体系，实施草原保护修复重大工程，恢复和增强草原生态功能。在水资源领域，完善防洪减灾体系，加强水利基础设施建设，提升水资源优化配置和水旱灾害防御能力。实施国家节水行动，建立水资源刚性约束制度，推进水资源消耗总量和强度双控，提高水资源集约节约利用水平。在公众健康领域，组织开展气候变化健康风险评估，提升中国适应气候变化保护人群健康能力。启动实施“健康环境促进行动”，开展气候敏感性疾病防控工作，加强应对气候变化卫生应急保障。

第四，强化监测预警和防灾减灾能力。强化自然灾害风险监测、调查和评估，完善自然灾害监测预警预报和综合风险防范体系。建立全国范围内多种气象灾害长时间序列灾情数据库，完成国家级精细化气象灾害风险预警业务平台建设。建立空天地一体化的自然灾害综合风险监测预警系统，定期发布全国自然灾害风险形势报告。发布综合防灾减灾规划，指导气候变化背景下防灾减灾救灾工作。实施自然灾害防治九项重点工程建设，推动自然灾害防治能力持续提升，重点加强强对流天气、冰川灾害、堰塞湖等监测预警和会商研判。发挥国土空间规划对提升自然灾害防治能力的基础性作用。实现基层气象防灾减灾标准化全国县（区）全覆盖。

第六节　提升应对气候变化支撑力

中国高度重视应对气候变化支撑保障能力建设，不断完善温室气体排放统计核算体系，发挥绿色金融重要作用，提升科技创新支撑能力，积极推动应对气候变化技术转移转化。

第一，完善温室气体排放统计核算体系。建立健全温室气体排放基础统计制度，提出涵盖气候变化及影响等 5 大类 36 个指标的应对气候变化统计指标体系，在此基础上构建应对气候变化统计报表制度，持续对统计报表进行整体更新与修订。编制国家温室气体清单，在已提交中华人民共和国气候变化初始国家信息通报的基础上，提交两次国家信息通报和两次两年更新报告。推动企业温室气体排放核算和报告，印发 24 个行业企业温室气体排放核算方法与报告指南，组织开展企业温室气体排放报告工作。碳达峰碳中和工作领导小组办公室设立碳排放统计核算工作组，加快完善碳排放统计核算体系。

第二，加强绿色金融支持。中国不断加大资金投入，支持应对气候变化工作。加强绿色金融顶层设计，先后在浙江、江西、广东、贵州、甘肃、新疆等 6 省（区）9 地设立了绿色金融改革创新试验区，强化金融支持绿色低碳转型功能，引导试验区加快经验复制推广。出台气候投融资综合配套政策，统筹推进气候投融资标准体系建设，强化市场资金引导机制，推动气候投融资试点工作。大力发展绿色信贷，完善绿色债券配套政策，发布相关支持项目目录，有效引导社会资本支持应对气候变化。截至 2020 年年末，中国绿色贷款余额达 11.95 万亿元，其中清洁能源贷款余额为 3.2 万亿元，绿色债券市场累计发行约 1.2 万亿元，存量规模达 8000 亿元，位居世界第二。

第三，强化科技创新支撑。科技创新在发现、揭示和应对气候变化问题中发挥着基础性作用，在推动绿色低碳转型中将发挥关键性作用。中国先后发布应对气候变化相关科技创新专项规划、技术推广清单、绿色产业目录，全面部署了应对气候变化科技工作，持续开展应对气候变化基础科学研究，强化智库咨询支撑，加强低碳技术研发应用。

【延伸阅读】

发展氢能　助力“双碳”目标

正值本书编撰之际，即 2022 年 3 月 23 日，国家发展改革委召开新闻发布会，介绍《氢能产业发展中长期规划（2021—2035 年）》（以下简称《规划》）有关情况。

国家发展改革委高技术司副司长王翔表示，《规划》是碳达峰、碳中和“1+N”政策体系“N”之一，全面对标对表党中央、国务院重大决策部署，紧扣碳达峰、碳中和目标。

氢能是助力实现碳达峰、碳中和目标，深入推进能源生产和消费革命，构建清洁低碳、安全高效能源体系的重要支撑技术。2021 年已印发的关于做好碳达峰碳中和工作的意见和 2030 年前碳达峰行动方案，是碳达峰、碳中和“1+N”政策体系的

"1"，均对氢能产业发展作出明确部署，要求统筹推进氢能"制储输用"全链条发展，加快氢能技术研发和示范应用，探索在工业、交通运输、建筑等领域规模化应用。

具体表现在以下几个方面：

一是能源供给端，氢能与电能类似，长远看，将成为未来清洁能源体系中重要的二次能源。一方面，氢能能量密度高、储存方式简单，是大规模、长周期储能的理想选择，通过"风光氢储"一体化融合发展，为可再生能源规模化消纳提供解决方案。另一方面，随着燃料电池等氢能利用技术开发成熟，氢能—热能—电能将实现灵活转化、耦合发展。

二是能源消费端，氢能是用能终端实现绿色低碳转型发展的重要载体。从生产源头上加强管控，鼓励发展可再生能源制氢，赋予了氢能清洁低碳这一关键属性。扩大清洁低碳氢能在用能终端的应用范围，有序开展化石能源替代，能够显著降低用能终端二氧化碳排放。例如，推广燃料电池车辆，减少交通领域汽油、柴油使用；将氢能作为高品质热源直接供能，减少工业领域化石能源供能，直接推动能源消费绿色低碳转型。

三是工业生产过程，氢气是重要的清洁低碳工业原料，应用场景丰富。例如，作为还原剂，在冶金行业替代焦炭；作为富氢原料，在合成氨、合成甲醇、炼化、煤制油气等工艺流程替代化石能源等。通过逐步扩大工业领域氢能应用，能够有效引导高碳工艺向低碳工艺转变，促进高耗能行业绿色低碳发展。

CHAPTER

TEN

第十章

国际合作“中国范儿”

是谁举止优雅　走在历史舞台
一身中国的红　升起东方色彩
是谁巍然屹立　笑看桑田沧海
一身青出于蓝　敞开龙的胸怀
是谁翩翩起舞　登上世界舞台
一身中国的范儿　唱着东方情怀
是谁阵阵锣鼓　震撼这个时代
一身浩然正气　舞动龙的豪迈
中国范儿　就是这么的气派
中国范儿　就是这么这么帅

——摘自歌曲《中国范儿》

面对复杂形势和诸多挑战，应对气候变化任重道远，需要全球广泛参与、共同行动。中国呼吁国际社会紧急行动起来，全面加强团结合作，坚持多边主义，坚定维护以联合国为核心的国际体系、以国际法为基础的国际秩序，坚定维护《联合国气候变化框架公约》及《巴黎协定》确定的目标、原则和框架，全面落实《巴黎协定》，努力推动构建公平合理、合作共赢的全球气候治理体系。

第一节　共同的气候挑战

工业革命以来的人类活动，特别是发达国家大量消费化石能源所产生的二氧化碳累积排放，导致大气中温室气体浓度显著增加，加剧了以变暖为主要特征的全球气候变化。气候变化对全球自然生态系统产生显著影响，全球许多区域出现并发极端天气气候事件和复合型事件的概率和频率大大增加，高温热浪及干旱并发，极端海平面和强降水叠加造成复合型洪涝事件加剧。

世界气象组织发布的《2020 年全球气候状况》报告表明，2020 年全球平均温度较工业化前水平高出约 1.2℃，2011 年至 2020 年是有记录以来最暖的 10 年。

2021 年政府间气候变化专门委员会发布的第六次评估报告第一工作组报告表明，人类活动已造成气候系统发生了前所未有的变化。1970 年以来的 50 年是过去

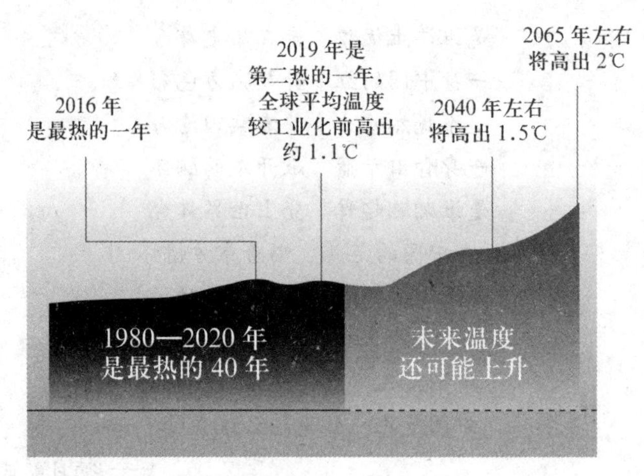

全球温度呈上升趋势

两千年以来最暖的 50 年。预计到 21 世纪中期，气候系统的变暖仍将持续。

2021 年，有的地区遭遇强降雨，并引发洪涝灾害，有的地区气温创下历史新高，有的地区森林火灾频发。全球变暖正在影响地球上每一个地区，其中许多变化不可逆转，温度升高、海平面上升、极端气候事件频发给人类生存和发展带来严峻挑战，对全球粮食、水、生态、能源、基础设施以及民众生命财产安全构成长期重大威胁，应对气候变化刻不容缓。

气候变化作为一个全球性的热点问题，引起许多国际组织的关注。比如在 2015 年《联合国气候变化框架公约》第二十一次缔约方大会上，《巴黎协定》获通过。

《巴黎协定》的总体目标为：将 21 世纪全球气温升幅限制在 2℃ 以内，同时寻求将气温升幅进一步限制在 1.5℃ 以内的措施。

《巴黎协定》要求各缔约方根据自身情况，确定应对气候变化的目标和行动，并提交国家自主贡献方案。在此之下，选择合适的政策工具确保《巴黎协定》和国家自主贡献目标的实现，成为摆在各国政府面前的首要气候议题。

无论是电力行业脱碳和工业低碳转型，还是发展清洁交通和增加森林碳汇，都需要改变现有的生产和消费模式，以及在技术研发、基础设施建设和投资机制等方面的不断创新。

同时，政府还要保证这些转变能够创造新的经济增长点，增加就业机会，进一步提高人民的生活水平。

碳定价政策或许可以成为其中一个助力。给碳排放定价可以引导资本流入低碳领域，提高能效和项目的竞争力，鼓励企业研发和生产低碳产品，让低碳产品更受消费者的欢迎，并为绿色生态价值的实现提供路径。

目前碳定价主要有如下两种机制：碳税和碳市场机制。前者是为产品的单位排放量设置固定的税率，将外部的排放成本内部化。而后者则是利用市场寻找和释放合适的碳价信号，从而推动减排。

具体而言，碳市场机制还可分为总量和交易机制以及碳信用机制。

总量和交易机制，也被称为碳排放权交易体系。政府为市场的排放总量设定上限，并向企业发放不超过上限的排放配额；覆盖范围内的所有企业可以进行配额交易，进而形成碳价。中国的全国碳排放权交易体系正是采用这个机制。

碳信用机制通常是建立一个排放基线情景，如果企业将排放降低到基线情景以下，或对排放进行永久封存，或产生碳汇，就可以创造碳信用。对碳信用的需求，通常来自抵消碳排放权交易体系中的部分履约义务。中国国家核证自愿减排量属于碳信用机制。

第二节 全球碳市场机制

据世界银行的最新统计，截至 2021 年 4 月，全球已有 30 个碳市场机制正在运行之中（其中 24 个为碳排放权交易体系），遍及美洲、欧洲、亚洲和大洋洲，覆盖全球超过 16% 的温室气体年排放量。

路孚特（Refinitiv）的一份报告指出，2020 年全球碳市场交易额高达 2290 亿美元，比 2019 年增长 20%，超出 2017 年交易总额的 5 倍。

越来越多的国家和政府选择了市场机制，作为其减缓温室气体排放的一项核心政策措施。

2005 年，欧盟和挪威率先启动了碳排放权交易体系。和其他碳定价工具不同，碳排放权交易体系限定了所覆盖范围的排放总量，但碳价并非固定，原则上由配额供需关系来决定，从而确保全社会以最低成本实现既定的减排目标。

目前，在国际上运行的时间较长且相对成熟的五个碳排放权交易体系为：欧盟排放交易体系、新西兰碳排放交易体系、加州总量和交易计划、韩国碳排放交易体系和美国区域温室气体倡议，这五个体系的市场设计和实施，至此都积累了较为广泛的经验。

作为市场机制的两大主要组成部分，一方面是积极推动碳排放权交易；另一方面是推动商业碳捕集、利用与封存，即本书第七章相关部分提到的“CCS/CCUS”技术。

2021 年 10 月，欧盟委员会举办了 CCUS 高层论坛，提出 CCS 和 CCUS 技术是欧洲脱碳进程中不可或缺的组成部分，强调了要实现欧洲 2030 年和 2050 年的脱碳目标，也必须在近十年推进 CCS 项目的开发和部署，以及相关基础设施的建设。

1. 全球 CCUS 发展

一是出台更多扶持政策，为 CCUS 投资创造更具持续性和可行性的市场。这对于实现净零排放目标所需的项目规模和推进速度至关重要。政策制定还需有的放矢，根据具体技术应用场景、成熟度、成本和地区偏好进行定制，还应从 CCUS 产业链角度出台政策鼓励对碳运输和存储设施项目的早期投资。对于不太成熟的高成本 CCUS 项目，应进行补贴以解决项目早期可能遭遇的成本过高、商业和技术风险过大等问题。这些项目往往规模不大，实施过程也较耗时，可能成为公共预算沉重的包袱。如何在扶持这类项目的同时平衡公共支出，将考验各国政府的智慧。

二是发展 CCUS 产业集群，共享基础设施。以碳运输和存储基础设施共享为特色的 CCUS 产业集群，有助于带动小型 CCUS 项目，满足其储碳需求，又能迅速高效推动基础设施投资，是未来主要发展方向。各国政府应在碳运输和储存基础设施项目的早期规划与协调方面发挥主导作用，包括加强储碳能力设计，更多储碳空间将有效缩短未来 CCUS 项目的完成周期。

三是大力发展碳储存。在不大幅增加储碳投资的情况下，碳储存能力成为

CCUS 发展的“天花板”。以往经验表明，建碳捕集设施所需时间远少于确定适合的储碳场所所需时间，后者往往需要5—10年，这显然不利于CCUS项目的整体推进。考虑到欧洲碳税不断上调，未来 10 年碳储存很可能供不应求。

现已完成“脱欧”的英国，从 2015 年起开始引入 CCUS 技术，基于实际情况，其 CCUS 主要以产业集群的方式开展，大多集中在沿海工业区，目前主要有六个产业集群规划，分别位于默西塞德郡、亨伯（两处）、蒂塞德郡、南威尔士和苏格兰的圣费格斯。而碳存储设施的建设是英国 CCUS 产业集群规划的重中之重。由于英国大部分碳排放地大多集中在工业中心地带，集群建成不仅便于本土碳减排，吸引一些有去碳需求的重工业投资，而且可向其他国家提供碳存储基础设施的共享。

【延伸阅读】

挪威开展 CCS 项目的经验

在挪威实现 CCS 的商业化仍面临许多挑战，首先是成本过高。CCS 被认为是资本密集型的长期项目，除了需要建设碳捕集装置，还需要考虑碳运输和地下存储，全都花费不菲。国际能源署则认为，有关 CCUS 是最昂贵的碳减排技术的说法并不准确，至少对不少工业门类而言并不准确。CCUS 是多数行业实现碳减排的最廉价方式，且对特定行业而言还是唯一方式。其次，当下应对气候相关政策，包括碳税，都欠缺力度来推动 CCUS 在挪威的商业化应用。

2. 欧洲稳步推进 CCS 技术部署

根据 IPCC 新近发布的《全球升温 1.5℃ 特别报告》称，CCS 和 CCUS 技术可在 2050 年捕集二氧化碳 150 亿吨。全球 CCS 研究所发布的《全球 CCS 现状》报告表明，全产业链的商业 CCS 项目 20 世纪 80 年代就已开始，过去 40 多年这些项目捕集和封存了 2.6 亿吨二氧化碳，目前年均捕集和封存二氧化碳约 4000 万吨。

欧盟对 CCS 和 CCUS 项目的支持力度很大，并通过地平线欧洲项目部和创新基金组织进行资金扶持。前者的扶持重心是研究和创新领域，其最近启动的 2021 年至

2022年工作计划就大力呼吁对碳捕集、封存、转换、集输以及碳去除类项目进行申请，预计2023年至2024年的工作计划将着重关注扶持碳运输和封存基础设施项目。后者则主要扶持能源密集型行业的CCUS项目，以及可再生能源等能为市场带来突破性技术的项目。2021年11月，创新基金组织宣布了2020年的项目申请结果，对7个大型能源转型项目投资超过11亿欧元（约合75.41亿元人民币），其中4个项目涉及CCS。

从欧盟委员会2021年11月提交的第五份共同利益项目（连接欧盟国家能源系统的跨境基础设施项目）清单来看，欧洲当下具备进入市场条件的CCS项目数量一直在增加，未来10年这些项目有望启动运营。现在迫切需要的是相应政策和金融支持，确保这些项目2030年前开始运作。这也是欧盟当前面临的最大挑战，即首先需要协调各国的融资机制，其次需要各国进一步出台支持CCS技术部署的政策措施。除了建立有效的资助机制，政治上对相应基础设施的认可也至关重要。

欧盟为协调各成员国相关基础设施制定了《泛欧能源网规章》，2020年12月又提出对其进行修订和完善，以确保欧盟成员国在能源基础设施政策上的一致性。此外，还提到未来的碳运输将主要通过船运。2021年7月，欧盟还提出“实现减排55%”的一揽子方案，旨在确保欧盟气候、能源、土地使用、交通和税收政策利于2030年实现将欧盟温室气体排放量在1990年水平上减少55%的目标。在一揽子方案第一部分提出的13项立法建议中，与CCS相关的立法之一是欧盟排放交易系统法令。修订后，该法令建议将所有碳运输方式纳入欧盟排放交易系统范围，相关监测和报告条例也将根据该规定进行更新。

第三节　国际林业碳汇

面对全球气候变化的严重威胁，以碳定价行动为主要形式的大量温室气体减排活动在世界范围内全面展开。

截至2018年，全球正在实施和计划实施的碳定价行动体系已达51个，包括25

个碳交易体系和26个碳税体系。这些体系覆盖的地区贡献着全球超一半的GDP总量；涉及的110亿吨二氧化碳排放当量占全球温室气体排放总量的20%，820亿美元的资金量比2017年的上升了56%。

截至2018年，全球13个国家及区域碳交易体系中纳入了林业碳汇抵消机制，国际林业碳汇交易融资累计超过60亿美元，正在实施或正在开发的林业碳汇项目超过1500个，实施国家主要为澳大利亚、英国、美国、韩国、新西兰、哥伦比亚、秘鲁、巴西、印度尼西亚、乌干达等。目前，国际林业碳汇融资的主要途径管制市场、自愿市场以及非市场机制下基于结果的减排付费行动，均得到长足发展。

【延伸阅读】

全球林业碳汇交易活跃

在澳大利亚、加州－魁北克、新西兰等国家和区域碳交易体系中，市场性的林业碳汇交易集中发生。

澳大利亚政府2014年7月废除碳税、实施减排基金后，大量林业碳汇项目成为市场竞拍的主力军。有统计数字表明，澳大利亚政府分别在2014年、2015年和2016年以17.7美元/吨、9.7美元/吨、7.4美元/吨的均价竞拍采购了400万吨、6070万吨、6880万吨林业项目的核证碳减排量，对应的采购总额为7060万美元、5.885亿美元、5.095亿美元。虽然竞拍价格逐年降低，但林业碳汇产品始终占据减排基金首位。

2015年，加州－魁北克碳市场中的林业碳汇交易量为650万吨，交易额为6320万美元，交易均价9.7美元/吨，与上年相比分别上升了6%、16%和9%；2016年签发的3100万吨林业项目核证减排量创市场供应新高，其中的1600万吨被加州空气资源委员会批准，可用于管制单位购买以抵消履约。2017年7月，加州立法机构颁布的新法案（AB398）将其碳市场的运行期延续至2030年。同年9月，安大略碳市场正式链接加州－魁北克碳交易体系，三方合作推进区域碳减排市场发展。

新西兰碳市场经过2013年至2014年两年调整期后，2015年的林业碳汇交易量与交易额增加至130万吨和1040万美元，碳价从2014的5.0美元/吨上升至7.9美元/吨；2016年，新西兰政府又给林业行业签发了870万吨二氧化碳排放当量，买方需求持续增加。

如今，采取配额供给协调机制、改良现行固定价格上限等系列改革措施的实施，为市场机制的完善发展带来无限生机。

1. 政策刺激有待加强

全球林业碳汇的自愿交易虽然发展很快，但不容否定的是，强有力的政策刺激仍然不足。

2016 年，自愿市场下的林业碳汇交易额累计突破 10 亿美元，但该年的交易量和交易额均降至 10 年来的历史最低点。

不同类型项目的均价也存在差异：城市森林项目的较高，为 10.9 美元/吨，顺次分别是改善森林管理项目、造林再造林项目、草地管理项目等，REDD+（指发展中国家通过减少毁林与森林退化减排，以及森林保护、可持续管理、增加森林碳库。为区别 UN-REDD，命名为 REDD+）项目的最低，仅为 4.2 美元/吨。

不同地区项目的均价差异也较大：欧洲项目的最高，达 39 美元/吨，但售出量最低，仅 30 万吨。北美、澳洲、亚洲、非洲等地的项目均价顺次降低，拉丁美洲项目的最低，仅 4 美元/吨，但销量最大。

市场中，老客户采购的数量和金额，分别占对应总量的 93% 和 78%，私人部门或公司采购了 92% 的交易量，主要买方来源于能源、会议等活动，金融保险、交通、航空等部门，其中终端客户的采购量占 71%。美国、荷兰、英国、法国、德国和澳大利亚是采购量排名前六的国家。

2. 我国林业碳汇交易发展进程

我国当前的林业碳汇交易，都属于项目层面的“核证减排量”交易，项目类型主要有三种：一是清洁发展机制下的林业碳汇项目；二是中国核证减排机制下的林业碳汇项目，包括北京林业核证减排量项目、福建林业核证减排量项目和省级林业普惠制核证减排量项目等；三是其他自愿类项目，包括林业自愿碳减排标准项目、非省级林业普惠制核证减排量项目、贵州单株碳汇扶贫项目等。

中国自愿减排交易信息平台截至 2017 年 3 月底公示了近百个项目设计文件，目前仅 13 个项目获得备案、3 个项目的核证减排量获得签发、1 个项目的首期签发量成功出售。截至 2017 年年底，其他自愿类项目：核证碳减排标准（VCS）标准注册了我国的 6 个林业碳汇项目，云南、福建和内蒙古的项目业主与相关公司签署了碳汇交易协议，内蒙古卓尔林业局获得了 40 万元碳汇收益；广东区域碳市场中出售了 7 个林业项目，相关方获得近 400 万元收益。

此外，以中国绿色碳汇基金会为主要发起者和推动者倡议实施的“多种林业碳汇”项目，包括碳汇造林项目、森林经营碳汇项目、竹子造林碳汇项目、大型活动及公众排放碳中和项目等，也于 2011 年至 2017 年间陆续实现部分减排量交易；其他碳汇行动，如购买碳汇履行植树义务、蚂蚁森林植树减碳以及单株碳汇扶贫活动等，也在持续发展中。

第四节　各国碳中和目标

根据 IPCC《全球升温 1.5℃特别报告》，所谓“碳中和”，即一个组织在一年内的二氧化碳排放通过二氧化碳去除技术应用达到平衡，就是碳中和或净零二氧化碳排放。

2015 年，《巴黎协定》设定了 21 世纪后半叶实现净零排放的目标。越来越多的国家政府正在将其转化为国家战略，提出了无碳未来的愿景。根据各大网站汇总的信息，目前，已经有数十个国家和地区提出了“零碳”或“碳中和”的气候目标，其中包括：已实现的 2 个国家，已立法的 6 个国家，处于立法中状态的包括欧盟（作为整体）和其他 3 个国家。

以下国家和地区设立了二氧化碳净零排放（碳中和）的目标。

中国

目标日期：2060 年

承诺性质：政策宣示。中国在 2020 年 9 月 22 日向联合国大会宣布，努力在 2060 实现碳中和，并采取“更有力的政策和措施”，在 2030 年之前达到排放峰值。

奥地利

目标日期：2040 年

承诺性质：政策宣示。奥地利联合政府在 2020 年 1 月宣誓就职，承诺在 2040 年实现气候中立，在 2030 年实现 100% 清洁电力，并以约束性碳排放目标为基础。右翼人民党与绿党合作，同意了这些目标。

不丹

目标日期：目前为碳负，并在发展过程中实现碳中和

承诺性质：《巴黎协定》下自主减排方案。不丹人口不到 100 万人，收入低，周围有森林和水电资源，平衡碳账户比大多数国家容易。但经济增长和对汽车需求的不断增长，正给排放增加压力。

美国加利福尼亚

目标日期：2045 年

承诺性质：行政命令。加利福尼亚的经济体量是世界第五大经济体。前州长杰里・布朗在 2018 年 9 月签署了碳中和令，该州几乎同时通过了一项法律，在 2045 年前实现电力 100% 可再生，但其他行业的绿色环保政策还不够成熟。

加拿大

目标日期：2050 年

承诺性质：政策宣示。特鲁多总理于 2019 年 10 月连任，其政纲是以气候行动为中心的，承诺净零排放目标，并制定具有法律约束力的五年一次的碳预算。

智利

目标日期：2050 年

承诺性质：政策宣示。皮涅拉总统于 2019 年 6 月宣布，智利努力实现碳中和。2020 年 4 月，政府向联合国提交了一份强化的中期承诺，重申了其长期目标。已经确定在 2024 年前关闭 28 座燃煤电厂中的 8 座，并在 2040 年前逐步淘汰煤电。

哥斯达黎加

目标日期：2050 年

承诺性质：提交联合国。2019 年 2 月，总统奎萨达制定了一揽子气候政策，12 月向联合国提交的计划确定 2050 年净排放量为零。

丹麦

目标日期：2050 年

承诺性质：法律规定。丹麦政府在 2018 年制订了到 2050 年建立“气候中性社会”的计划，该方案包括从 2030 年起禁止销售新的汽油和柴油汽车，并支持电动汽车。气候变化是 2019 年 6 月议会选举的一大主题，获胜的“红色集团”政党在 6 个月后通过的立法中规定了更严格的排放目标。

欧盟

目标日期：2050 年

承诺性质：提交联合国。根据 2019 年 12 月公布的“绿色协议”，欧盟委员会正在努力实现整个欧盟 2050 年净零排放目标，该长期战略于 2020 年 3 月提交联合国。

斐济

目标日期：2050 年

承诺性质：提交联合国。作为 2017 年第二十三届联合国气候峰会的主席，斐济为展现领导力做出了额外努力。2018 年，这个太平洋岛国向联合国提交了一份计划，目标是在所有经济部门实现净碳零排放。

芬兰

目标日期：2035 年

承诺性质：执政党联盟协议。作为组建政府谈判的一部分，五个政党于 2019 年 6 月同意加强该国的气候法。预计这一目标将要求限制工业伐木，并逐步停止燃烧泥炭发电。

法国

目标日期：2050 年

承诺性质：法律规定。法国国民议会于 2019 年 6 月 27 日投票将净零目标纳入法律。在 2020 年 6 月的报告中，新成立的气候高级委员会建议法国必须将减排速度提高 3 倍，以实现碳中和目标。

德国

目标日期：2050 年

承诺性质：法律规定。德国第一部主要气候法于 2019 年 12 月生效，这项法律的导语说，德国将在 2050 年前“追求”温室气体中立。

匈牙利

目标日期：2050 年

承诺性质：法律规定。匈牙利在 2020 年 6 月通过的气候法中承诺到 2050 年实现气候中和。

冰岛

目标日期：2040 年

承诺性质: 政策宣示。冰岛已经从地热和水力发电获得了几乎无碳的电力和供暖，2018 年公布的战略重点是逐步淘汰运输业的化石燃料、植树和恢复湿地。

爱尔兰

目标日期：2050 年

承诺性质：执政党联盟协议。在 2020 年 6 月敲定的一项联合协议中，三个政党同意在法律上设定 2050 年的净零排放目标，在未来十年内每年减排 7%。

日本

目标日期：21 世纪后半叶尽早的时间

承诺性质：政策宣示。日本政府于 2019 年 6 月在主办二十国（G20）集团领导人峰会之前批准了一项气候战略，主要研究碳的捕集、利用和储存，以及作为清洁燃料来源的氢的开发。值得注意的是，逐步淘汰煤炭的计划尚未出台，预计到 2030 年，煤炭仍将供应全国 1/4 的电力。

马绍尔群岛

目标日期：2050 年

承诺性质：提交联合国的自主减排承诺。在 2018 年 9 月提交给联合国的最新报告提出了到 2050 年实现净零排放的愿望，尽管没有具体的政策来实现这一目标。

新西兰

目标日期：2050 年

承诺性质：法律规定。新西兰最大的排放源是农业。2019 年 11 月通过的一项法律为除生物甲烷（主要来自绵羊和牛）以外的所有温室气体设定了净零目标，到 2050 年，生物甲烷将在 2017 年的基础上减少 24%—47%。

挪威

目标日期：2050/2030 年

承诺性质：政策宣示。挪威议会是世界上最早讨论气候中和问题的议会之一，努力在 2030 年通过国际抵消实现碳中和，2050 年在国内实现碳中和。但这个承诺只是政策意向，而不是一个有约束力的气候法。

葡萄牙

目标日期：2050 年

承诺性质：政策宣示。葡萄牙于 2018 年 12 月发布了一份实现净零排放的路线图，概述了能源、运输、废弃物、农业和森林的战略。葡萄牙是呼吁欧盟通过 2050 年净零排放目标的成员国之一。

新加坡

目标日期：在 21 世纪后半叶尽早实现

承诺性质：提交联合国。与日本一样，新加坡也避免承诺明确的脱碳日期，但将其作为 2020 年 3 月提交联合国的长期战略的最终目标。到 2040 年，内燃机车将逐步淘汰，取而代之的是电动汽车。

斯洛伐克

目标日期：2050 年

承诺性质：提交联合国。斯洛伐克是第一批正式向联合国提交长期战略的欧盟成员国之一，目标是在 2050 年实现气候中和。

南非

目标日期：2050 年

承诺性质：政策宣示。南非政府于 2020 年 9 月公布了低排放发展战略，概述了到 2050 年成为净零经济体的目标。

韩国

目标日期：2050 年

承诺性质：政策宣示。韩国执政的民主党在 2020 年 4 月的选举中以压倒性优势重新执政。选民们支持其“绿色新政”，即在 2050 年前使经济脱碳，并结束煤炭融资。这是东亚地区第一个此类承诺，对全球第七大二氧化碳排放国来说也是一件大事。韩国约 40% 的电力来自煤炭，一直是海外煤电厂的主要融资国。

西班牙

目标日期：2050 年

承诺现状：法律草案。西班牙政府于 2020 年 5 月向议会提交了气候框架法案草案，设立一个委员会来监督进展情况，并立即禁止新的煤炭、石油和天然气勘探许可证。

瑞典

目标日期：2045 年

承诺性质：法律规定。瑞典于 2017 年制定了净零排放目标，根据《巴黎协定》，将碳中和的时间表提前了 5 年。至少 85% 的减排要通过国内政策来实现，其余由国际减排来弥补。

瑞士

目标日期：2050 年

承诺性质：政策宣示。瑞士联邦委员会于 2019 年 8 月 28 日宣布，打算在 2050 年前实现碳净零排放，深化了《巴黎协定》规定的减排 70%—85% 的目标。议会正在修订其气候立法，包括开发技术来去除空气中的二氧化碳（瑞士这个领域最先进的试点项目之一）。

英国

目标日期：2050 年

承诺性质：法律规定。英国在 2008 年已经通过了一项减排框架法，因此设定净零排放目标很简单，只需将 80% 改为 100%。议会于 2019 年 6 月 27 日通过了修正案。苏格兰的议会正在制定一项法案，在 2045 年实现净零排放，这是基于苏格兰强大的可再生能源资源和在枯竭的北海油田储存二氧化碳的能力。

乌拉圭

目标日期：2030 年

承诺性质：《巴黎协定》下的自主减排承诺。根据乌拉圭提交联合国公约的国家报告，加上减少牛肉养殖、废弃物和能源排放的政策，预计到 2030 年，该国将成为净碳汇国。

第五节　中国动力注入气候治理

中国一贯高度重视应对气候变化国际合作，积极参与气候变化谈判，推动达成和加快落实《巴黎协定》，以中国理念和实践引领全球气候治理新格局，逐步站到了全球气候治理舞台的中央。

领导人气候外交增强全球气候治理凝聚力。习近平主席多次在重要会议和活动中阐释中国的全球气候治理主张，推动全球气候治理取得重大进展。

2015 年，习近平主席出席气候变化巴黎大会并发表重要讲话，为达成 2020 年后全球合作应对气候变化的《巴黎协定》做出历史性贡献。2016 年 9 月，习近平主席亲自交存中国批准《巴黎协定》的法律文书，推动《巴黎协定》快速生效，展示了中国应对气候变化的雄心和决心。在全球气候治理面临重大不确定性时，习近平主席多次表明中方坚定支持《巴黎协定》的态度，为推动全球气候治理指明了前进方向，注入了强劲动力。

2020 年 9 月，习近平主席在第七十五届联合国大会一般性辩论上宣布中国将提高国家自主贡献力度，表明了中国全力推进新发展理念的坚定意志，彰显了中国愿为全球应对气候变化做出新贡献的明确态度。

2020 年 12 月，习近平主席在气候雄心峰会上进一步宣布到 2030 年中国二氧化碳减排、非化石能源发展、森林蓄积量提升等一系列新目标。

2021 年 9 月，习近平主席出席第七十六届联合国大会一般性辩论时提出，中国将大力支持发展中国家能源绿色低碳发展，不再新建境外煤电项目，展现了中国负责任大国的责任担当。

2021 年 10 月，习近平主席出席《生物多样性公约》第十五次缔约方大会领导人峰会并发表主旨讲话，强调为推动实现碳达峰、碳中和目标，中国将陆续发布重点领域和行业碳达峰实施方案和一系列支撑保障措施，构建起碳达峰、碳中和“1+N”政策体系；中国将持续推进产业结构和能源结构调整，大力发展可再生能源，在沙漠、戈壁、荒漠地区加快规划建设大型风电光伏基地项目，第一期装机容量约 1 亿千瓦的项目已于近期有序开工。

第一，积极建设性参与气候变化国际谈判。中国坚持公平、共同但有区别的责任和各自能力原则，坚持按照公开透明、广泛参与、缔约方驱动和协商一致的原则，引导和推动了《巴黎协定》等重要成果文件的达成。中国推动发起建立了“基础四国”部长级会议和气候行动部长级会议等多边磋商机制，积极协调“基础四国”“立场相近发展中国家”“七十七国集团和中国”应对气候变化谈判立场，为维护发展中国家团结、捍卫发展中国家共同利益发挥了重要作用。积极参加二十国集团、国际民航组织、国际海事组织、“金砖”国家会议等框架下气候议题磋商谈判，调动发挥多渠道协同效应，推动多边进程持续向前。

第二，为广大发展中国家应对气候变化提供力所能及的支持和帮助。中国秉持“授人以渔”理念，积极同广大发展中国家开展应对气候变化南南合作，尽己所能帮助发展中国家特别是小岛屿国家、非洲国家和最不发达国家提高应对气候变化能力，减少气候变化带来的不利影响，中国应对气候变化南南合作成果看得见、摸得着、有实效。2011 年以来，中国累计安排约 12 亿元用于开展应对气候变化南南合作，与35个国家签署40份合作文件，通过建设低碳示范区，援助气象卫星、光伏发电系统和照明设备、新能源汽车、环境监测设备、清洁炉灶等应对气候变化相关物资，帮助有关国家提高应对气候变化能力，同时为近120个发展中国家培训了约2000名应对气候变化领域的官员和技术人员。

第三，建设绿色丝绸之路为全球气候治理贡献中国方案。中国坚持把绿色作为底色，携手各方共建绿色丝绸之路，强调积极应对气候变化挑战，倡议加强在落实《巴黎协定》等方面的务实合作。

2021年，中国与28个国家共同发起“一带一路”绿色发展伙伴关系倡议，呼吁各国应根据公平、共同但有区别的责任和各自能力原则，结合各自国情采取气候行动以应对气候变化。中国同有关国家一道实施“一带一路”应对气候变化南南合作计划，成立“一带一路”能源合作伙伴关系，促进共建“一带一路”国家开展生态环境保护和应对气候变化。

第六节　应对气候变化中国倡议

应对气候变化是全人类的共同事业，面对全球气候治理前所未有的困难，国际社会要以前所未有的雄心和行动，勇于担当，勠力同心，积极应对气候变化，共谋人与自然和谐共生之道。

第一，坚持可持续发展。气候变化是人类不可持续发展模式的产物，只有在可持续发展的框架内加以统筹，才可能得到根本解决。要把应对气候变化纳入国家可持续发展整体规划，倡导绿色、低碳、循环、可持续的生产生活方式，不断开拓生产发展、生活富裕、生态良好的文明发展道路。

第二，坚持多边主义。国际上的事要由大家共同商量着办，世界前途命运要由各国共同掌握。在气候变化挑战面前，人类命运与共，单边主义没有出路，只有坚持多边主义，讲团结、促合作，才能互利共赢，福泽各国人民。要坚持通过制度和规则来协调规范各国关系，反对恃强凌弱，规则一旦确定，就要有效遵循，不能合则用、不合则弃，这是共同应对气候变化的有效途径，也是国际社会的基本共识。

第三，坚持共同但有区别的责任原则。这是全球气候治理的基石。发达国家和发展中国家在造成气候变化上历史责任不同，发展需求和能力也存在差异，用统一尺度来限制是不适当的，也是不公平的。要充分考虑各国国情和能力，坚持各尽所能、国家自主决定贡献的制度安排，不搞“一刀切”。发展中国家的特殊困难和关切应当得到充分重视，发达国家在应对气候变化方面要多做表率，为发展中国家提供资金、技术、能力建设等方面支持。

第四，坚持合作共赢。当今世界正经历百年未有之大变局，人类也正处在一个挑战层出不穷、风险日益增多的时代，气候变化等非传统安全威胁持续蔓延，没有哪个国家能独善其身，需要同舟共济、团结合作。国际社会应深化伙伴关系，提升合作水平，在应对全球气候变化的征程中取长补短、互学互鉴、互利共赢，实现共同发展，惠及全人类。

第五，坚持言出必行。应对气候变化关键在行动。各方共同推动《巴黎协定》实施，要持之以恒，不要朝令夕改；要重信守诺，不要言而无信。要积极推动各国落实已经提出的国家自主贡献目标，将目标转化为落实的政策、措施和具体行动，避免把提出目标变成空喊口号。

CHAPTER ELEVEN

第十一章

物权数字化与碳金经济

应怜屐齿印苍苔，小扣柴扉久不开。
满园春色关不住，一枝红杏出墙来。

——宋·叶绍翁

本书前十章主要阐述了碳金时代是什么、碳金时代的机遇和挑战。本章主要探讨森林蓄储碳权跨时空前置交易（交易所交易之前）；探讨物权数字化、碳权物权化、碳汇数证化；探讨森林碳权如何结合数字经济，进行前置交易；探讨解决林农少量林业碳权如何共同富裕。

《中华人民共和国民法典》的诞生，“数字产业化、产业数字化”战略的提出，“国内经济内循环为主”战略的实施，尤其是《民法典》对共有物权、用益物权的法律条款的界定，使“物权＋数字化＋智能合约”跨界组合成为现实。

物权是指权利人依法对特定的物享有直接支配和排他的权利，包括所有权、用益物权和担保物权。

物权数字化（Property Right Digitization）是建立在物权的基础上，将物权实体数据模型化，进行识别—选择—过滤—存储—使用。引导、实现物权资源的快速优化配置与交易，直接或间接利用数据引导物权资源发挥作用，推动生产力发展，归属于数字经济（Digital Economy）范畴。

物权、数字化、智能合约进行跨界组合，将打破“整买、整卖、整租、整赁”的传统思维定式，将颠覆“生产、生活、交易、投资”的传统思维逻辑。

物权数字化是基于“数字经济”的新概念、新业态、新动能，将释放海量级物权市值的流动性和跨时空交易。

物权数字化生态系统——“物权实物数字化、物权交易数字化、物权确权数字化、物权用益数字化”，将“激活企业物权资产、盘活企业流动资金”，将“助推企业数字营销、铸造企业数字资产”，将“多元民间投资渠道，降低大众投资门槛”。

大数据是物权数字化的基石；

5G 互联网是物权数字化的通道；

区块链技术是物权数字化的保障。

基于物权数字化的数证经济生态系统——权益资产数字化、权益价值数字化、权益流通数字化、价值创造数字化。

第一节　物权数字化开启共识经济新未来

《中华人民共和国民法典》（以下简称《民法典》）于 2021 年正式实施，很多法律条文都进行了修订，这也意味着有一些法律进行了调整，《民法典》的施行，同时意味着现行的《物权法》的“消亡”。作为中国第一部以“典”命名的法律，它又被誉为“社会生活的百科全书”“市场经济的基本法”。

1. 数字化的价值创造将如何实现?物权数字化又将在其中起到怎样的作用

对于企业而言，需要物联网、大数据、云计算人工智能成为企业的“眼睛”和“大脑”，产业互联网成为企业的“神经网络”，区块链成为企业的“循环系统”，公司的界限趋于模糊，内外结合生态化的发展，通过生态化实现经济的升维加速进化，实现网络化分工协同，网络化要素流动和网络化价值创造。这就意味着工业时代的刚性供应链变成柔性的供应网络，整个供应网络将围绕用户的需求进行快速调整和迭代，形成面向用户需求的柔性定制。

在工业时代的刚性供应链中，价值创造的主体是公司，每个公司独立安排生产，不同公司之间基于货币交换形成价值链上下游的松散协作关系。

在未来的柔性供应网络中，价值创造将是以数字智能为驱动，个人、公司、平台在社会化协作中完成的。所有的生产资料和工作流程都将数字化后上云，形成与物理世界对应的数字孪生世界。

在数字孪生世界中，通过数字智能和网络协同的方式实时生成价值链，在该价值链中完成供给的创造，然后再通过数字化手段反作用于物理世界，将其实际生产出来并配送到用户手中。

基于工业时代价值创造的基本特征，以资本为核心，个体利益最大化为实现手段的资本主义生产方式具有其合理性，能够最大限度地推动生产力的发展。在信息时代，资本主义的核心逻辑与价值创造的特点出现了严重抵触，以人为核心、社会化协作为实现手段的社会主义生产方式必将取代资本主义。物权数字化，正是为了迎接社会主义到来的必要手段。

2. 物权数字化能带来哪些好处

如前文所述，物权数字化深入经济活动的方方面面，必将对商业、经济、社会造成一系列深刻变革。这里简单列举两条。

一是高效透明交易。

在未来的数字化价值创造过程中，传统的物权概念，无论在时间和空间上的颗粒度都显得过于粗糙，必须对其进行革命性变革，时间和空间上变得更为精细和灵活，与数字化的价值创造过程相适应。

以房产交易为例，现有的房屋产权制度是登记制，房屋交易需要提供工作收入、银行流水、社保、纳税等一系列证明，平均用时 182 天。实现产权数字化之后，很多流程都可以通过数字化和自动化实现合约智能化：签署合同之后银行就被授权拿到密钥，获取证明客户贷款资格的所有数据，信息确认无误后自动发放贷款。房地产服务、金融服务便变成了以秒为级别的服务，人们可以像线上购物一样买卖房屋。

物权数字化之后，围绕物权的各种欺诈和博弈行为将不复存在，现在的谈判型世界将会转变成预估型世界，前者中会有尔虞我诈，也会夹杂个人偏见，但后者中只有真实透明、言必行行必果。

二是经济脱虚向实。

前面提到，工业时代实现物权流转是通过资本货币化实现的。将物权转换为一定数额的货币，通过货币的调配，来实现有形物与劳动的有机组合，从而创造出价值。

在价值创造和利益分配的循环中，货币成为量化一切价值的手段，货币资本的增值成为价值创造不断提升的标志，成为人们追逐的核心目标。但是，货币归根结底只是价值符号，是不可能独立存在的，必须依附于实际的价值才能起作用，经济脱实向虚导致整个经济体系走向衰败，最终成为企业衰败的罪魁祸首。

而我们所称的物权数字化，是基于物联网和区块链技术，将物实体与其数字产权建立实时动态的对应关系，物权价值的增值，不可能脱离实际的价值创造而独立存在，因此，它就成为助推实体经济高效发展、抑制经济脱实向虚的有力保障。

更进一步，物权数字化也将会成为解决当今世界货币通胀与通缩交替出现这一顽疾的有力手段之一。

当物权数字化全面铺开之后，可以实时统计经济活动中涉及的价值总量，于是也就可以对所需的货币进行精确调整。由于货币本身也实现了数字化，因此可以对货币进行实时赋权，比如特定数量的物权数字化在特定时间段内只能用于特定的生产经营活动，从而避免了货币供应无节制地涌向特定领域，造成经济的剧烈波动。

如今，我国正在推动内外双循环的大战略，如何推动国内良性经济循环，避免房地产等金融资产过热，物权数字化也将成为很重要的支撑方案。

第二节　物权数字化新概念、新业态、新动能

1. 物权数字化新概念

物权数字化和数证经济都是全新的概念。物权数字化是建立在物权的基础上，将物权实体数据模型化，进行识别—选择—过滤—存储—使用。引导、实现物权资源的快速优化配置与交易，直接或间接利用数据引导物权资源发挥作用，推动生产力发展，归属于数字经济范畴。数证对标物权实物、物权交易、物权确权、物权用益，将产生新的商业概念和模式。

2. 物权数字化新业态

物权数字化和数证经济都是全新的商业业态，实物、物权、用益物权、产品对标数证，通过数证的便捷确权属性、快速交易属性，带动企业产品销售和市场份额占有，形成企业流量性数字资产。数证将促进权益资产数字化、权益价值数字化、市场资源资本化、价值创造最大化，它是开启共识经济未来的钥匙。

3. 物权数字化新动能

物权数字化和数证经济都是全新的动能，《民法典》的诞生，“数字产业化、产业数字化”国家战略的提出，“国内经济内循环为主”国家战略的实施，尤其是《民

法典》物权编对共有物权、用益物权的法律界定，使“物权＋数字化＋智能合约”跨界组合成为现实，使“物权数字化”作为拉动经济发展的“第四极”成为可能。“物权数字化”将释放海量级物权市值的流动和跨时空交易，将“助推企业数字转型、助力企业顶层设计”，将“激活企业物权资产、盘活企业流动资金”，将“多元民间投资渠道，降低大众投资门槛”。

4. 物权数字化核心价值

同质化的商品是可以等价交换的，其价值来自市场供求关系，而非同质化商品的价值体现来自如何证明其真实性的问题。例如，有人偷走了《富春山居图》，然后复制了一份一模一样的，我们需要找到很多鉴定专家来验证其真伪。如果是真迹，其价值不菲；如果是赝品，就不值钱。但是这个验证的过程耗费巨大，有可能出现鉴定错误。

在过去，这种稀缺性物品的交换是一件“门槛”很高的事情，而物权数字化的出现有效地解决了这个问题。物权数字化利用智能合约技术在区块链上存储和记录其独特的信息：这意味着每生成一个物权数字化，便可以验证存储其中的一个。

物权数字化创建者还可以对细节进行编码，例如丰富的原数据或安全的文件链接。这样的技术能力让我们对诸如真实性、所有权等问题的验证“门槛”降到了非常低的水平，由于验证“门槛”的降低，使得稀缺性物品可以安全、有效和可验证地进行转让和交易。

5. 物权数字化商业变革

这是一场商业变革，它将颠覆几百年来的交易规则和交易逻辑，将颠覆传统商业模式，也将颠覆轰轰烈烈互联网经济的传统模型。

预估在不远的将来，“产品＋数证”交易平台、交易商场，将像雨后春笋一样破土而出。数证将促进企业融入数字经济的时代变革，促进企业依托实物、物权、用益物权等盘活流动资金；依托“产品 + 数证”商业模式，扩大市场份额，同时企业形成数字化资产——流量。

6. 物权数字化资产重构

这是一场资产重构，传统资产的流动，离不开第三方，需要繁杂的公权力证明资产的真实性并出具证明。需要资产发卖方、资产收购方、公权力平台或者中间商平台同时介入才能完成。这阻碍了资产的便捷流通，使资产交易缓慢、迟滞、低效，造成了交易成本高，甚至出现渠道垄断。

资产只有频繁交易才能产生流通性价值，物权数字化终结了传统资产交易方式，物权实物数证化、物权交易数证化、物权确权数证化、物权用益数证化，非物理属性实物移动，便捷快速实现了资产流通。

7. 物权数字化应用落地

密码学的应用促使数证流转和交易极其安全可靠，其流通速度不仅改变了人类的生产和生活方式，而且也大幅降低了交易成本。

数证能够充分市场化和自由化，任何企业可以基于自己的物权资产、资源和服务能力发行权益证明，并运行在区块链上，随时可验证、可追溯、可交换和可交易，重新构造了权益结构。

区块链为数证提供坚实的信任基础，除了物权实物，不需要任何中心化的信任背书。

数证可以用来管理平台、用益物权投资者分红、鼓励投资者参与社区建设等，维持一个完全去信任化的社群正常运行，一个社群就是一个经济体。

数证是公开透明化的，在区块链上发行具有不可篡改性，能够消除信息不对称。

数证的约束性非常强。由于数证是在区块链上运行，区块链是在互联网上运行，当你要破坏一个数证时，你发行的全部数证都会迅速贬值，只剩下对标物权实物。

第三节 物权数字化生态系统

物权实物、交易、确权、用益数字化，构成了一套完整的生态系统，依托此生态系统，将一揽子解决企业发展的诸多难题。

1. 物权实物数字化

实物泛指现实生活中具体的东西，也泛指实际应用的东西，一般来说实物就是在你面前的东西。“实物 + 主人”就形成了物权，把实物的物权进行数字化，是现代计算机语言，通过计算机程序将实物分成百份、千份、万份，使其对标的实物也分为非物理性的若干份。物权实物数字化就是将实物及权益的物理属性数字化。

这是认知和理念的重大突破，在现实实践中，实物间的交换交易方式出现了重大变革，可以看作以前是牛车走在乡间小路上，现在则是汽车在高速公路上飞驰。

2. 物权交易数字化

《易・系辞下》中提到：“日中为市，致天下之民，聚天下之货，交易而退，各得其所。”交易原指以物易物，后泛指买卖商品。交易是指双方以货币及服务为媒介的价值交换，常以货币或服务作为媒介。交易，又称贸易、交换，是买卖双方对有价物品及服务进行互通有无的行为。它可以是以货币为交易媒介的一种过程，也可以是以物易物。

物权交易数字化，基于物权实物数字化后的交易，打破了几千年来“整买整卖整租整赁”的思维定式，颠覆了几千年来“生产生活投资贸易”的思维逻辑。

物权实物数字化交易将释放海量级物权市值的流动性和跨时空交易，将“助推企业数字营销、铸造企业数字资产”，将“激活企业物权资产、盘活企业流动资金”，将“多元民间投资渠道，降低大众投资门槛”。

我们仿佛听到了传统商业模式变革的滚滚雷声，即将来临的“产品 + 数证”的狂风暴雨，必将颠覆传统经济和互联网经济的商业模式。

3. 物权确权数字化

确权是依照法律、政策的规定，经过申报、权属调查、实物勘丈、审核批准、登记注册、发放证书等登记规定程序，确认实物所有权、使用权的隶属关系和他项权利。

物权确认请求权指的是因物权的归属、内容发生争议的，利害关系人要求国家司法机关确认其物权的请求权。物权确认请求权的内容，是请求确认物权的归属。所谓确认物权的归属，就是确认物权的权利主体，即确认对特定的物权享有直接支配和排他权利的权利人，如所有权人、用益物权人、担保物权人。至于请求确认物权的内容，则非属物权确认请求权的内容，而属于物权请求权的范畴。

确权是公权力机关或机构以证书形式的法律确认，现实生活中，99% 的物权无法通过公权力机关或机构通过证书进行确权，而是通过公序良俗、约定俗成进行确认，这导致了物权实物交易的过程中产生很多变数，交易过程复杂烦琐。

物权确权数字化基于区块链底层技术，以“物权实物 + 数字化 + 智能合约”对物权实物进行确权，对物权实物数字化交易后再度确权，保障了交易前交易后权属明确，因其以数字化形式出现，可以根据交易结果数据进行溯源确权。

这是确权方式方法的一场革命，弥补了公权力机构确权的空白，同时在司法实践中将便捷解决证据的采信，现实生活中将加速物权资产的流动。众所周知，流动才会产生价值。那些沉睡的物权，通过数字化确权就可以快速流动和交易。

4. 物权用益数字化

用益物权是指非所有权人对他人所有之物享有的占有、使用和收益的权利。

用益物权的基本内容是对用益物权标的物享有占有、使用和收益的权利，是通过直接支配他人之物而占有、使用和收益。这是所有权权能分离出来的权能，表现的是对资产的利用关系。用益物权人享有用益物权，就可以占有用益物、使用用益物，对用益物直接支配并进行收益。

《民法典》物权编 · 第八章　第二百九十七条　不动产或者动产可以由两个以

上组织、个人共有。共有包括按份共有和共同共有。

《民法典》物权编·第二章　第二百一十五条　当事人之间订立有关设立、变更、转让和消灭不动产物权的合同，除法律另有规定或者当事人另有约定外，自合同成立时生效；未办理物权登记的，不影响合同效力。

物权用益数字化后实现实物数字化交易，数字化确权后，用益物权既可以按份共有也可以共同共有，将用益即收益进行数字化管理和分配，就形成了全新的分配、支付、收益的规则和方式，使依托物权实物数字化后的收益更明确，分配更透明，支付更便捷。

第四节　物权数字化善假于碳金经济

2021年是中国“碳金”经济的元年，“碳金”一词将逐渐被国人所熟知，从现在起，“碳金”一词也将与大众生活息息相关，就像汽油一样。国家“30—60”双碳战略规划：2030年碳达峰、2060年实现碳中和，“碳金”交易将成为趋势和未来。

黄金时代：1944年7月，在美国新罕布什尔州的布雷顿森林，通过了《国际货币基金协定》，美元与黄金直接挂钩，各国主权货币与美元挂钩，对标黄金实物。史称“布雷顿森林体系”，黄金时代正式开始。

黑金时代：1971年美国政府停止美元与黄金兑换后，时任美国总统尼克松同意向沙特提供军火和保护，条件是沙特所有的石油交易都需用美元结算。由于沙特是石油输出国组织中最大的产油国和全球最大的石油出口国，其他国家不得不使用美元结算石油交易。美元与石油交易挂钩，各国主权货币也不得不与美元挂钩，对标石油，因为石油是黑色的反差黄金的黄色，史称“黑金时代”，石油成为全球最大的交易商品，黑金时代持续至今。

碳金时代：据权威发布，中国人均年碳排放2吨，美国人均年碳排放4.4吨。中国2030年碳达峰，2060年碳中和，美国、欧盟早已过了碳达峰，承诺在2050年实现碳中和。美国碳排放指标现在交易价格每吨100美元，欧盟碳排放指标期货价格每吨50欧元，2021年7月16日，中国首次碳排放交易14万吨成交额709万元人民币。

从以上数据和态势分析及全球顶尖级专家预估，全球性节能减排，清洁能源的规模性入市，石油需求将逐步下降，2030年中国碳达峰时，全球碳排放指标交易将超过石油交易，将成为全球最大的交易商品，世界范围内黑金时代将走向没落，碳金时代正大步走来。

碳金商机：从黄金到黑金，从黑金到碳金，每个时代的更迭都蕴含着巨大商机，都是经济业态的一场重大变革，正如人类“从传统思维转变为互联网思维，从互联网思维转变为物联网思维，从物联网思维转变为数字经济思维”一样，每一次转变都带来了经济格局重组和巨大的造富浪潮。

中国具有社会主义制度优势，具有新型举国体制优势，具有超大规模市场优势，中国一定会牢牢掌握碳金交易的主动权，在兑现“30—60”双碳承诺的同时，也势必促成碳金交易挂钩人民币。

面对碳金时代，行业和企业都可以善假于碳金，企业节能减排、升级改造等结余的碳排放指标、企业植树造林等生成的碳排放指标，都可以通过“碳交易所”交易。

物权数字化碳资产：共有物权相当于共有碳排放指标。换言之，按份共有的物权同时可以按份共有碳排放指标，总体碳指标交易可以对标物权按份分享。这将增多民间投资渠道，降低大众投资“门槛”，寻常百姓也可以分享碳金时代的红利。

第五节　林业碳权投资物权化构想

1. 模糊的碳峰值数据

我国的碳排放量是欧盟的5倍，美国的3倍。我国净碳排放峰值在100亿吨左右。作为世界第一制造大国，如果将10年内碳达峰视为缓冲期，以期实现累计排放、人均排放向美国对标，那么后面30年我国的碳中和之路将会有巨大压力。

2021年3月，中央财经委员会第九次会议研究实现碳达峰与碳中和的基本思路和主要举措，举国上下都在贯彻执行，各省（区、市）也都出台了相应的规划和措施。

但是，无论是中央财经委还是省市地方政府，基础数据模糊。如基本目标表述：到 2030 年碳排放强度要比 2005 年减少 65% 以上，但是全社会都不知道 2005 年的碳排放量到底是多少。基本目标表述：2030 年我国森林蓄积量要比 2005 年增加 60 亿立方米，可是全社会都不知道 2005 年中国森林蓄积量到底是多少，每立方米蓄积量平均能吸收多少二氧化碳。

这些数据都处于模糊状态，没有任何官方表态，都是所谓的专家预估。

这种状况的出现，一方面可能是我国过去在碳排放方面基础工作不到位、不扎实，导致数据缺失，数据不一致，数据不真实不准确；另一方面也存在政策实施前数据模糊一点，就为各级政府腾挪释放了一定空间。

2. 碳权投资规模分析

国际可再生能源署 2021 年公布的报告中指出：2050 年之前，全球规划中的可再生能源投资需增加 30%，也就是说要增加 130 多亿美元。

根据中国发布的数据和国际发布的数据进行综合评估，中国约占全球碳排放量的 30%，2019 年，据中金公司发布，我国人均碳排放量为 7.1 吨，美国 16.1 吨，欧盟 6.6 吨，但是美国人口只是中国人口的零头。按照当下美元与人民币的汇率，专家预估到 2060 年我国绿色投资总额在 140 万亿元人民币左右，如果按照国际可再生能源署的规划，我国将投资 280 万亿元人民币左右。

面对如此庞大的投资额度，既是机遇也是挑战！

一方面，绿色投资不是靠各级政府行政文件能解决的，也不是靠大家喊喊口号就能实现的；另一方面，预期实现如此规模的绿色投资需要出台一系列回报政策，更需要全社会行动起来。

碳排放的大户，自然是减排的大户，也自然是绿色投资大户，可想而知，他们将面临更大的压力和挑战。但是面对全社会，这何尝又不是巨大的商机和动力。

绿色投资是基于全球更大力度地引入碳中和与可持续发展原则，这其实就是一场轰轰烈烈的“能源革命”，更是一场长期可持续的具有大范围影响力的“供给侧”革命，面对进入“买方”市场的中国商业现状，将波及所有行业，并波及所有企业的投资价值。

3. 减排型碳权物权化

将减排型碳权转化为物权，这是本书首次向社会提出的新观点、新思路。所谓碳权物权化，就是转变减排型企业转型后的属性，在其产权、股权没有变动的前提下，将碳权的物权属性激活，从而解决减排型企业的系列问题。

没有不缺钱的实体企业：在笔者撰写到本章时，俄乌开战一个多月了，其显著恶果在经济界体现得淋漓尽致，欧洲能源价格暴涨，粮食价格暴涨，大宗工业原材料暴涨，电动二轮车、三轮车、四轮车价格三日一涨，中国 95 号汽油破 10 元大关。

基于此，除“国家队”以外，占比 75% 以上的民营中小微企业面临缺钱，他们的生存都已经出了问题，何谈转型，何谈节能减排再投入？

节能减排再投资破题：善假于新思路、新模式，破题减排型企业绿色改造、绿色投资。碳权物权化，就是将企业绿色投资后形成的碳权从企业资产中剥离，从企业股权中剥离，使其形成碳权的物权资产，释放其使用权即用益物权属性，虽然是一小步转变，但却能迎来企业减排转型的海阔天空。

企业节能减排的绿色投入如果依托银行信贷，需要纷繁复杂的手续核准、抵押物尽调等，以绿色投资产生的碳权作为抵押标的物也不现实，既无法评估也无法预测。

而将碳权转化为物权，未来对标碳汇指数，获得预期，同时可以进行物权交易，将吸引机构、群体、社会的长期投资，物权化后的碳权，可以频繁转让，这将破解减排型企业的绿色投资难题。

4. 吸收性碳权物权化

吸收性碳权是一个笼统性说法，主要指的是森林蓄积，即根据森林树种等一系列评估，形成吸收二氧化碳的数量，从而计算出碳权。有数据显示，1 公顷阔叶林一天就能捕集 1 吨二氧化碳，若按照美国碳交易所价格的一般波动水平 100 元人民币 / 吨计算，经核定的 1000 公顷森林一年大概可以产生 3000 多万元市场价值的碳排放权，而且类似这种形式的森林碳汇每年都会产生碳排放权益，若使用一般的资产定价模型来进行评估，森林碳汇所对应的长期资产价值巨大。

民间难登碳交易所：中国庞大的人工林、次生林大多在村民或流转后的民营企业手里，烦琐的调查、认证、评估、申报等一系列手续和费用支付，使单一的农户和小规模林权企业无法进入碳交易所交易，也就无法实现碳权交易。

基于此，农户和民营企业手里的林权所形成的碳权无法变现，自然也无法调动“植树造林”的积极性，他们只能深耕林下经济。基于此，2030 年新增 60 亿立方米森林蓄储任重道远，如果政策配套不足，掌握庞大森林资源的省、市、县国有、集体林场也无法短时间将碳权在碳交易所进行交易。

第六节　林业碳权前置数字化构想

1. 共有碳权法理依据探讨

《民法典》物权编·第二章　第二百一十五条　当事人之间订立有关设立、变更、转让和消灭不动产物权合同，除法律另有规定或者合同另有约定外，自合同成立时生效；未办理物权登记的，不影响合同效力。

《民法典》物权编·第八章　第二百九十七条　不动产或者动产可以由两个以上组织、个人共有。共有包括按份共有和共同共有。

《民法典》用益物权编·第十章　第三百二十三条　用益物权人对他人所有的不动产或者动产，依法享有占有、使用和收益的权利。

（1）共同共有的含义。

《民法典》第二百九十九条规定了共同共有：“共同共有人对共有的不动产或者动产共同享有所有权。”根据《民法典》第二百九十九条，共同共有是指两个以上的民事主体根据某种共同关系而对某项财产不分份额地共同享有权利并承担义务。共同共有与按份共有的区别有以下两点：第一，共同共有是根据某种共同关系而产生的，以共同关系的存在为前提。最常见的产生共同共有的共同关系是夫妻关系、家庭关系、共同继承的关系。虽然在社会经济生活中，夫妻关系、家庭关系为最常见的共同关系，但并不意味着共同共有不能因约定而产生。一旦这种共同关系丧失，共同共有的前提便不复存在，共同共有人便可以主张对共有物的分割。第二，共同共有不分份额，所有共同共有人平等地享有权利、承担义务。需要注意的是，虽然共同共有不分份额，但是当共同共有关系结束时亦可确定各共同共有人的份额。

（2）共同共有人的权利与义务。

与按份共有人相似，共同共有人也对共有财产享有占有、使用、收益的权利，享有按照约定管理或共同管理共有财产的权利，享有物权请求权，享有全体共有人处分共有财产、对共有物进行重大修缮、变更用途或性质的权利。但是，共同共有也与按份共有存在不同之处。第一，由于共同共有人并不按照份额享有权利、承担义务，而是共同享有权利、承担义务，因此《民法典》没有规定共同共有人处分其共有份额的权利和优先购买权。第二，共有人对共有物进行处分、重大修缮、变更用途或性质，且对此没有约定时，需经全体共同共有人同意方能做出最后决定，这考虑到了共同共有关系的特殊性，有利于维护共同共有关系，保护共同共有人的权益。

相应地，共同共有人也共同对共有财产承担义务。根据《民法典》第三百零二条的规定，没有约定或约定不明确时，共同共有人共同负担共有物的管理费用以及其他负担，所谓“共同负担”，是指不按照份额的负担。

综合以上共有物权的法律条款，碳权数字化交易将有法可依有据可查，碳权物权化后形成的“用益物权”可以共同拥有也可以按份共有，数字化交易打破了整买整卖的交易逻辑。

2. 共有碳权前置机制探讨

前文阐述过，我国碳达峰峰值在100亿吨左右，预估森林蓄积（吸收二氧化碳）

在 30 亿—35 亿吨。2060 年碳中和，需要减排 65 亿—70 亿吨。如何盘活海量森林蓄积？如何促进增加 60 亿立方米森林蓄积？如何调动全社会积极投入？将现有当量碳权物权化是最佳解决方案之一。

先谈谈森林碳权抢夺乱象，相信在本书撰写的过程中又会有无数家涉碳公司注册成立，相信绝大多数是正规机构，也不排除部分是讲故事的高手，大致执行以下套路。

套路一：部分涉碳公司与市、县政府洽谈签约，承诺免费评估、认证、免费申报等，进入碳交易所交易，彼此按照约定比例分配交易所得。涉碳企业奔赴全国各地公关、洽谈、签约，疯狂扩大所持资源份额，“囤积居奇”，坐等利好政策，并不进一步实施。

套路二：部分涉碳公司与县、市政府大量签约，形成一定碳权资产资源后，与基金洽谈合作，逐步对所“囤积”的碳权进行评估、认证、申报，以期进入交易所交易，他们充其量就是个奸商，利用国家战略漏洞，绿色投资几乎为零，掠夺了本属于国家、集体、个人的碳权红利。

套路三：部分涉碳公司与需要减排的公司合作，承诺出具减排方案、承诺减排后形成碳交易后分利，通过程序、数据造假谋取不当得利。2022 年 3 月 14 日，生态环境部对四家机构碳排放报告数据弄虚作假等典型问题案例进行了公开通报。这些机构有的篡改伪造检测报告、授意指导企业制作虚假煤样送检，有的工作程序不合规、核查履职不到位、核查结论失实，造成了恶劣的社会影响。

此次被通报的四家技术服务机构的注册地址分别位于北京、青岛和沈阳，从这些分散的区域位置不难看出，生态环境部前期做了大量工作。

第一项构想设计：碳权物权化后可以进行数字化确权，将其 20 年的用益物权进行前置交易。前置交易是一种碳权转化为物权的期权交易。主要是利用农户手里林权和小规模林场林权的碳权交易，使其能立即用碳权活化资金进行维护及进一步绿色投资，规避了上交易所的不确定性。

第二项构想设计：碳权物权化后，机构和个人可以进行规模性投资，并利于形成规模性集群赴交易所交易，与此同时，扩大了民间投资渠道，降低了大众投资“门槛”，让社会大众能够分享“碳金”时代的红利。

3. 共有碳权民间机制探讨

碳权物权化后，可以形成共有碳权模型，共有碳权数字化交易将释放前置碳权的流动性和跨时空交易。“共有碳权 + 数字化 + 智能合约”跨界组合，将一揽子解决碳权前置后的交易难点。

前文也提到，2060 年碳中和目标实现，需要增加 60 亿立方米森林蓄储，中国总体绿色投资将超过 140 万亿元人民币，仅仅靠喊几句口号无法解决，仅仅依靠国家也无法全部实现，需要调动全社会的力量来完成。

针对现有当量森林碳权前置交易，探讨以下途径。

① 碳权进行物权数字化：在产权不变，所有权不变的前提下，将碳权物权化，也就是将碳权的用益物权剥离出来，进行前置化交易，机构和民间投资者可以投资碳权未来 20 年乃至 40 年的预期收益。

老李碳权资源假设：村民老李拥有 1 万亩林权，收益主要靠林下经济，因为不能砍伐，老李植树造林的可能性没有，主要是种树无法变现也没有闲钱种树。如果老李要进行碳汇交易，就必须委托机构进行评估、认证、申请、上所交易，老李还必须支付现金，机构收费市价每亩 100 元或更多，总数为 100 万元。老李靠林下经济年收入甚至无法过万元，100 万元是个天文数字，同时 1 万亩体量太小，上所交易可能性也不大。综述：村民老李无法享受碳金时代的红利，以后是否有政策出台惠及老李，未知数。

老李困境解决方案：将老李 1 万亩林权物权化，林权证还是老李的、林子树木还是老李的、林下经济产权和收益还是老李的，除了把碳权用益物权剥离出来，老李什么也没损失。把老李所拥有的碳权前置，把老李 20 年、30 年碳权的用益物权出售给第三方，可以一次性支付，也可以 10 年支付一次，老李提前预支了碳权收益，可以继续植树造林，也可以继续出售新增碳权。第三方形成规模性碳权后，可以再次整理出售，也可以打包去交易所交易。

② 前置碳权数字化交易：前置碳权交易就是碳权的期权交易，只不过进行的是物权实物交易，不受碳汇交易所条款限制。因为是全新理念，也没有政策支持，随着碳汇交易越来越成熟，政府一定会出台惠民政策。

碳汇升值是不确定性中确定事物，距离碳达峰仅有 8 年时间，距离碳中和也仅有 38 年时间，碳峰值的 100 亿吨，到碳中和任重道远。中国碳汇现货每吨 50 元以下，美国超过了 100 美元，欧盟碳汇期货也超过了 50 欧元，近 10 倍的升值空间。业内专家预估，碳达峰前后，中国每吨碳汇将突破 1500 元人民币，现在预测为时尚早。

现就投资碳权新思路探讨如下：购买上文举例的村民老李碳权，可以是机构也可以是个人，也可以按份共有和共同共有，现有政策下只能将老李碳权物权化，进而物权数字化，购买的是碳权用益物权。

4. 共有碳权确权机制探讨

参照本章第三节物权确权数字化，不再赘述。

第七节　林业碳汇期权数证化构想

1. 数字化权益凭证

数字化权益证明，可使用、可转让、可流通、可识别、防篡改、防伪造，基于智能合约和区块链底层技术生成，简称“数证”（Digital Proof of Interest，DPOI）。

“数证”与国家明令禁止的代币、虚拟币、空气币及被热点炒作的“通证”“非同质化代币”（Non-Fungible Token，NFT）等完全不同，“数证”不具备金融属性，只对标和伴随“实物、物权、用益物权、产品”交易过程的增减值而进行波动，既不能进行人为投机炒作，也不可能暴涨暴跌。

实物、物权、用益物权、产品对标数证，通过数证的便捷确权属性、快速交易属性，带动企业产品销售和市场份额占有，形成企业流量性数字资产。数证将促进“权益资产数字化、权益价值数字化、权益流通数字化、价值创造数字化”，它是开启共识经济辉煌明天的金钥匙。

2. 消费商变投资商

消费商变投资商，貌似与本章节主题风马牛不相及，实则不然，只有理顺理通消费变投资与数证及数证对标物——碳权的逻辑关系，才能实现本章节的构想。

在产品短缺时代，消费者处于被动地位，消费的价值仅在哲学家的眼里具有重要意义；而到了产品相对过剩时代，任何人都不能再忽视消费的力量。消费者成为市场经济的主人，消费已成为市场的主导力量。消费决定着生产的成败，决定着每一张货币的投向，关系到每一个企业、家庭和个人。每个社会细胞的经济行为的终极目标都可归结为消费，任何产品的最终指向也都是消费。

实际情况证明，消费资本真正发挥作用是在产品相对过剩之后，而其作用是随着商品供求格局的变化而变化的。

消费资本还将对国家、地区和企业的经济发展产生不可估量的作用。消费资本量化是测量和激活国家、地区和企业消费资本存量，并使之最充分发挥作用的最重要的前提和最关键的条件。为国家、地区和企业经济成长从资本构成方面提供非常精确的量化说明，对于解决国家、地区和企业经济发展提速、优化资本结构、充分发挥资本的作用具有重大意义。

把市场经济中消费和消费资本的力量系统地揭示出来，从而深刻地论证了消费资本的载体——当今数十亿消费者在市场经济发展中的重要地位和巨大作用，消费者才是市场经济的真正主人。他们是经济发展的原动力，他们是社会财富和企业利润的创造者。但是，几个世纪以来，他们在市场经济中的重要地位和巨大作用，连同他们的权益一起，一直处于被淡化、被边缘化甚至处于缺失状态。这是当今世界广大消费者依然处于“相对贫困”状态的根本原因。

新商业模式的核心特征是消费者与商家共同分享利润。新商业模式在实际运作过程中，将形成一个长期的、深层次合作的，甚至是互为股东、利润共享的紧密型的利益共同体。企业在这一利益共同体中发挥核心作用。为各合作单位提供卓有成效的服务，给合作者带来显著的经济效益，同时也给本企业带来巨大的利润。

3.“产品 + 数证”商城

基于“数证经济理论”，“产品 + 数证”商城即将横空出世，它将彻底颠覆“互联网电商商业逻辑”，数字经济的共识属性也必将终结传统互联网电商的信息属性，企业和个人的“数字资产钱包”即将诞生。

“产品 + 数证”商城的底层逻辑就是“消费变投资”，前文已说明不再赘述。其表现形式类似于购买产品送积分，但是数证与积分不在一个维度，积分是传统商业百年前的产物，而数证是数字经济的产物。简而言之，基于碳权物权化后，其用益物权就彰显出来了，碳权可以作为“产品 + 数证”商业模式中数证的对标物。

假设说明：隔壁老王在商场买了一个电饭锅，价格 1000 元，使用三年后，电饭锅报废后丢弃了，电饭锅除了解决了做饭问题，没有其他属性。

同样，隔壁老张在“产品 + 数证”商城也买了一个同质电饭锅，我们姑且称之为“数证电饭锅”，也花了 1000 元，获赠了一个数证。这个数证的对标物是半亩碳权，碳权是企业从村民老李那里买的，碳权用益物权期是 20 年。同样，使用三年后，电饭锅报废丢弃了。但是老张还剩下了对标半亩碳权的一个数证，数证所对标的碳权交易假设 3 年获得了 1000 元，老张相当于免费使用了电饭锅。而且，老张还有这个数证对标半亩碳权的收益 17 年，其间老张可以在商城转让半亩碳权，数证就变更在购买者的名下，收益权归购买者所有；老张也可以继续持有该数证，继续收益，变成个人数字资产。

假设结论：当隔壁老王知道了老张“数证电饭锅”的故事，就不会去商场买电饭锅了，甚至微波炉也到“产品 + 数证”商城买了，当然，也会得到微波炉企业的“微波炉数证”，这个数证可能对标的是 10 斤山西尧田醋。电饭锅企业通过“产品 + 数证”商业模式，虽然利润低了，但是销量暴增，资金回流迅速，又去找村民老李继续购买碳权，老李继续种树。

老张从购买电饭锅的消费者变成了投资者，拥有了数字资产，假设老张年消费10万元，都在“产品+数证”商城消费，他的数字资产就会越来越多。这就是消费资本论的底层逻辑，也是数证经济的具体应用。

数字化权益凭证，简称数证。数证是一种记录在区块链里，不能被复制、更换、切分的，用于检验特定数字资产真实性或权利的唯一数据标识，数证可以用来表征某个资产，数证是依附于现有的区块链，使用智能合约来进行账本的记录。

由于数证是独一无二且具有稀缺性的数字产品，你可以将任何东西捆绑到数证上。数证有很多重要应用场景。因为数证不可替代的特性，这意味着它可以用来代表独一无二的东西，比如博物馆里的蒙娜丽莎原画，或者一坛山西尧田醋的所有权。

“产品+数证”商城用智能合约为基础的数字化构成，包括物联网的信息采集和区块链的溯源检索。整个交易以智能合约的形式进行国家法律承认的公证。未来有任何争议可以在互联网法院进行溯源。

在现实物理世界中，同质化资产遵循相同的同质化协议，具有可替代性、可交换性、可分割性等特征，与同质化资产不同，数证具有独特性、不可替代性等特征，如山西尧田醋、稀有植物、房屋、楼宇、艺术品、游戏装备、数据资产等，这类资产的价值往往不是固定不变的，并且由于其唯一性和稀缺性，其价值可能会出现较大的浮动。

基于区块链的数证是一种记录在区块链上的数字资产所有权，具有唯一性、不可替代性、不可分割性等特征。数证通过智能合约来实现其所有权的转移，并通过区块链来记录所有权转移的整个过程。由于区块链具有公开透明、可追溯、防伪造和难以篡改等特性，任何节点都可以查看一个数证的所有交易记录，这就保证了数证交易过程的透明性、难以篡改性和防复制性。

解决方案：通过物联网、位置定位、公证等技术，高效精准地实现对个体化的固定资产赋予唯一标识，以及对该个体的变化过程进行数字化记录；

通过引入电子存证和互联网公证技术，解决数证的“匿名非法授权上链”问题、难以溯源监管的问题；

随着实物资产的不断变化（如植物的不断生长），其实物资产价值也在不断增加，与之对应的数字资产价值也在增加，早期数字化资产的投资者可以将数字资产转卖给下一位新投资者，从而获得资产增益。

实施过程：通过物联网和位置定位技术，赋予固定实物资产（例如植物）中一个唯一的标识，以便于唯一确定该固定实物资产；

对实物资产的变化过程进行数字化采集记录（包括但不限于采集时间、经纬度位置信息、拍摄图片和视频、拍摄人身份信息等）；

物联网技术（包括拍照、摄像以及其他传感器）可以跟踪该固定资产随时间变化的过程，一方面准确记录实物资产的生长过程，另一方面可以避免该固定资产被"调包"，将数字采集记录结果存入区块链，构建不可篡改的数字记录；

将数字采集结果通过可信的传输通道，加上时间戳信息，存入公证服务器，后续可以根据实物资产所有者的请求，公证服务器调取记录，出具相应的公证书。

第八节　林业蓄积行动大众化构想

森林蓄积，即根据森林树种等一系列评估，形成吸收二氧化碳的数量，从而计算出碳权。有数据显示，1 公顷阔叶林一天就能捕集 1 吨二氧化碳。我国碳达峰峰值在 100 亿吨左右，预估森林蓄积（吸收二氧化碳）在 30 亿—35 亿吨。2060 年碳中和，需要减排 65 亿—70 亿吨。如何盘活海量森林蓄积？如何促进 2030 年在 2005 年基础上增加 60 亿立方米森林蓄积？如何调动全社会积极投入？如何破解难题全民化行动？

1. 降低碳权评估"门槛"构想

完成 60 亿立方米森林蓄积目标，现行的评估政策和方式严重制约了对林业碳权的大范围行动，无法调动全民化实现这个目标。下面将广东省率先发布的政策作为延伸阅读。

【延伸阅读】

近日，广东省生态环境厅印发《广东省碳普惠交易管理办法》（以下简称《办法》）。规范广东省碳普惠管理和交易，促进形成绿色低碳循环发展的生产生活方式，深化完善广东省碳普惠自愿减排机制。该办法自2022年5月6日起施行，有效期5年。碳普惠是指运用相关商业激励、政策鼓励和交易机制，带动社会广泛参与碳减排工作，促使控制温室气体排放及增加碳汇的行为。广州碳排放权交易中心是碳普惠核证减排量交易平台，负责碳普惠交易系统的运行和维护，制定碳普惠交易规则，组织碳普惠核证减排量交易。申报碳普惠核证减排量应承诺不重复申报国内外温室气体自愿减排机制和绿色电力交易、绿色电力证书项目。详情如下：

广东省碳普惠交易管理办法

粤环发〔2022〕4号各地级以上市生态环境局：为深入贯彻习近平生态文明思想，落实绿色发展理念，充分调动全社会节能降碳的积极性，深化完善广东省碳普惠自愿减排机制，推动碳达峰碳中和战略目标实现，我厅重新编制了《广东省碳普惠交易管理办法》，现印发给你们，请遵照执行。

第一章 总则

第一条 为深入贯彻习近平生态文明思想，落实绿色发展理念，充分调动全社会节能降碳的积极性，促进形成绿色低碳循环发展的生产生活方式，深化完善广东省碳普惠自愿减排机制，规范碳普惠管理和交易，制定本办法。

第二条 碳普惠是指运用相关商业激励、政策鼓励和交易机制，带动社会广泛参与碳减排工作，促使控制温室气体排放及增加碳汇的行为。

第三条 碳普惠管理和交易应遵循公开、公平、公正和诚信的原则，碳普惠机制下开发的项目应具备普惠性、可量化性和额外性。

第四条 广东省生态环境厅负责我省碳普惠管理相关工作，包括碳普惠方法学、碳普惠项目及其经核证的减排量（以下简称“碳普惠核证减排量”），指导广东省碳普惠专家委员会开展专业技术支撑等工作。

省生态环境厅依托省碳普惠核证减排量登记簿系统对碳普惠核证减排量创建、分配、变更、注销等进行登记和管理。

第五条 各地级以上市生态环境部门配合做好碳普惠管理相关工作，可根据实际情况组织开展本市碳普惠创新发展工作。

第六条 广东省碳普惠专家委员会由省主管部门组织成立，由国内外低碳节能领域具有较高社会知名度和影响力的专家、学者和工作者组成，负责碳普惠方法学的技术评估工作。

第七条 广州碳排放权交易中心是碳普惠核证减排量交易平台，负责碳普惠交易系统的运行和维护，制定碳普惠交易规则，组织碳普惠核证减排量交易。

第二章 碳普惠管理

第八条 碳普惠方法学是指用于确定碳普惠基准线、额外性，计算减排量的方法指南。鼓励将具有广泛公众基础和数据支撑、充分体现生态公益价值的低碳领域行为开发形成碳普惠方法学，重点鼓励适用于广东省地理气候条件下林业和海洋碳汇、适应气候变化相关领域的碳普惠方法学进行申报。

第九条 自然人、法人或非法人组织开发的碳普惠方法学向各地级以上市生态环境部门进行申报。地级以上市生态环境部门将具有较好工作基础、具备推广条件的碳普惠方法学报送至省生态环境厅。碳普惠方法学申报材料包括方法学备案申请表、方法学设计文件等内容。

第十条 省生态环境厅在收到碳普惠行为方法学书面申请后，由广东省碳普惠专家委员会组织专家进行评估论证，依据专家委员会出具的评估意见，对条件完备、科学合理且具备复制推广性的碳普惠行为方法学予以备案，并及时向全社会发布。

第十一条 自然人、法人或非法人组织按照自愿原则参与碳普惠活动，作为碳普惠项目业主依据碳普惠方法学申报碳普惠核证减排量。委托有关法人组织申报碳普惠核证减排量的，应当签署委托协议，明确各方的责权利。碳普惠项目业主在申报前，应将项目咨询服务、利益分配等关键信息向利益相关方进行公示，公示期不少于7个工作日。

第十二条 申报碳普惠核证减排量应承诺不重复申报国内外温室气体自愿减排机制和绿色电力交易、绿色电力证书项目。

第十三条 申报碳普惠核证减排量须书面向地级以上市生态环境部门申请。地级以上市生态环境部门依据碳普惠方法学要求进行初步核算后，报送至省生态环境厅。

省生态环境厅在收到省级碳普惠核证减排量书面申请后，视需要可委托第三方核查机构进行核查，经核查无误的予以备案，并通过省级碳普惠核证减排量登记簿系统将省级碳普惠核证减排量发放至参与者账户中。

第三章 碳普惠交易

第十四条 碳普惠项目业主以及符合碳普惠交易规则的交易参与人，是碳普惠核证减排量的交易主体。

第十五条 碳普惠核证减排量应通过挂牌点选、竞价交易、协议转让等交易方式进行交易。

第十六条 碳普惠核证减排量可作为补充抵消机制进入广东省碳排放权交易市场。省生态环境厅确定并公布当年度可用于抵消的碳普惠核证减排量范围、总量和抵消规则。

第四章 监督管理

第十七条 省生态环境厅应及时向社会公布碳普惠方法学、碳普惠核证减排量备案和碳普惠专家委员会名单等信息。广州碳排放权交易中心应及时向社会公布碳普惠核证减排量交易相关信息。

第十八条 碳普惠项目业主或受委托的有关法人组织应主动向利益相关方披露碳普惠核证减排量备案和交易信息，接受社会公众监督。

第十九条 碳普惠管理和交易有关机构及其工作人员，违反本办法规定，依法由其上级主管部门或者监察机关责令改正并通报批评；情节严重的，对负有责任的主管人员和其他责任人员，依法由任免机关或者监察机关按照管理权限给予处分；涉嫌犯罪的，移送司法机关依法追究刑事责任。

第五章 附则

第二十条 鼓励碳普惠核证减排量用于抵消自然人、法人或非法人组织生活消费、生产经营、大型活动产生的碳排放。

第二十一条 积极推广碳普惠经验，推动建立粤港澳大湾区碳普惠合作机制。积极与国内外碳排放权交易机制、温室气体自愿减排机制等相关机制进行对接，推动跨区域及跨境碳普惠制合作，探索建立碳普惠共同机制。

第二十二条 本办法下列用语的含义：

（一）温室气体：指大气中吸收和重新放出红外辐射的自然和人为的气态成分，包括二氧化碳（CO_2）、甲烷（CH_4）、氧化亚氮（N_2O）、氢氟碳化物（HFCs）、全氟化碳（PFCs）、六氟化硫（SF_6）和三氟化氮（NF_3）。

（二）碳普惠核证减排量的单位：最小单位为 1 吨二氧化碳当量。

（三）林业碳汇：指通过实施造林、再造林、森林经营管理、森林保护等，吸收并固定大气中二氧化碳的过程。

（四）海洋碳汇：指易于管理的海洋系统所有生物碳通量和存量，包括但不限于红树林、海草床、滨海盐沼、海藻及贝类的固碳过程、活动和机理。

（五）碳普惠共同机制：秉持减源增汇、跨区域连接、相互认可的理念，通过链接多元碳普惠，带动全社会助力实现碳达峰碳中和目标的创新型普惠减排机制。

第二十三条 本办法由广东省生态环境厅负责解释。

第二十四条 本办法自 2022 年 5 月 6 日起施行。有效期 5 年。

2. 林业碳权前置交易平台构想

林业碳权前置交易，将调动全民“植树造林”的积极性；也会调动企业、机构、资本等投资增林扩林的积极性；也会“拓宽多元民间投资渠道，降低大众投资门槛”。增强了全民化享受“碳金”时代红利的机会和机遇。

首先，林场或林农持有的林权衍生的碳权，可以通过“林业碳权前置交易平台”，依托“碳汇期权”价值大范围变现，将变现资金再次进行“植树造林”。

其次，自然人、投资机构投资新增的林权衍生的碳权，也可以像商品一样通过平台快速自由转让“碳汇期权”，“植树造林”的个人和机构可以迅速变现，不需要到“碳汇交易所”上市交易。

林业碳权前置交易平台，其实质是中介平台，类似于房地产的链家、我爱我家，如果把“碳权”作为“商品”，就类似于“京东”“淘宝”，只不过买卖的是10年、20年的碳权。因为没有金融属性，政府可以主导建立，民间也可以自由建立。

林业碳权前置交易平台，将使用区块链底层技术，依托智能合约进行跨时空频繁交易，形成林业碳权前置交易生态系统——林业碳权投资物权化、林业碳权前置数字化、林业碳汇期权数证化、林业蓄储行动大众化。

“碳权前置交易”的方式方法前文做了简单探讨，在此不再赘述。林业碳权前置交易平台顶层设计、架构模型、交易规则等正在设计中，法律法规风险、运营风险也在评估中，期待早日与读者见面。

【延伸阅读】

推动“碳票”变“钞票” 开辟农民增收新途径

（光明日报网 2022-04-12 10:06）刘华军、田震（山东省习近平新时代中国特色社会主义思想研究中心特约研究员）

碳达峰、碳中和是经济社会全面绿色转型的重大战略决策。农业具有碳源和碳汇双重属性，是实现碳达峰、碳中和的重要领域。发挥好农业对于“双碳”目标实现的重要作用，不仅有助于促进新时期农业绿色发展，而且有助于推动农业“碳票”

变“钞票”，为新时期增加农民收入开辟新途径。

新时期农民增收不仅要数“钞票”，而且要数“碳票”，实际上“碳票”就是“钞票”。目前，我国多地已经开始积极探索“碳票”变“钞票”的生态产品价值实现机制。2021年5月，福建省三明市将乐县、沙县区签发全国首批林业碳票，迈出了全国林业碳票交易的第一步。此外，安徽省的滁州市、陕西省的咸阳市也先后出台了林业碳票管理办法，为全国探索林业碳汇交易路径提供了有益经验。在碳达峰、碳中和的背景下，为了发挥好农业在实现“双碳”目标进程中的重要作用，迫切需要构建起农业“碳票”变“钞票”的实现机制，加快推进以农业“碳票”为抓手的农业碳汇交易，让农业碳汇交易成为飞架在“绿水青山”与“金山银山”之间的一座金桥，开辟新时期农民增收的新途径。

一、构建农业碳源碳汇监测核算体系

农业碳源碳汇的监测核算是农业碳汇交易的重要基础。《关于完整准确全面贯彻新发展理念做好碳达峰碳中和工作的意见》明确提出，要“建立健全碳达峰、碳中和标准计量体系”，“加强二氧化碳排放统计核算能力建设”，“建立生态系统碳汇监测核算体系”。农业既是温室气体排放源，又是巨大的碳汇系统。准确的监测核算数据不仅有助于摸清农业碳排放、碳吸收家底，制定更为科学的减排固碳措施，同时也是农业碳票发放的重要依据。

当前，农业领域碳排放、碳吸收的监测核算缺少专业的研究平台和系列化标准，需要加快构建农业碳源碳汇监测核算体系。

一是制定监测核算标准。农业农村部、国家发展改革委、生态环境部等相关部门应协同配合，组织有关机构和专家，从监测、核算、报告、核查等方面展开研究，提出科学合理、简明适用的农业碳排放、碳吸收监测核算标准，明确监测核算边界。

二是建立监测核算机构。集聚科研院校、涉农企业、行业组织等各类相关主体力量，根据已制定的监测核算标准，加快成立专门的监测核算机构，并鼓励大型农业企业自主开展监测核算平台建设。

三是完善监测核算方法。加快农业监测核算技术的难点攻关，加大低成本监测核算技术的研发力度。不断优化监测点位布局，结合地面监测和卫星遥感技术，建设农业碳排放、碳吸收监测信息平台。推广使用先进的自动监测、快速监测设备和成熟适用的核算方法。

四是克服分散监测核算困难。支持小农户开展联户经营、标准化生产，统一进行监测核算。支持监测核算人员进入家庭农场、合作社和农业企业，为小农户和大型农业经营主体提供全程化、精准化和个性化的监测核算技术服务。

二、规范农业碳票的制发流程

农业碳票是一种收益权凭证，规范农业碳票的制发流程有助于维护农业碳票的权威性。当前，我国多地市已出台了林业碳票管理办法，2021 年 5 月三明市印发《三明市林业碳票管理办法（试行）》，2021 年 9 月滁州市印发《滁州市林业碳票管理办法（试行）》，2021 年 10 月咸阳市印发《咸阳市林业碳票管理办法（试行）》。各地市已制发的碳票地域性较强，很难在全国范围内自由流动，极大地限制了农业碳票的价值实现。

为了加快建立健全全国生态产品价值实现机制，为农业碳汇价值实现提供有效途径，需要统一做好农业碳票制发的相关工作，规范农业碳票的制发流程。

一是明确各级部门职责分工。农业农村部、国家发展改革委、生态环境部等相关部门应统一农业碳票制发标准，明确碳票样式，进行统一设计，制定明确的碳票申请细则。地方各级农业部门、发展改革部门、生态环境部门等负责农业碳票申请、审查、审定以及备案签发工作，并及时公布农业碳票持有、流转、结算等相关信息。

二是强化审查程序。重点审查申请材料的真实性、一致性和合法性，必要时可以开展实地调查。组织生态环境等部门和有关专家对监测核算报告进行审查，加强审查部门和监测核算机构的协调配合，实现监测核算与审查工作的高效顺畅对接。

三是引导农业经营主体申请制发农业碳票。支持条件充分的农民合作社和农业企业先行先试，作为首批农业碳票的申请主体。鼓励分散的农户通过联合或依托集体经济组织申请制发农业碳票。

三、建设农业碳汇交易平台

建设农业碳汇交易平台是推动农业“碳票”变“钞票”的关键环节。2021 年 9 月，农业农村部等六部门联合印发了《“十四五”全国农业绿色发展规划》。作为我国首部农业绿色发展专项规划，《“十四五”全国农业绿色发展规划》确立了全国农业绿色发展目标，明确提出农业绿色发展要遵循“坚持政府引导、市场主导、社会参与”的原则。

碳交易是利用市场机制控制和减少温室气体排放的一种制度工具。2021 年 7 月 16 日，全国碳市场正式开始上线交易，这为建设农业碳汇交易平台提供了借鉴和参考。要按照国家生态文明建设和控制温室气体排放的总体要求，分阶段、有步骤地建设农业碳汇交易平台。

一是要做好顶层设计。生态环境部和农业农村部应加快组织建设农业碳票注册登记系统和交易系统，会同其他部门制定交易规范和交易细则，对碳票交易及相关活动进行监督和指导。

二是要优化交易平台管理。不断丰富和完善交易方式，提供线上线下交易渠道，支持采取电子化资金的交易模式。简化交易流程，提供交易指南服务，降低交易成本。

三是逐步扩大农业碳汇交易平台规模。丰富交易品种，加强多领域交叉研究，打通行业间碳交易壁垒，加快推动农业碳汇交易平台覆盖生产生活各个方面。在条件充分时，可逐步将农业碳汇交易纳入全国碳排放权交易系统。

四、激活农业碳票的市场需求

党的十八大以来，随着生态文明建设进程的不断加快，“绿水青山就是金山银山”理念深入人心，绿色发展方式和生活方式逐渐形成，为碳达峰、碳中和被纳入生态文明建设整体布局奠定了良好基础。实现碳达峰、碳中和是一项极具挑战的系统性工程，需要全社会多主体积极参与。碳汇交易则大大降低了市场主体减污降碳的成本，为企业、单位、个人提供了实现碳达峰、碳中和的有效途径。因此，碳汇交易市场的潜在需求量巨大。

为了更好地实现农业“碳票”变“钞票”，需要激活农业碳票的市场需求，促进更多的市场主体购买农业碳票。

一是通过宏观上的政策支持和制度规范，来引导重耗能企业参与农业碳票交易。通过绿色低碳标识建设，推动企业自主购买农业碳票来抵消企业活动碳排放，从而承担企业责任、塑造低碳品牌形象。

二是政府机关、事业单位、社会团体要积极参与农业碳票交易，做好践行社会责任的表率。鼓励碳服务机构、国有企事业单位采取保底收购、溢价分成的方式收储农业碳票。

三是探索构建覆盖企业、社会组织和个人的生态积分体系，将农业碳票消费纳入生态积分体系，结合积分情况提供各类政策优惠。

四是鼓励金融机构积极开发基于碳票的绿色金融产品，参与农业碳票的存储、交易、融资，创新质押贷款产品，探索将农业碳票作为贷款的可质押物。

五是通过新闻媒体和互联网等渠道，加大对农业碳票的宣传推介力度，提升农业碳票的社会关注度和认可度。

中央经济工作会议指出，要正确认识和把握碳达峰、碳中和。实现碳达峰、碳中和是推动高质量发展的内在要求，要坚定不移推进，但不可能毕其功于一役。农业碳票是利用市场机制推进碳达峰、碳中和的重要工具，作为“双碳”愿景下的新生事物，需要分阶段、分步骤、有重点地开展实践。要稳中求进、先立后破，在不影响农业稳定发展的基础上，把“绿水青山”变成“金山银山”，为“双碳”时代下农民增收开辟一条新的途径。

（本文系国家社科基金〔21BGL003〕、山东省社科规划重大研究项目〔20AWTJ16〕的阶段性成果）

【延伸阅读】

走进中国“碳票”第一村　看空气如何变成“钱”

这是一张碳票，它诞生在福建省三明市的常口村，最初的持有者是村民张林顺。

不过，现在这张碳票归老张的女儿女婿所有了。前段时间，老张把它作为嫁妆，送给了女儿。

一般来说，嫁妆总得是些值钱的东西，比如金银首饰、车子房子什么的，但碳票是什么？怎么就能做了嫁妆？

还真就能。

碳票是以林木生长量为测算基础，并依据计量方法换算成的碳减排量，经过林业部门、生态环境部门核定后，以“票”的形式发给林木所有权人，从而将空气变成一种可升值、可交易、可质押的有价证券。

简单来说，就是空气能卖钱。

拿老张的这张碳票来说，他家有 387 亩山林，在过去 5 年里，吸收了 1577 吨二氧化碳，以每吨 15 元的价格计算，这张碳票的价值就是 2 万多元。

而常口村村集体拥有的 3197 亩山林，其碳票的价值在 14 万元左右。

因为这一张张碳票，闽西北大山深处的这个小村庄，有了“中国‘碳票’第一村”的美誉。

守护山林　取之有度

而这一切，是常口村人世代守护自家山林的结果。

常口村是一个传统的客家村落，唐朝末年，为避战乱，常口人的先祖南迁至此，在这片大山里扎根。

山林给予他们庇护以及生存的保障，所以房前屋后栽植树木，也就成了常口村人的传统。村里至今流传着“多栽杉和松，子孙不会穷”的俗语。

在常口村人看来，只有多种树，田里才有水，田里有了水，粮食才会丰收，人们的生活才有保障。

不仅如此，为了保护好村庄周围的环境，常口人还把山林分为生态林、风水林和用材林，前两者禁止砍伐，后者也要取之有度，不能任意砍伐。

清光绪年间，村里族长的儿子因翻盖房屋，误砍了几棵风水林的树。

族长得知后十分愤怒，立刻召集族人齐聚祠堂，当众把儿子鞭打一顿，并自罚十桌酒席，宴请全村。

随后，他又在村里立下一块禁碑，对山间林木的砍伐与守护做了详细的赏罚条例，自此，再也没有人敢打山上树木的主意。

人们用几分敬自然，自然便会用几分回馈人们。如今的常口村，森林覆盖率高达92%，1.9万亩山林环绕着村庄，使这里成为一个巨大的天然氧吧，常口人就在这高质量的环境中，度过了数百年的时光。

拒绝诱惑　留下绿水青山

不过，常口村人也不是没对这片山林动过其他心思。

福建自古有着“八山一水一分田”的说法，而常口村人均仅有一亩多地。

林多地少，曾经并不是优势。那时候，有限的产出只能满足自家的温饱。到了20世纪90年代，村里都还没有一条像样的马路，村民住的房子也是破旧不堪。

村庄发展不起来，村民们都很发愁。

此时，一家木筷厂看上了村里的这片山林，他们想购买下来，作为生产筷子的原材料，一开价就是20万元。

这对于当时的常口村来说，是个巨大的诱惑。

有了这20万元，村里就能修一条水泥路，还能安上路灯，建学校、建卫生站，这些都有了指望。

但是常口村人也清楚，如果砍光林木，恢复原样至少需要上百年。

是解决一时的困境，还是为子孙后代留下绿水青山，常口村人最终选择了后者。

人不负青山，青山也定不会负人。

借着这片山林，人们在林间种植了红菇、竹笋、黄精等作物，发展起林下经济，随着乡村公路的开通，这些原生态、无污染的产品，越来越有市场。

县里的水上皮划艇训练基地也落户到了这里，每年都有来自全国各地的专业队在这里训练、比赛。

清新的空气，秀美的山水，吸引着八方的游客来到这里，常口村人便在家门口开办起“农家乐”，乡村旅游也给村民带来了不错的收入。

2020年，常口村人均纯收入2.6万元，相比十多年前增加了十几倍，村民们过上了舒心的日子，开上了小汽车，住进了小洋房，日子一天天好了起来。

有了绿水青山这个无价之宝，常口村发展的路子变得越来越宽，未来的日子里，常口村人将继续守护着这片山林大地，不负青山绿水，为子孙后代留下一个更加绿意盎然的家园。

（资料来源：《潇湘晨报》）

CHAPTER
TWELVE

第十二章

《民法典》赋能物权数字化

解释法律系法律学之开端，并为其基础，
系一项科学性工作，但又为一种艺术。
——德·萨维尼

基于我国现实和社会背景，“以人民为中心，切实回应人民法制需求”，《民法典》各分编分别对产权保护、公平交易、人格权保护、婚姻家庭和继承、侵权救济等制度进行了全面补充完善，“与民法总则编一并形成了具有中国特色、体现时代特点、反映人民意愿，体例科学、结构严谨、规范合理、内容协调一致的《民法典》”。

《民法典》物权编调整因物的归属和利用产生的民事关系。它秉持物尽其用的观念，全面规定了所有权、用益物权、担保物权及占有制度，“通过明确物的归属秩序、丰富物的利用方式，达到维护交易安全、促进财富流转的目标”。

第一节 《民法典》物权编亮点

《民法典》物权编亮点颇多，笔者将其归纳为以下九个方面。

第一，修改物权变动与物权保护的规则。其一，删除了受遗赠物权变动的生效时间是继承开始时这一规定。《民法典》物权编第二百三十条规定了因继承取得遗产物权的时间，即：“因继承取得物权的，自继承开始时发生效力。”对比《物权法》第二十九条“因继承或者受遗赠取得物权的，自继承或者受遗赠开始时发生效力”的规定，《民法典》物权编删除了因受遗赠物权发生变动时间的内容。《民法典》第一千一百二十四条第二款规定：“受遗赠人应当在知道受遗赠后六十日内，作出接受或者放弃受遗赠的表示；到期没有表示的，视为放弃受遗赠。”继承开始时，受遗赠人并不立刻取得物权，在其作出接受或者放弃受遗赠的表示之前，受遗赠人只对遗赠享有债权；在其作出接受遗赠的表示之后，才取得物权。其二，《民法典》物权编第二百三十七条规定“权利人可以依法请……恢复原状”，第二百三十八条规定“权利人可以依法请求损害赔偿”，与《物权法》第三十六条、第三十七条相比，均增加了“依法”二字。恢复原状和损害赔偿作为侵权责任请求权，虽然分别被规定于《民法典》物权编中，但是这两种请求权的法律依据并非来源于物权编。

第二，修改所有权的一般规则。其一，完善不动产的征收规则。与《物权法》相比，《民法典》物权编第二百四十三条对不动产征收的规定更为完善。①在征收集体所有的土地的情况下，增加了“及时”支付土地补偿费的规定，以避免长期拖欠土地补偿费的情况发生。②将“农村村民住宅”的补偿费用纳入征收集体所有的土地的补偿范围内，更全面地保护民众权益。其二，将“疫情防控需要”纳入依法征用组织、个人不动产或者动产的紧急需要的情形中，这结合了防控新冠肺炎疫情实践所总结的经验，也满足了长期疫情防控的需要。其三，增加了“无居民海岛属于国家所有，国务院代表国家行使无居民海岛所有权”的规定。其四，增加了“集体成员有权查阅、复制”集体成员对集体财产的相关资料。其五，增加了“不动产权利人不得违反国家规定弃置固体废物，排放大气污染物、水污染物、土壤污染物、噪声、光辐射、电磁辐射等有害物质”的规定，这是绿色原则在相邻关系中的体现。其六，增加了添附作为所有权取得方式的规定。

第三，修改建筑物区分所有权规则。在日常生活中，由于小区面积较大、业主众多，且《物权法》设定的共同决定事项的通过规则“门槛”过高，导致业主常常陷入召集业主开会难、通过决议难的困境。因此，《民法典》物权编对建筑物区分所有权的规定作出大量修改，以保护业主权益，笔者认为，最关键的有以下四点：其一，降低了共同决定事项的“门槛”。“业主共同决定事项，应当由专有部分面积占比三分之二以上的业主且人数占比三分之二以上的业主参与表决”，重大事项“应当经参与表决专有部分面积四分之三以上的业主且参与表决人数四分之三以上的业主同意”，一般事项“应当经参与表决专有部分面积过半数的业主且参与表决人数过半数的业主同意”。其二，强调业主将住宅改变为经营性用房时，应当经有利害关系的业主一致同意。其三，增加了“利用业主的共有部分产生的收入，在扣除合理成本之后，属于业主共有”的规定，一方面鼓励充分利用共有部分，另一方面保护业主的权益。其四，规定物业服务企业或者其他管理人应当“及时答复业主对物业服务情况提出的询问”，且“应当执行政府依法实施的应急处置措施和其他管理措施，积极配合开展相关工作”，明确了物业服务企业或者其他管理人服务业主、配合政府的义务。

第四，修改共有规则。本章第三节将详细论述《民法典》物权编中有关共有的规则。

第五，修改用益物权的一般规则。用益物权是指权利人享有的对他人所有的不动产在一定的范围内加以使用、收益的定限物权。《民法典》规定的用益物权包括土地承包经营权、建设用地使用权、宅基地使用权、居住权和地役权。此外，在特别法上，我国亦规定了海域使用权、探矿权、采矿权、取水权、养殖权和捕捞权，而在特别法上规定的用益物权处于公私法交界的地带，与行政管理有关，在此不做过多阐述。用益物权具有以下特征：其一，用益物权属于他物权。他物权是与所有权相对应的概念，即所有人以外的其他人享有的物权、对他人之物享有的物权。用益物权和担保物权同属他物权，但二者存在许多不同之处。对于权利类型而言，用益物权包含土地承包经营权、建设用地使用权、宅基地使用权、居住权和地役权等，担保物权包含抵押权、质权、留置权等；对于权利内容而言，用益物权指向物的实体权，担保物权指向物的价值权；对于权利客体而言，用益物权的客体仅有不动产，担保物权的客体包含不动产、动产和权利；对于法律属性而言，用益物权以独立性为原则，以从属性为例外，担保物权具有从属性；对于权利实现而言，用益物权一经设立即实现，担保物权的设立与权利实现相分离。其二，用益物权是以占有、使用、收益为内容的定限物权。定限物权是与完全物权相对应的概念，即它不似完全物权一般包含占有、使用、收益、处分的全部权利，而只能包含其中一部分权利。用益物权是针对物的使用价值的支配权，因此它包含占有、使用、收益的权利，而不包含处分的权利。其三，用益物权是以不动产为客体的物权。因为我国对土地等自然资源实行公有制，私人无法取得它们的所有权，所以有必要在不动产上设定用益物权。

对于用益物权的一般规则而言，明确了用益物权应遵守绿色原则，《民法典》物权编第三百二十六条规定：“用益物权人行使权利，应当遵守法律有关保护和合理开发利用资源、保护生态环境的规定。所有权人不得干涉用益物权人行使权利。”其与《物权法》第一百二十条相比，增加了“保护生态环境的规定”，这是绿色原则在用益物权部分的体现。在用益物权部分，《民法典》物权编不仅对用益物权的一般规则进行了修改，也对土地承包经营权、建设用地使用权的规则进行了修改，新增了居住权制度，这三项将在第六、七、八点详述，还对地役权进行了小范围的修改。对于地役权，《民法典》物权编第三百七十八条规定："土地所有权人享有地役权或者负担地役权的，设立土地承包经营权、宅基地使用权等用益物权时，该用益物权人继续享有或者负担已经设立的地役权。"相较于《物权法》第一百六十二条，继续享有或负担已经设立的地役权的主体范围扩大，不仅包括土地承包经营权人和宅基地使用权人，还包括其他类型的用益物权人。《民法典》物权编第三百七十九条明确了只有已设立用益物权的土地设立地役权才须经用益物权人同意，而非其他权利。此外，《民法典》物权编对宅基地使用权并未作出修改。

第六，修改土地承包经营权的规则，体现和巩固了我国新一轮土地制度改革的成果。其一，将"以招标、拍卖、公开协商等方式取得的土地承包经营权"修改为"土地经营权"，且土地承包经营权人可以自主决定依法采取出租、入股或者其他方式向他人流转土地经营权。其二，删除禁止"耕地……集体所有的土地使用权"抵押的规定，允许土地承包经营权和土地经营权进入融资担保领域。"土地承包经营权抵押权的实现主要不采取变价的方式，而采取收益实行的方式，通过土地经营权的流转收益清偿债务，坚守了'无论承包地如何流转，都不能使农民失去承包地'的政策底线。"对于土地经营权，"实现抵押权后，未经法定程序，不得改变土地所有权的性质和土地用途"。其三，在"二轮"承包之后，承包农户仍可继续延包。

第七，修改建设用地使用权的规则，回应民众呼声，关切现实需求。虽然《物权法》第一百四十九条第一款规定了住宅建设用地使用权期间届满自动续期，但是没有明确自动续期之时是否续费这一问题。《民法典》物权编第三百五十九条对此作出了回应，即："续期费用的缴纳或者减免，依照法律、行政法规的规定办理。"待未来法律、行政法规出台具体规定后，便可做好衔接。

第八，新增居住权制度。居住权是指居住权人按照合同约定，对他人的住宅享有占有、使用以满足生活居住需要的用益物权。设立居住权，当事人应当采用书面形式订立居住权合同。《民法典》出台前，司法实践中已经存在居住权的案件，但是却无相应的法律规范，因此只能通过适用公序良俗条款、将居住权解释为所有权或共同共有权、将居住权解释为债权、将享有居住权作为执行异议的依据、将明知存在居住权仍购买房屋的买受人认定为恶意等方法保护居住权人。《民法典》物权编第三百六十六条至第三百七十一条规定了居住权，对现实有诸多裨益。首先，居住权与购房居住、租房居住共同满足社会对住宅的需求，使“居者有其屋”。其次，居住权作为物权，登记后得以对抗第三人，更加稳定、长久。

有关居住权的规定可以概括为以下四个方面：其一，居住权原则上应当无偿设立，但是当事人亦可另行约定。其二，居住权自登记时设立。其三，居住权不得转让、继承。设立居住权的住宅不得出租，但是当事人另有约定的除外。其四，居住权期限届满或者居住权人死亡的，居住权消灭。对于居住权是否得以转让、继承，设立居住权的住宅是否可以出租的问题，学术界曾有争论，最终《民法典》物权编对此采取否定态度。“住房保障旨在满足低收入群体的居住需求。经济适用房等制度之所以饱受争议，就在于其超出了保障居住需求这一意旨，为特定人员低价取得房屋所有权留下了通道，由此可能让其获得暴利，也为权力寻租提供了空间。”居住权不能转让、继承，设立居住权的住宅不可出租，便杜绝了此种问题，未来或可作为社会福利的住房保障的制度基石。

第九，《民法典》物权编对担保物权规则的完善与商事规范有诸多联系，有利于改善我国的营商环境。首先，《民法典》物权编对担保物权的一般规则作出修改，新增担保物权统一的优先受偿顺序。其一，《民法典》物权编第四百一十四条第二款和第四百一十五条，担保物权应当按照以下顺序受偿：已经登记的担保物权按照登记的时间先后确定清偿顺序，已经登记的担保物权先于未登记的受偿，未登记的担保物权按照债权比例清偿。其二，与《物权法》不同，《民法典》物权编第四百零一条和第四百二十八条对流质条款的态度并非一概否定，而是规定担保物权人可以依法就担保财产优先受偿。其次，《民法典》物权编对抵押权规则作出修改。其一，新增超级优先权的规定。《民法典》物权编第四百一十六条规定：“动产抵押担保的主债权是抵押物的价款，标的物交付后十日内办理抵押登记的，该抵押权人优先于抵押物买受人的其他担保物权人受偿，但是留置权人除外。”这有利于鼓励信用消费，优化动产担保体系。其二，修改了抵押物转让规则，与《物权法》不同，《民法典》物权编第四百零六条承认抵押财产的自由转让，而不必经过抵押权人同意，也不必将转让所得的价款向抵押权人提前清偿债务或者提存。其三，《民法典》物权编对质权规则作出修改。《民法典》物权编第四百四十条将未来的应收账款纳入质押范围，这符合我国金融领域的实践。

第二节　共有物权条款解读

1. 共有物权条款的新变化

1987 年开始实施的《民法通则》第七十八条对共有作出了一般性的规定，具体而言，它确认了共有可以作为财产的所有形式，区分了按份共有和共同共有两种共有形式，规定了共有人的优先购买权。

2007 年开始实施的《物权法》第八章专章规定了共有，构建起了共有的规则体系。与《民法通则》相比，《物权法》完善了有关共有概念、共有形式、优先购买权的规则，新增了有关共有物管理、共有物处分或者重大修缮、共有物管理费用负担、共有财产分割、因共有财产产生的债权债务关系、共有关系不明对共有关系性质推定、按份共有人份额不明的确定原则、用益物权和担保物权的准共有的规则。此后，为了正确审理有关共有的物权纠纷案件，2016 年开始实施的《最高人民法院关于适用〈中华人民共和国物权法〉若干问题的解释（一）》第九条至第十四条进一步细化了优先购买权的规则。

2020 年通过、2021 年施行的《民法典》，在物权编第八章专章规定了共有。从整体上看，它沿袭了《物权法》关于共有的规则体系，吸纳了《最高人民法院关于适用〈中华人民共和国物权法〉若干问题的解释（一）》的经验，同时进行了一定程度上的创新。虽然《民法典》物权编的共有规则体系相较于《物权法》

的共有规则体系整体上并未发生巨大变动，但是具体规则存在以下三点有实质意义的修改。

第一，共有主体范围的扩大。《民法典》第二百九十七条规定了共有概念和共有形式，即："不动产或者动产可以由两个以上组织、个人共有。共有包括按份共有和共同共有。"它来源于《物权法》第九十三条，但是，《物权法》第九十三条对共有的定义为："不动产或者动产可以由两个以上单位、个人共有"，《民法典》将"单位"修改为"组织"，扩大了共有主体的范围，体现了《民法典》对物权的平等保护。

第二，纳入了共有物变更性质或者用途时的规则。《民法典》第三百零一条规定："处分共有的不动产或者动产以及对共有的不动产或者动产作重大修缮、变更性质或者用途的，应当经占份额三分之二以上的按份共有人或者全体共同共有人同意，但是共有人之间另有约定的除外。"它来源于《物权法》第九十七条，而后者仅规定了共有物的处分和重大修缮时的规则，未涉及《民法典》第三百零一条纳入的共有物变更性质或者用途时的规则。

第三，新增优先购买权的具体形式规则。《民法典》第三百零六条规定了优先购买权的具体行使规则："按份共有人转让其享有的共有的不动产或者动产份额的，应当将转让条件及时通知其他共有人。其他共有人应当在合理期限内行使优先购买权。两个以上其他共有人主张行使优先购买权的，协商确定各自的购买比例；协商不成的，按照转让时各自的共有份额比例行使优先购买权。"《物权法》仅规定了优先购买权，但并未规定优先购买权的行使规则。《最高人民法院关于适用〈中华人民共和国物权法〉若干问题的解释（一）》的规定在一定程度上填补了这一空白，但是仍有一些问题在理论上与实务中产生了很大的争议。《民法典》第三百零六条结合近年来理论与实务所凝结的共识，明确了优先购买权的具体行使规则。

除上述三点外，《民法典》对其他有关共有的规则中的部分条文进行了语言文字上的修改。

2. 共有物权的规则体系

以所有权主体的单数或复数为标准，财产的所有形式可以分为单独所有和共有两种。单独所有是指一个主体单独享有对某项财产的所有权，共有是指两个或两个以上的主体共同享有某项财产的所有权。共有是社会经济生活中大量存在的财产形式，如夫妻共同财产便可能涉及共有法律关系。

《民法典》第二百九十七条至第三百一十条规定了共有。其中，我国确认了按份共有和共同共有两种共有形式，二者有相同之处，可以适用关于共有的一般性规范，也有不同之处，需要遵循各自的具体化规则。在按份共有和共同共有的二分体系上，我国《民法典》确立了有关共有人的权利与义务、共有的所有权、共有物管理、共有物分割、因共有物产生的债权债务等规则。这些规则共同构成了《民法典》关于共有的规范群。

3. 共有的含义

《民法典》第二百九十七条规定了共有概念和共有形式："不动产或者动产可以由两个以上组织、个人共有。共有包括按份共有和共同共有。"共有是指两个以上民事主体对同一个物享有所有权。基于所有权的排他性，共有关系中只能存在一个由多人共同享有的所有权，而非存在多个所有权。

根据《民法典》第二百九十七条的规定，可以将共有的含义总结为以下三方面：第一，在主体方面，同一不动产或动产可由两个以上权利主体共同所有。权利主体可包括组织和个人。第二，在内容方面，共有人对共有物享有权利、承担义务。但是，享有权利的范围、承担义务的限度根据共有类型的不同、共有人之间的约定而不同。每个共有人都对共有物享有物权，这就意味着每个共有人占有、使用、收益、处分共有物的权利不受他人干涉。但是共有人的物权也受到共有关系本身的限制，在行使权利时，必须由全体共有人协商处理。第三，在客体方面，共有的客体是特定的。不论是按份共有，还是共同共有，每个共有人的权利都基于整个共有财产。

《民法典》第二百九十七条至第三百一十条所规定的共有适用于物权。除共有物权外，亦存在债权共有、知识产权共有、股权共有等，但这些共有关系应当根据相关法律研究。

4. 按份共有

（1）按份共有的含义。

《民法典》第二百九十八条规定了按份共有的含义："按份共有人对共有的不动产或者动产按照其份额享有所有权。"根据《民法典》第二百九十八条，按份共有是指两个或两个以上的共有人按照各自的份额对共有财产享有权利和承担义务的一种共有关系。按份共有除了满足上述关于共有的含义外，最关键的在于按份共有人按照份额享有所有权。份额不同，按份共有人所享有的权利和承担的义务也不同，换言之，按份共有人所享有的权利根据其份额确定，承担的义务也根据份额确定。

但是，按照份额享有所有权不能狭隘地理解为分别所有，即每个按份共有人的权利只局限于其份额所对应的某一部分财产上。因为按照份额享有所有权的"份额"是抽象意义上的份额，而不是在实在意义上对物分割产生的份额，所以不能与共有物的各个部分一一对应。只有当共有人根据《民法典》第三百零三条和第三百零四条的规定分割共有物后，才会转化为实在意义上的份额。

（2）按份共有份额的确定方式。

《民法典》第三百零九条规定了按份共有确定份额的方式："按份共有人对共有的不动产或者动产享有的份额，没有约定或者约定不明确的，按照出资额确定；不能确定出资额的，视为等额享有。"确定按份共有的份额时，应当有顺序地适用以下三种方法：第一，若按份共有人曾就各自对共有物即享有的份额作出约定，则其可以按照约定享有相应份额；第二，若按份共有人未就各自对共有物即享有的份额作出约定，或约定不明确，则应当按照出资额确定其享有的份额；第三，若不能确定出资额，则视为各个按份共有人等额享有。

关于出资额是仅仅包括共有关系成立时的原始出资额还是也包括共有关系成立

后的后续出资额这一问题，《民法典》第三百零九条并未明确规定，但是既然其没有排除后续出资额，应当被理解为在共有关系存续期间内的一切出资额，即包括原始出资额和后续出资额。

（3）按份共有人的权利与义务。

第一，按份共有人对共有财产享有占有、使用、收益的权利。按份共有人享有共有财产的所有权，即对共有财产占有、使用、收益、处分的权利。一方面，按份共有人应当按照其份额对共有财产享有权利。以收益的权利为例，按份共有人享有的份额越多，其享有的收益权利便越大，最终分得的收益占比越大。另一方面，与收益的权利不同，占有和使用的权利很难量化，因此，按份共有人应当对如何利用共有财产进行协商，按份共有人应当根据协商的结果占有和使用共有财产，不应超出自身权利范围。否则，便可能侵犯其他按份共有人的权利，最终承担不当得利返还、损害赔偿等后果。

第二，按份共有人有权按照约定管理或共同管理共有财产的权利。《民法典》第三百条对共有人管理共有物作出规定："共有人按照约定管理共有的不动产或者动产；没有约定或者约定不明确的，各共有人都有管理的权利和义务。"本条所规定的管理，是指"对共有物的保存、使用、简单改良与修缮等行为"，而处分、重大修缮、改变性质或者用途不属于管理。按份共有人对共有物的管理方式分为两种，即协议管理和共同管理，协议管理应当优先于共同管理。相应地，按份共有人亦应当承担按照协议管理或共同管理共有财产的义务。管理共有财产作为一种义务，包含多项内容。例如，共有人有义务为了全体共有人的利益对共有物进行简单修缮，共有人在使用时应尽注意义务以避免共有物的损毁。

《民法典》第三百零二条对共有物的管理费用以及其他负担作出规定："共有人对共有物的管理费用以及其他负担，有约定的，按照其约定；没有约定或者约定不明确的，按份共有人按照其份额负担，共同共有人共同负担。"共有物的管理费用，是指"因共有物的保存、改良或利用行为所产生的费用"。其他负担，是指"税费、保险费、共有物致害他人所应支付的损害赔偿金等各类公法上或私法上的负担"。

按份共有人负担共有物的管理费用以及其他负担，应当有顺序地适用以下两种方法：一是按份共有人对此有约定的，按照约定负担；二是按份共有人对此没有约定或约定不明确的，按照其份额负担。对于按份共有人负担共有物的管理费用以及其他负担超出其按约定或按份额应当负担的范围时，应当根据《民法典》第三百零七条向其他按份共有人进行追偿。

第三，按份共有人享有物权请求权。按份共有人对共有物享有所有权，因此可以适用物权请求权。当其物权受到侵害时，可以适用《民法典》第二百三十五条规定的返还原物请求权或第二百三十六条规定的排除妨害请求权和消除危险请求权对其物权进行保护。

第四，按份共有人有权处分其共有份额。当按份共有人处分其共有份额时，其他按份共有人享有优先购买权。《民法典》第三百零五条规定："按份共有人可以转让其享有的共有的不动产或者动产份额。其他共有人在同等条件下享有优先购买的权利。"

第五，全体共有人有权处分共有财产，可以对共有物进行重大修缮、变更用途或性质。

《民法典》第三百零一条对共有物的处分、重大修缮、变更性质或用途作出规定："处分共有的不动产或者动产以及对共有的不动产或者动产作重大修缮、变更性质或者用途的，应当经占份额三分之二以上的按份共有人或者全体共同共有人同意，但是共有人之间另有约定的除外。"对于共有物的处分、重大修缮、变更性质或用途，应首先遵循共有人的约定，若共有人之间没有约定，则应当经占份额三分之二以上的按份共有人同意。同一共有物的处分、重大修缮、变更性质或用途与共有人存在重大利害关系，例如，共有物的处分可能导致物权的移转或在共有物上设置他物权，共有物的重大修缮可能需要共有人承担数额较大的修缮费用、可能会导致改变共有物的结构、可能对共有人利用共有物造成不便，变更性质或用途可能会增加或降低共有物的效益、可能改变共有物的利用方式等。因此《民法典》对此采取了审慎的态度，按份共有中采多数决，共同共有中采一致同意决。之所以在按份共有中采多数决而非一致同意决，这是基于对按份共有和共同共有的区别和共有财产效益发挥的考量。

（4）共有类型的推定。

《民法典》第三百零八条规定了共有类型的推定："共有人对共有的不动产或者动产没有约定为按份共有或者共同共有，或者约定不明确的，除共有人具有家庭关系等外，视为按份共有。"确定共有类型应当有顺序地适用以下三种方法：第一，共有人对共有类型作出约定的，按照其约定；第二，共有人没有约定或约定不明确，但共有人具有家庭关系的，应当推定为共同共有；第三，共有人没有约定或约定不明确，且不具有家庭关系的，应当推定为按份共有。换言之，根据本条规定，应当将按份共有作为一般类型，而将共同共有作为特殊类型。这主要基于三点原因：第一，按份共有对共有物的利用更加有效、对共有物的分割更加方便、对共有物的管理更加灵活、对共有物的处分更加便利，因此推定为按份共有能更大限度地使共有物发挥效益；第二，共同共有对其成立的基础关系要求较高，例如共同共有关系往往基于家庭关系；第三，共同共有承担的责任更重，例如按份共有人按照其份额负担共有物的管理费用和其他负担，而共同共有人应当共同负担，因此应当限缩认定为共同共有的情况。

5. 共同共有

（1）共同共有的含义。

《民法典》第二百九十九条规定了共同共有："共同共有人对共有的不动产或者动产共同享有所有权。"根据《民法典》第二百九十九条，共同共有是指两个以上的民事主体根据某种共同关系而对某项财产不分份额地共同享有权利并承担义务。共同共有与按份共有的区别有以下两点：第一，共同共有是根据某种共同关系而产生的，以共同关系的存在为前提。最常见的产生共同共有的共同关系是夫妻关系、家庭关系、共同继承的关系。虽然在社会经济生活中夫妻关系、家庭关系为最常见的共同关系，但是并不意味着共同共有不能因约定而产生。一旦这种共同关系丧失，共同共有的前提便不复存在，共同共有人便可以主张对共有物的分割。第二，共同共有不分份额，所有共同共有人平等地享有权利、承担义务。需要注意的是，虽然共同共有不分份额，但是当共同共有关系结束时亦可确定各共同共有人的份额。

（2）共同共有人的权利与义务。

与按份共有人相似，共同共有人也对共有财产享有占有、使用、收益的权利，享有按照约定管理或共同管理共有财产的权利，享有物权请求权，享有全体共有人处分共有财产、对共有物进行重大修缮、变更用途或性质的权利。但是，共同共有也与按份共有存在不同之处。第一，由于共同共有人并不按照份额享有权利、承担义务，而是共同享有权利、承担义务，因此《民法典》没有规定共同共有人处分其共有份额的权利和优先购买权。第二，共有人对共有物进行处分、重大修缮、变更用途或性质，且对此没有约定时限，需经全体共同共有人同意方能作出最后决定，这考虑到了共同共有关系的特殊性，有利于维护共同共有关系、保护共同共有人的权益。

相应地，共同共有人也共同对共有财产承担义务。根据《民法典》第三百零二条的规定，没有约定或约定不明确时，共同共有人共同负担共有物的管理费用以及其他负担，所谓“共同负担”是指不按照份额的负担。

6. 共有法律关系的内外部效力

《民法典》第三百零七条对因共有物产生的债权债务如何享有和负担这一问题作出规定：“因共有的不动产或者动产产生的债权债务，在对外关系上，共有人享有连带债权、承担连带债务，但是法律另有规定或者第三人知道共有人不具有连带债权债务关系的除外；在共有人内部关系上，除共有人另有约定外，按份共有人按照份额享有债权、承担债务，共同共有人共同享有债权、承担债务。偿还债务超过自己应当承担份额的按份共有人，有权向其他共有人追偿。”因共有物产生的债权债务包含合同之债、不当得利之债、无因管理之债和侵权之债，其中合同之债和侵权之债更为常见。由于共有关系存在于共有人之间，属于内部的关系，而共有人之外的第三人很有可能并不知悉共有人之间的内部关系，因此，因共有物产生的债权债务应分为内、外两个方面分别处理，区别对待。

（1）外部效力。

在对外关系上，共有人享有连带债权、承担连带债务，但是法律另有规定或者第三人知道共有人不具有连带债权债务关系的除外。对外关系指共有人与第三人之间的关系。在对外关系中，不论是按份共有还是共同共有，因共有物产生的债均属于连带之债。

《民法典》第五百一十八条对连带之债作出规定："债权人为二人以上，部分或者全部债权人均可以请求债务人履行债务的，为连带债权；债务人为二人以上，债权人可以请求部分或者全部债务人履行全部债务的，为连带债务。连带债权或者连带债务，由法律规定或者当事人约定。"将因共有物产生的债定性为连带之债便意味着，部分或者全部债权人均可以请求债务人履行债务，或者债权人可以请求部分或者全部债务人履行全部债务。以连带债务为例，其法律效果可以做以下四个方面的理解：第一，各个债务人都负有履行全部债务的义务；第二，只履行自己部分的债务、其他债务人仅清偿一部分、自己已经破产等，不能成为拒绝负担全部给付义务的理由；第三，债权人可以选择同时或先后向数个债务人提出请求，选择向部分或全部债务人提出请求，选择请求债务人履行部分或全部债务；第四，任何一个连带债务人全部清偿，都将导致债的消灭。

与其他共有相关规定不同的是，本条未规定共有人可以意思自治，这是因为法律规定的连带之债不允许当事人约定排除，以此给债权人更周延的保障。但是，共有人对外享有连带债权或承担连带债务亦有例外，即法律另有规定或者第三人知道共有人不具有连带债权债务关系的情况。对于"法律另有规定的"，应当理解为：法律对因共有物产生的债做了不同于本条的规定，即规定它并非连带之债。对于"第三人知道共有人不具有连带债权债务关系的"，应当理解为：在债发生之前，第三人已经知道了共有人之间的责任分担情况。在这两种情况下，在对外关系上，因共有物产生的债不认定为连带之债。

（2）内部效力。

在共有人内部关系上，首先应当考量共有人之间的约定。若无约定，则按份共有人按照份额享有债权、承担债务，共同共有人共同享有债权、承担债务。

偿还债务超过自己应当承担份额的按份共有人，有权向其他共有人追偿。按份共有关系中，其外部效力和内部效力均与连带之债相同。《民法典》第五百一十九条第二款、第三款规定了连带债务的追偿权：“实际承担债务超过自己份额的连带债务人，有权就超出部分在其他连带债务人未履行的份额范围内向其追偿，并相应地享有债权人的权利，但是不得损害债权人的利益。其他连带债务人对债权人的抗辩，可以向该债务人主张。被追偿的连带债务人不能履行其应分担份额的，其他连带债务人应当在相应范围内按比例分担。”但是，由于《民法典》第三百零七条仅规定了偿还债务超过自己应当承担份额的按份共有人享有追偿权，却没有如《民法典》第五百一十九条第二款一样规定“在其他连带债务人未履行的份额范围内向其追偿”“（实际承担债务超过自己份额的连带债务人）相应地享有债权人的权利”“（追偿）不得损害债权人的利益”和“其他连带债务人对债权人的抗辩，可以向该债务人主张”，也没有如《民法典》第五百一十九条第三款规定“被追偿的连带债务人不能履行其应分担份额的，其他连带债务人应当在相应范围内按比例分担”。所以，在适用法律时不免疑问：按份共有人的追偿权能否参照适用《民法典》第五百一十九条第二款、第三款？笔者认为，按份共有人的追偿权可以参照适用《民法典》第五百一十九条第二款、第三款。因共有物产生的债属于法律所规定的连带之债，《民法典》第三百零七条是对因共有物产生的债的特别规定，《民法典》第五百一十八条和第五百一十九条是对连带之债的一般规定。当《民法典》第三百零七条没有对连带债务人追偿权的具体行使规则作出规定时，便应当适用《民法典》第五百一十九条第二款、第三款的一般规定。

结合《民法典》第三百零七条和第五百一十九条第二款、第三款，可以对按份共有人追偿权的具体适用规则做以下四点理解：第一，“实际承担债务超过自己份额的按份共有人”明确了追偿权的范围，只有当实际承担债务超出自己份额时，才能向其他按份共有人追偿，否则只是在履行根据自己的份额应当承担的债务。第二，当按份共有人实际承担的债务超过自己份额后，该按份共有人便享有债权人的权利。换言之，该按份共有人不仅享有主债权的权利，也享有从权利，如保证。因此，该按份共有人不但可以向其他按份共有人追偿，也可以向保证人主张权利。与享有债权人的权利相对应，其他按份共有人对债权人的抗辩，可以向该按份共有人主张。第三，按份共有人行使追偿权不得损害债权人的利益。这主要涉及债的部分履行的情况，当该按份共有人和债权人同时向其他按份共有人或保证人主张权利时，该按份共有人的追偿权应当略后于债权人，换言之，若其他按份共有人的财产不足以同时完全履行该按份共有人向其追偿的债务和债权人向其主张的债务时，其他按份共有人应当先尽可能地履行债权人向其主张的债务。第四，被追偿的其他按份共有人不能履行其应分担份额的，其他按份共有人应当在相应范围内按比例分担。这有助于保障实际履行的连带债务人的权利，避免其独自承担被追偿的连带债务人不能履行的债务份额。

所以，偿还债务超过自己应当承担份额的按份共有人，有权就超出部分在其他共有人未履行的份额范围内向其追偿，并相应地享有债权人的权利，但是不得损害债权人的利益。其他共有人对债权人的抗辩，可以向该共有人主张。被追偿的共有人不能履行其应分担份额的，其他共有人应当在相应范围内按比例分担。

至于共同共有人之间是否存在追偿权，笔者认为，根据文义解释，共同共有人共同享有债权、承担债务，意味着共同共有人在内部关系上不分份额。如此，便不存在超出自己应当承担的份额的追偿问题。此外，由于共同共有关系常常基于共有人之间的共同关系，这种关系往往更加紧密，如夫妻关系、家庭关系等。因此，若共有人希望享有追偿权则可通过约定来实现此安排，否则应推定为无须追偿。

7. 共有物的分割

（1）共有物分割请求权。

《民法典》第三百零三条规定了共有物的分割请求权：“共有人约定不得分割

共有的不动产或者动产，以维持共有关系的，应当按照约定，但是共有人有重大理由需要分割的，可以请求分割；没有约定或者约定不明确的，按份共有人可以随时请求分割，共同共有人在共有的基础丧失或者有重大理由需要分割时可以请求分割。因分割造成其他共有人损害的，应当给予赔偿。”根据本条规定，共有物的分割必须依据当事人的请求，法院不能在当事人未请求分割共有物时作出相反的判决。同时，共有物分割请求权应当结合以下三点理解。

首先，应当尊重共有人的意思自治，当共有人约定不得分割或可以分割共有物时，应当按照约定。在约定不得分割的情况下，有重大理由需要分割的，仍然可以请求分割。此处的“重大理由”通常指继续维持共有关系会严重损害共有人的利益，如共有财产出现重大亏损、若共有财产不分别管理可能会产生重大损害、共有关系难以维系等原因。

其次，在共有人没有约定或者约定不明确的情况下，按份共有人可以随时请求分割，共同共有人在共有的基础丧失或者有重大理由需要分割时可以请求分割。因为按份共有与共同共有相比，共有人之间的联系不具有紧密性和人身性，所以可以随时请求分割。而共同共有人分割请求权的条件更高。“共有的基础丧失”是指共有关系的丧失，例如当夫妻离婚时，夫妻丧失了共同财产的共有基础，故可以请求分割共有物。此处的“重大理由”与《民法典》第三百零三条第一款前半句的“重大利益”不完全相同。前者主要是指“维持生活支出、医疗、教育等费用支出的事由”，关注点在于请求分割的共有人自身；后者关注点在于共有财物本身的状况和维持共有关系对共有人经济利益的影响。

最后，因分割造成其他共有人损害的，应当给予赔偿。在部分情况下，分割共有财产可能会使财产价值降低、功能削弱甚至丧失，这便会给其他共有人造成损害，此时应当由行使分割请求权的共有人进行赔偿。

（2）共有物的分割方法。

《民法典》第三百零四条第一款规定了共有物的分割方法：“共有人可以协商确定分割方式。达不成协议，共有的不动产或者动产可以分割且不会因分割减损价值的，应当对实物予以分割；难以分割或者因分割会减损价值的，应当对折价或者拍卖、变卖取得的价款予以分割。”根据《民法典》第三百零四条第一款的规定，首先，应当尊重当事人的意思自治，协商确定分割方式。虽然法律明确规定了共有物的几种分割方法，但是，共有物的分割方法不以法律规定为限，只要当事人之间能够就某一方法达成一致，便可使用该方法分割。其次，若达不成协议，应当适用法定的分割方式。具体而言，分割方法主要有以下三种：第一，实物分割。能进行实物分割的一般是可分物，所以其可以分割且不会因分割减损价值。第二，变价分割，即对折价或者拍卖、变卖取得的价款予以分割。当共有物难以分割或者因分割会减损价值，且没有共有人愿意接受共有物时，应当将共有物变价，共有人分割价金。第三，作价补偿。当共有物难以分割或者因分割会减损价值，但有共有人愿意接受共有物时，可以由该共有人取得共有物，但是该共有人应对其他共有人作价补偿。

（3）共有物的分割效力。

共有物分割之后，共有关系丧失。但是，原共有人仍有义务承担原共有物的瑕疵担保责任。《民法典》第三百零四条第二款规定：“共有人分割所得的不动产或者动产有瑕疵的，其他共有人应当分担损失。”本款所规定的“瑕疵”指瑕疵担保责任，包括物的瑕疵担保责任和权利瑕疵担保责任。承担瑕疵担保责任的方法通常为赔偿或降价。

8. 优先购买权

（1）优先购买权相关规定。

《民法典》第三百零五条规定：“按份共有人可以转让其享有的共有的不动产或者动产份额。其他共有人在同等条件下享有优先购买的权利。”第三百零六条规定：“按份共有人转让其享有的共有的不动产或者动产份额的，应当将转让条件及时通知其他共有人。其他共有人应当在合理期限内行使优先购买权。两个以上其他共有人主张行使优先购买权的，协商确定各自的购买比例；协商不成的，按照转让时各自的共有份额比例行使优先购买权。”两个条款共同构成了按份共有关系中优先购买权的规则体系。其中，《民法典》新增的第三百零六条规范了优先购买权的具体行使规则，解答了理论与实务中的困惑。

（2）行使条件。

优先购买权的行使条件为按份共有人转让其共有份额，这种转让应当具备以下几个特点：其一，适合同意义上的转让；其二，转让应为有偿，以共有份额抵债亦可视为有偿转让；其三，非共有人之间的转让。

同时，其他按份共有人行使优先购买权，应当在同等条件下行使。至于如何理解同等条件，应当主要考量以下三个因素：转让的价款、付款的方式和付款的期限。此外，转让共有份额的合同应当是合法有效的合同，转让人与第三人不应当恶意串通。

（3）通知义务。

按份共有人转让其份额应当将转让条件及时通知其他按份共有人。对于通知，应当把握以下四点：其一，通知义务在转让人与第三人订立合同时产生；其二，通知的内容应当包含转让条件；其三，通知的时间应当是订立合同后的合理期限之内，即一个理性之人可合理期待的期限之内，以满足及时通知的要求；其四，若转让人未通知，则产生优先购买权的行使期间不开始计算，转让人对其他按份共有人承担赔偿责任。

（4）行使期间。

其他按份共有人应当在合理期限内行使优先购买权。但是，若转让人未通知其他按份共有人，则应当区分情况判断。若其他按份共有人知道转让人与第三人签订合同转让其份额，则其他按份共有人应当在合理期限内行使优先购买权；若其他按份共有人不知道转让人与第三人签订合同转让其份额，则不受合理期限的限制，但是为了维护交易安全，仍不能超过一个最长期限。《民法典》第三百零六条对“合理期限”和行使优先购买权的最长期限的具体时间并无规定，故应当适用《最高人民法院关于适用〈中华人民共和国物权法〉若干问题的解释（一）》第十一条的规定，即：“优先购买权的行使期间，按份共有人之间有约定的，按照约定处理；没有约定或者约定不明的，按照下列情形确定：（一）转让人向其他按份共有人发出的包含同等条件内容的通知中载明行使期间的，以该期间为准；（二）通知中未载明行使期间，或者载明的期间短于通知送达之日起十五日的，为十五日；（三）转让人未通知的，为其他按份共有人知道或者应当知道最终确定的同等条件之日起十五日；（四）转让人未通知，且无法确定其他按份共有人知道或者应当知道最终确定的同等条件的，为共有份额权属转移之日起六个月。”

（5）行使方式与行使效果。

优先购买权的行使方式分为非诉讼方式和诉讼方式两种。通过非诉讼方式行使优先购买权时，有关行使优先购买权的意思表示到达相对人即可；通过诉讼方式行使优先购买权时，则需要起诉状副本送达相对人。优先购买权作为形成权，当意思表示到达相对人或起诉状副本送达相对人后，转让人与第三人的合同即转让给转让人与优先购买权人。

但是，当多个共有人的优先购买权发生竞合，即两个以上其他共有人主张行使优先购买权时，首先应当协商确定各自的购买比例；若协商不成，则按照转让时各自的共有份额比例行使优先购买权。

实践中，转让共有份额的方式多种多样，除签订普通的买卖合同之外，可能还存在通过拍卖等方式转让共有份额的情形。在此类情形下，则不适用《民法典》第三百零五条和第三百零六条，而应当运用其他规则，但是其他共有人仍然享有优先购买权。

9. 准共有

《民法典》第三百一十条规定了准共有：“两个以上组织、个人共同享有用益物权、担保物权的，参照适用本章的有关规定。”准共有，又称他物权的共有。由于共有原则上应当指所有权的共有，但他物权也可能出现共有的情形，因此，《民法典》第三百一十条规定用益物权、担保物权的共有可以参照适用共有的相关规定。但是，若他物权的共有存在特别规定，则应当适用该特别规定；只有当规范他物权的法律对于其共有情形没有规定时，才能参照适用共有的相关规定。

第三节　物权数字化交易法理依据

物权数字化是建立在物权的基础上，将物权实体数据模型化，进行识别、选择、过滤、存储、使用。引导、实现物权资源的快速优化配置与交易，直接或间接利用数据引导物权资源发挥作用，推动生产力发展，归属于数字经济范畴。

除了技术手段，物权数字化的性质应属按份共有，这是因为物权数字化符合按份共有的概念。《民法典》第二百九十八条规定："按份共有人对共有的不动产或者动产按照其份额享有所有权。"其一，物权数字化模式下，同一不动产或动产可以为两个以上的主体共同所有，满足按份共有的主体要件。虽然物权数字化对权利配置和交易手段进行了创新，为有使用、交易或投资意愿的用户提供便利的平台，但是它本质上仍然是多个实在的主体形成按份共有关系。其二，物权数字化模式下，共有人对共有物按照份额享有权利、承担义务，满足按份共有的内容要件。各个用户的使用、交易或投资需求各有不同，购买的份额也有所不同，据此，各按份共有人对共有物所享有的份额决定了其权利的大小和义务的大小。例如，若三位共有人共有一套房屋，他们所享有的份额分别是50%、30%、20%，三位按份共有人将房屋出租，除另有约定外，则三位共有人各分得租金的50%、30%、20%。其三，在客体方面，物权数字化模式下，共有的客体是特定的，满足按份共有的客体要件。例如，三位共有人共有一套房屋，那么这套房屋即是特定的共有的客体。

第四节　依法依据创新物权数字化

1. 物权数字化的优势与可能的风险

（1）物权数字化的优势。

第一，物权数字化模式有稳定的利用机制。物权数字化的性质属于按份共有，其本质是物权。相较于债权，物权的优势在于它更加稳定。具体到物权数字化的模式中来，按份共有人可以稳定地利用共有物。

从物权的特征来看，物权数字化的模式下，按份共有人可以拥有稳定的利用机制。其一，物权具有对世性。按份共有人对共有物享有占有、使用、收益、处分的权利，任何人不得侵犯。其二，物权具有支配性，按份共有人可以共同协商支配共有物。其三，物权的客体具有特定性，按份共有人共有某一特定物。其四，物权具有绝对性，在按份共有人取得物权的所有权后，不需要义务人的协助即可自己实现物权。其五，物权具有排他性，一物一权，不受侵犯。

我国法律体系保护物权数字化模式下用户的权益。首先，按份共有适用物权的一般规定和所有权的规定。例如，当物权受到他人侵犯时可以适用有关物权保护的规定，请求相对人承担返还原物、排除妨害、消除危险、修理、重作、更换、恢复原状或损害赔偿等民事责任。再如，一旦按份共有人进行不动产登记，则其权利可以对抗第三人，无处分权人将不动产转让给受让人的，所有权人有权追回。其次，按份共有相关的规则亦可以保障按份共有人稳定地利用共有物，《民法典》物权编共有一章对按份共有的概念、按份共有人的权利义务、共有法律关系的内外部效力、共有物的分割等作出明确规定，基本上覆盖了按份共有关系中可能发生的一切法律问题。最后，《民法典》体系和整个法律体系周延地保护按份共有人的权利。除《民法典》物权编外，按份共有人的权利亦受《民法典》其他各编乃至整个法律体系的保护。例如，若他人侵害按份共有人的权利，其法律关系便可根据《民法典》侵权责任编调整；再如，《刑法》亦保护公民的合法财产。

物权数字化并不会影响到用户对物的占有和使用。用户作为按份共有人，可以根据按份共有合同的约定利用物；若合同未约定，则各共有人根据其份额，在合理范围内占有和使用共有物即可。物权数字化模式下，按份共有人按照份额享有物的所有权，并不意味着对物权的克减，其享有的仍是所有权，因而并不存在因为多主体共有导致按份共有人无法占有和使用共有物的情形。

第二，物权数字化模式有可观的收益机制。物权数字化模式为民众提供了新的投资方式。按份共有人对共有物享有收益的权利。物权数字化模式为用户利用共有物进行收益提供了多种便捷、安全的渠道，满足了用户的投资需求。一方面，物权数字化模式下，用户可以与平台签订合同，约定物的利用方式以获取收益。例如，用户可以委托平台将各按份共有人所享有的份额整合，或统一经营以获取利润，或进行租赁以获取租金。另一方面，物权数字化模式下，用户通过投资可达到保值、增值的目的。当用户希望出卖自己所享有的共有份额获取收益时，平台亦可以提供高效、便捷的渠道，帮助该用户转让其共有份额。

第三，物权数字化模式有合理的退出机制。物权数字化模式不会限制用户退出共有关系。物权数字化性质为按份共有，因此，当用户希望退出共有关系时，可以适用《民法典》第三百零五条之规定，即："按份共有人可以转让其享有的共有的不动产或者动产份额。其他共有人在同等条件下享有优先购买的权利。"因此，按份共有人可以自由地转让其享有的份额。同时，其他共有人对物的共有也不会因为部分共有人的退出而受到影响。一方面，若某一按份共有人将其享有的份额转让给第三人，则该第三人便可加入按份共有的关系，按份共有关系依然稳定，按份共有人依然可以如同此前一般利用共有物，获取收益。另一方面，若其他按份共有人不希望第三人加入共有关系，则其他按份共有人可以行使优先购买权。因此，合理的退出机制既不会使希望退出共有关系的用户受损，也不会使其他用户受损。

总体而言，物权数字化在稳定的利用机制、可观的收益机制和合理的退出机制下，有利于物的功能的发挥，符合《民法典》物权编所倡导的物尽其用精神，为民众提供更多元的投资渠道，为企业提供更多样的融资方式。

（2）物权数字化可能的风险。

物权数字化作为一种新兴的交易模式，在发挥其优势的同时，也有可能存在一定的风险。

第一，法律法规不健全，政府监管不到位。由于物权数字化模式方兴未艾，故并无专门立法对其进行规范、无专门部门对其进行监管。但是，笔者认为，现行法律体系已经足以规范物权数字化的交易模式，因为物权数字化模式重在手段创新，而其内核仍然属于传统法律关系，即平台与用户之间的关系为居间合同关系，部分用户之间形成按份共有关系。因此，对于法律规范和政府监管问题不必过分担忧。

第二，平台自身可能存在一定问题。其一，由于平台与用户之间信息不对称，若平台方披露的信息不真实，一方面可能会误导消费者投资，最终损害消费者利益；另一方面可能会产生“劣币驱逐良币”的后果，扭曲整个物权数字化的市场。其二，部分平台与用户之间的权利与义务关系模糊。例如，部分平台与用户之间未合理分配尽职调查的义务，根据平台提供的格式合同应当由用户承担尽职调查义务，而用户的理解则相反，最终双方均未对标的物进行详细的调查，导致用户权益受损。其三，部分平台可能以“物权数字化”之名，行非法集资和金融诈骗之实。

2. 物权数字化的方法创新有利于规避风险

为了充分发挥物权数字化的优势、规避物权数字化可能的风险，应当依法依据创新物权数字化。

第一，物权数字化模式使用智能合约作为可靠的交易方式进行交易。相较于传统交易模式，物权数字化的交易模式更加便捷、高效、安全。物权数字化模式下，智能合约的广泛应用使天南海北的用户均可以通过平台缔结合同；同时，智能合约基于大量可信的、不可篡改的数据，可以自动化地执行一些预先定义好的规则和条款，比如彼此间定期、定息、定额的借贷行为，因此其安全性极高。

第二，通过可靠的平台进行交易。其一，物权数字化平台应当充分、准确地披露信息，使用户能够较为全面地了解平台与平台所提供的项目。其二，物权数字化平台应当维持良好的信用，根据诚实信用原则进行交易。其三，物权数字化平台应当组建专业的团队，注重平台经营业务所涉及的标的物的质量，并在金融、法律等方面控制风险。

第三，应当公平分配平台与用户之间的权利与义务。一方面，平台所提供的格式条款应当严格遵守法律规范，尽到提示用户注意与用户有重大利害关系的条款的义务、尽到对用户有疑问的条款进行说明的义务，避免写入不合理地免除或者减轻平台责任、加重用户责任、限制用户主要权利、排除用户主要权利的条款。另一方面，应当尽可能公平地分配平台和用户之间的权利与义务，并尽可能合理地安排用户之间的权利与义务关系。

用户在选择物权数字化平台时，也应当考虑上述三点，即判断平台是否以可靠的交易方式进行交易，平台是否充分准确地披露信息、是否信用良好、是否有专业的团队，以及平台与用户之间的权利与义务关系是否合理、明确，如此更有可能在便捷、高效、安全的交易中获得稳定、可观的收益，保护自身权益不受侵犯。